plurall

Parabéns!
Agora você faz parte do **Plurall**, a plataforma digital do seu livro didático! Acesse e conheça todos os recursos e funcionalidades disponíveis para as suas aulas digitais.

Baixe o aplicativo do **Plurall** para Android e IOS ou acesse **www.plurall.net** e cadastre-se utilizando o seu código de acesso exclusivo:

AAACZ6TSB

Este é o seu código de acesso Plurall.
Cadastre-se e ative-o para ter acesso aos conteúdos relacionados a esta obra.

CB026454

@plurallnet

@plurallnetoficial

SOMOS
EDUCAÇÃO

Projeto Ápis

LUIZ ROBERTO DANTE

Livre-docente em Educação Matemática pela Universidade Estadual Paulista "Júlio de Mesquita Filho" (Unesp-SP), *campus* de Rio Claro.
Doutor em Psicologia da Educação: Ensino da Matemática pela Pontifícia Universidade Católica de São Paulo (PUC-SP).
Mestre em Matemática pela Universidade de São Paulo (USP).
Licenciado em Matemática pela Unesp-SP, Rio Claro.
Pesquisador em Ensino e Aprendizagem da Matemática pela Unesp-SP, Rio Claro.
Ex-professor do Ensino Fundamental e do Ensino Médio na rede pública de ensino.
Autor de várias obras de Educação Infantil, Ensino Fundamental e Ensino Médio.

MATEMÁTICA

3º ANO

Ensino Fundamental

editora ática

editora ática

Presidência: Mario Ghio Júnior

Direção editorial: Lidiane Vivaldini Olo

Gerência editorial: Viviane Carpegiani

Gestão de área: Ronaldo Rocha

Edição: Carlos Eduardo Marques e Luana Fernandes de Souza (editores), Darlene Fernandes Escribano (assistente editorial)

Planejamento e controle de produção: Flávio Matuguma, Juliana Batista, Felipe Nogueira e Juliana Gonçalves

Revisão: Kátia Scaff Marques (coord.), Brenda T. M. Morais, Claudia Virgilio, Daniela Lima, Malvina Tomáz e Ricardo Miyake

Arte: André Gomes Vitale (ger.), Catherine Saori Ishihara (coord.), Claudemir Camargo Barbosa (edição de arte)

Diagramação: Typegraphic

Iconografia e tratamento de imagem: Denise Kremer e Claudia Bertolazzi (coord.), Fernanda Gomes (pesquisa iconográfica) e Fernanda Crevin (tratamento de imagens)

Licenciamento de conteúdos de terceiros: Roberta Bento (ger.), Jenis Oh (coord.), Liliane Rodrigues, Flávia Zambon e Raísa Maris Reina (analistas de licenciamento)

Ilustrações: Estúdio 22, Giz de Cera, Hélio Senatore e Ricardo J. Souza

Cartografia: Eric Fuzii (coord.) e Robson Rosendo da Rocha

Design: Erik Taketa (coord.) e Talita Guedes da Silva (proj. gráfico e capa)

Ilustração de capa: Barlavento Estúdio

Logotipo: Saulo Dorico

Todos os direitos reservados por Somos Sistemas de Ensino S.A.

Avenida Paulista, 901, 6º andar – Bela Vista

São Paulo – SP – CEP 01310-200

http://www.somoseducacao.com.br

Dados Internacionais de Catalogação na Publicação (CIP)
(Câmara Brasileira do Livro, SP, Brasil)

```
Dante, Luiz Roberto
   Projeto Ápis : Matemática : 1º ao 5º ano / Luiz
Roberto Dante. -- 4. ed. -- São Paulo : Ática, 2020.
   (Projeto Ápis ; vol. 1 ao 5)

   Bibliografia

   1. Matemática (Ensino fundamental) Anos iniciais I.
Título II. Série

20-1345                                    CDD 372.7
```

Angélica Ilacqua - Bibliotecária - CRB-8/7057

2024

Código da obra CL 750416

CAE 721300 (AL) / 721301 (PR)

ISBN 9788508195725 (AL)

ISBN 9788508195732 (PR)

4ª edição

8ª impressão

De acordo com a BNCC.

Impressão e acabamento: Bercrom Gráfica e Editora

Código da op: 250090

Uma publicação

Apresentação

Como você viu nos dois primeiros anos, a Matemática é parte importante da sua vida. Ela está presente na escola, em sua casa e em todo lugar.

Neste ano você vai conhecer mais um pouquinho o mundo dos números, das operações, das sequências, das figuras geométricas, das grandezas e medidas, das tabelas e dos gráficos: o mundo da Matemática.

Neste livro você vai encontrar atividades, jogos, brincadeiras, desafios e problemas para pensar, inventar e resolver.

Com isso, você vai descobrir cada vez mais a beleza desse mundo.

Espero que você goste: este livro foi feito para você com muito carinho.

Um abraço bem forte.

O autor

Conheça seu livro

Veja a seguir como seu livro de Matemática está organizado. Depois, com um colega, folheie o livro e descubra tudo o que está apresentado nestas páginas.

Abertura de Unidade

Este livro é dividido em 9 unidades.

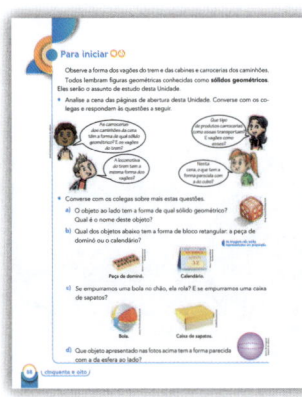

Para iniciar

Atividades que possibilitam a você um primeiro contato com o que será estudado na Unidade.

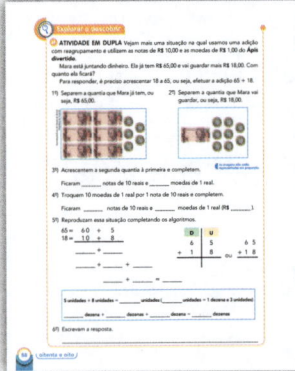

Explorar e descobrir

Atividades concretas e de experimentação que o incentivam a investigar, refletir, descobrir, sistematizar e concluir as situações propostas.

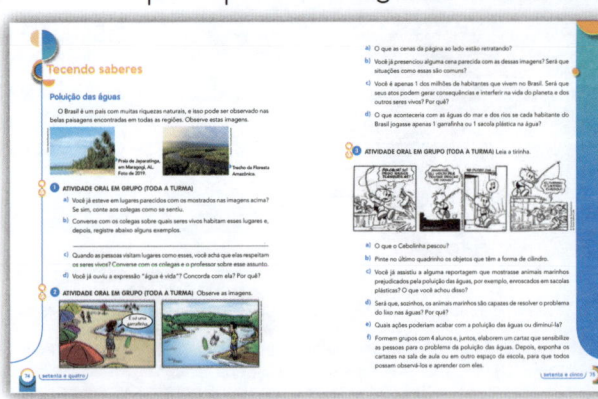

Tecendo saberes

Seção interdisciplinar que incentiva a reflexão sobre a importância da sua atuação como cidadão participativo e integrado à sociedade.

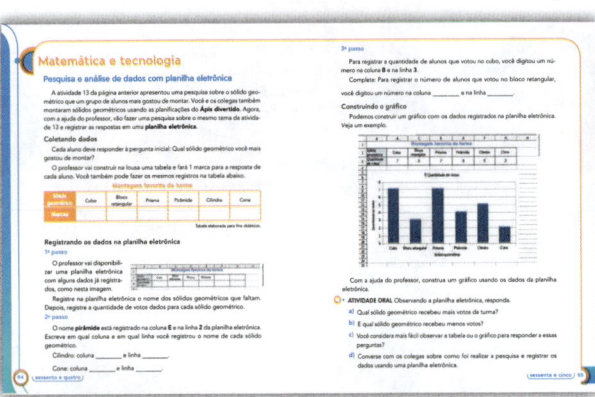

Matemática e tecnologia

Seção para explorar a tecnologia, introduzindo o uso de calculadora e de *softwares* livres.

Brincando também aprendo

Incentiva o trabalho cooperativo por meio de atividades lúdicas.

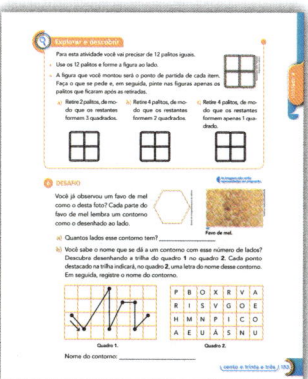

Desafio

Atividades de maior complexidade para testar seu conhecimento e sua criatividade.

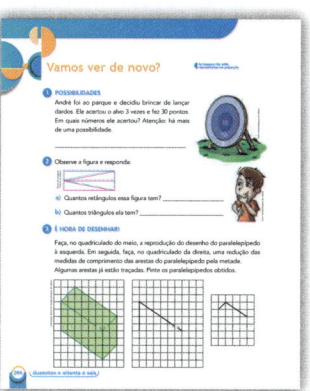

Vamos ver de novo?

Atividades para rever e fixar conceitos estudados na Unidade e em Unidades anteriores.

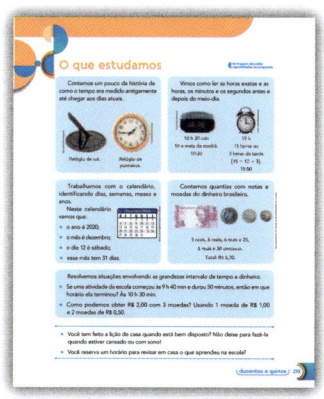

O que estudamos

Resumo dos principais conteúdos da Unidade.

Com a palavra...

Entrevista com um profissional que usa conceitos da Matemática no dia a dia.

Glossário

Pequeno dicionário ilustrado de termos matemáticos para você consultar sempre que precisar.

Material complementar

Acompanha o Livro do Aluno:

Ápis Divertido

Materiais para destacar, montar, manipular, aprender e se divertir.

Caderno de Atividades

Apresenta atividades para aprender melhor os conteúdos de cada Unidade.

Ícones

Atividade em grupo

Atividade em dupla

Pesquise

Atividade oral

Calculadora

Sumário

Dam Ferreira/Arquivo da editora

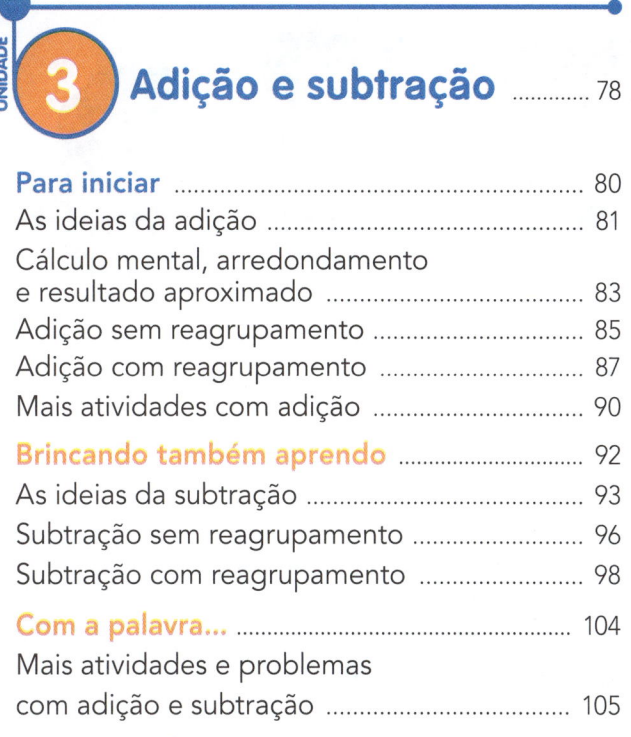

Dam Ferreira/Arquivo da editora

Jótah Ilustrações/Arquivo da editora

Ilustrações: Jótah Ilustrações/Arquivo da editora

UNIDADE 8 — Grandezas e medidas: comprimento, massa e capacidade

O mundo da Matemática

Você já sabe: em Matemática estudamos, entre outras coisas, **números**, **operações**, **figuras geométricas**, **grandezas e medidas** e **tabelas e gráficos**.

As imagens não estão representadas em proporção.

Ilustrações: Dam Ferreira/Arquivo da editora; Moeda e cédula: Reprodução/Casa da Moeda do Brasil/Ministério da Fazenda

O que você já sabe sobre esses assuntos? Converse com os colegas.

Eu e a Matemática

As imagens não estão representadas em proporção.

Meu primeiro nome é:

_____ .

Ele tem _____ letras.

Meu endereço é:

Dam Ferreira/Arquivo da editora

Vivianne Rodrigues

R. Ulisses Sarmento, 250
Vitória - ES
29052-370

_____ .

Minha foto 3 × 4.

Número: _____ Complemento: _____

Cidade: _____

Estado: _____ CEP: _____

Telefone: (_____) _____ .

Minha idade é: _____ anos.

Dam Ferreira/Arquivo da editora

Quando nasci eu pesava: _____ quilogramas.

Agora eu peso: _____ quilogramas.

Minha altura tem medida de comprimento de: _____ .

O número do meu sapato é: _____ .

Na minha casa moram _____ pessoas.

(Não se esqueça de incluir você!)

Há _____ alunos na minha turma.

Dam Ferreira/Arquivo da editora

Dam Ferreira/Arquivo da editora

O número de que eu mais gosto é o _____ .

Agora, mostre aos colegas o que você escreveu e converse sobre o que eles escreveram.

1

Números até 1000

Rodrigo ICO/Arquivo da editora

- O que você vê nesta cena?
- Você sabe qual é a função de um carteiro? Converse com os colegas.

Para iniciar

Os números servem para orientar as pessoas em diversas situações. Um carteiro, por exemplo, precisa que as casas tenham números para poder fazer as entregas das correspondências corretamente.

Nesta Unidade vamos ampliar um pouco mais nossos conhecimentos sobre os números.

- Analise a cena das páginas de abertura desta Unidade. Converse com os colegas e respondam às questões a seguir.

Como são lidos os números que aparecem nessa cena?

Qual desses números é o maior? E o menor?

O que os números 96, 100 e 104 têm em comum? E os números 95, 99 e 103?

Em cada lado da rua o número das casas "pula" de quanto em quanto?

- Converse com os colegas sobre mais estas questões.

a) Quais números correspondem às indicações de cada quadro?

> Número de meninos, número de meninas e número total de alunos de sua turma.

> Número do dia de hoje e número do mês atual.

> Número de irmãos que você tem.

> Número de letras do nome completo do professor.

As imagens não estão representadas em proporção.

b) Se você comprar 2 livros como este e pagar com estas notas, então quanto vai receber de troco?

R$ 30,00

Um pouco da história dos números

A ideia de número surgiu quando o ser humano sentiu necessidade de contar e comparar quantidades. Aos poucos, ele passou a fazer desenhos e símbolos para registrar essas quantidades.

Atualmente, os números são parte significativa do dia a dia.

Veja algumas representações do número **cinco** ao longo do tempo e em diferentes civilizações.

Número cinco ao loooooooooooongo do tempo...

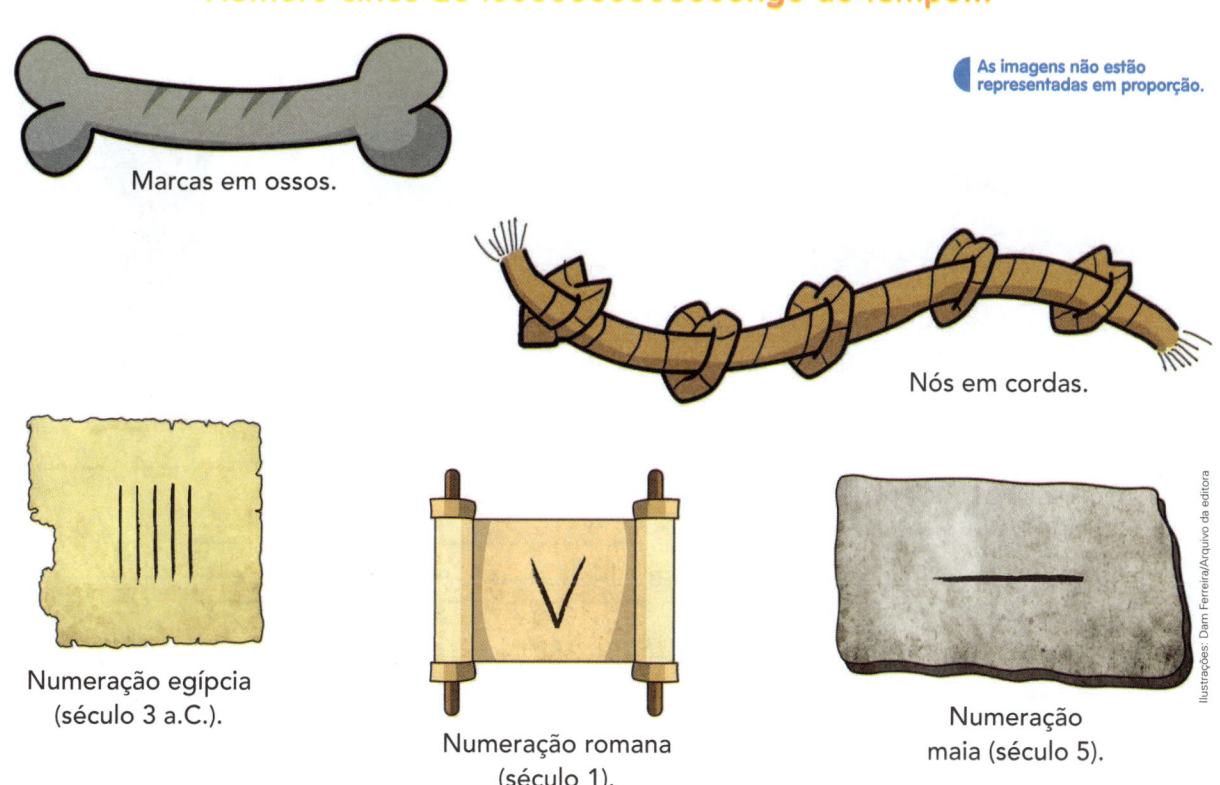

Marcas em ossos.

◀ As imagens não estão representadas em proporção.

Nós em cordas.

Numeração egípcia (século 3 a.C.).

Numeração romana (século 1).

Numeração maia (século 5).

Ilustrações: Dam Ferreira/Arquivo da editora

Na numeração indo-arábica, que é a que nós usamos, o símbolo do número cinco sofreu várias alterações até chegar ao utilizado atualmente. Veja algumas das representações.

Ilustrações: Dam Ferreira/Arquivo da editora

Século 12.　　Século 14.　　Século 15.　　Século 21 (atual).

◀ **Sugestões de...**
Livros

Egípcios antigos.
Fiona MacDonald.
São Paulo: Ciranda
Cultural, 2010.
(Coleção Com a
História na mão).

Romanos.
Fiona MacDonald.
São Paulo: Ciranda
Cultural, 2010.
(Coleção Com a
História na mão).

Como e onde os números são usados?

1 Leia as informações e complete as frases.

a) | Os números são usados para **contar**. |

- Um time de voleibol é formado por

  _____ jogadores.

- Em cada mão temos _____ dedos.

  Nas 2 mãos temos _____ dedos.

b) | Os números são usados para **medir**. |

- Dizemos que é meio-dia no momento

  em que o relógio marca _____ horas.

- Se para ir da cozinha até o quarto
  Marcelo dá 10 passos, então, para ir da
  cozinha até o quarto e voltar para a cozinha,

  ele dá _____ passos.

c) | Os números são usados para indicar **ordem** ou **posição**. |

- _____ é o 6º mês do ano.

- A medalha de ouro é reservada para o atleta

  ou a equipe que conquista o _____ lugar.

d) | Os números são usados para **codificar**. |

- O código de Discagem Direta a Distância (DDD)

  da cidade de Bento Gonçalves, no estado do

  _____, é 54.

- O Código de Endereçamento Postal (CEP)

  do Museu de Arte de São Paulo, conhecido

  como ____ ____ ____ ____, é 01310-200.

2 NÚMEROS, DESLOCAMENTO E MEDIDA DE COMPRIMENTO

Veja os caminhos que a joaninha tem para chegar até a flor: **roxo**, **verde** e **azul**.

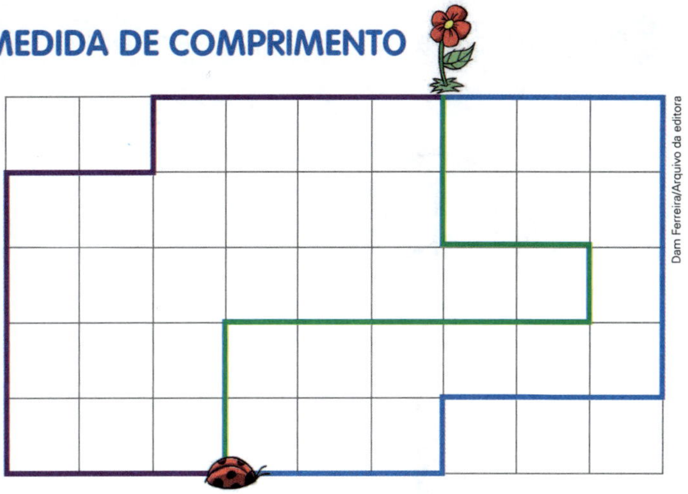

a) Leia a descrição do percurso de um dos caminhos e registre qual é a cor dele.

- Ande 3 cm para a direita.

- Vire e ande 1 cm para cima.

- Vire e ande 3 cm para a direita.
- Vire e ande 4 cm para cima.

- Vire e ande 3 cm para a esquerda.

Cor: _____

b) Complete a descrição do percurso do caminho verde.

- Ande 2 cm para cima.

- Vire e ande _____ cm para _____.

- Vire e ande _____ cm para _____.

- Vire e ande _____ cm para _____.

- Vire e ande _____ cm para _____.

c) Agora, descreva o percurso do terceiro caminho.

Caminho de cor _____.

- _____

- _____

- _____

- _____

- _____

d) Finalmente, calcule e responda: Qual desses 3 caminhos é o mais curto?

_____

3 Como cada número está sendo usado? Escreva **contagem**, **medida**, **ordem** ou **código**.

As imagens não estão representadas em proporção.

a)

ThavornC/Shutterstock

_____

b)

Sergio Stakhnyk/Shutterstock

_____

c) Voo 3885. _____

d) 6º aluno da fila. _____

e) Na embalagem de papel higiênico há 12 rolos.

_____

f) 1 semana tem 7 dias.

_____

4 Leia com atenção a tirinha e responda.

PAI! CONTA UMA HISTÓRIA PRA EU DORMIR?

TÁ BEM, FILHO! QUE HISTÓRIA VOCÊ QUER OUVIR?

AQUELA QUE EU GOSTO MAIS!

JÁ SEI!

"ERA UMA VEZ TRÊS PORQUINHOS...

MAURICIO

5584

© Mauricio de Sousa/Mauricio de Sousa Editora Ltda.

a) Qual é o nome da história de que Cascão mais gosta?

_____

b) Como o número que aparece nesse nome está sendo usado?

_____

5 SEQUÊNCIAS DE NÚMEROS

Escreva a sequência de acordo com o indicado.

a) O 3º número da sequência é 12 e cada número, a partir do 2º, é o dobro do anterior.

_____, _____, _____, _____, _____ e _____.

b) O 1º número da sequência é 3, o 2º número é 5 e, a partir do 3º, cada número é a soma dos 2 números anteriores.

_____, _____, _____, _____, _____, _____, _____ e _____.

6 A família de Beto vai viajar da cidade **A** para a cidade **C**, passando pela cidade **B** para visitar alguns parentes.

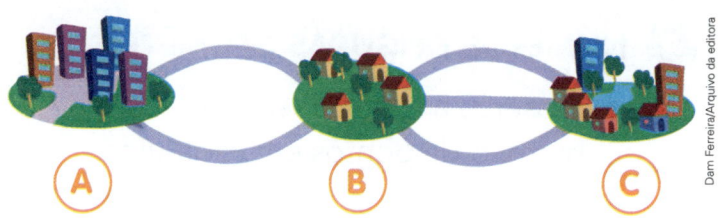

A   B   C

a) Analise a imagem e responda: De quantas maneiras diferentes eles podem ir da cidade **A** até a **C**? _____

b) Beto resolveu representar os caminhos com desenhos. Veja os 2 desenhos que ele já fez e faça os demais.

7 NÚMEROS E CHANCE

As imagens não estão representadas em proporção.

ATIVIDADE ORAL EM GRUPO Ao lançar um dado, temos estas possibilidades de resultado da face voltada para cima.

 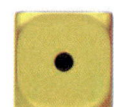     

Dado.   Possibilidades da face voltada para cima.

Converse com os colegas e, juntos, respondam às questões e justifiquem as respostas.

a) Há maior chance de sair um número par ou um número ímpar na face voltada para cima?

b) E há maior chance de sair um número maior do que 3 ou menor do que 3?

8 Veja ao lado o bolo de aniversário de Mário.
Preste atenção: ele está fazendo 25 anos, e não 7!

a) Use o mesmo tipo de representação e desenhe as velinhas no bolo de aniversário de Cristina, que está fazendo 12 anos.

b) Agora, escreva estas idades.

- Idade de Mário daqui a 3 anos. _____
- Idade de Cristina 3 anos atrás. _____

Mário.

Cristina.

9 NÚMEROS E FIGURAS GEOMÉTRICAS

- Observe a forma destas figuras e o número de pontos em cada uma.

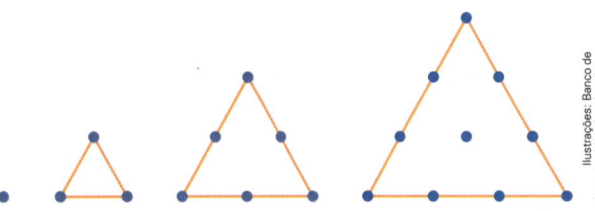

1   3   6   10

Esses números são chamados **números triangulares**.

a) ATIVIDADE ORAL EM GRUPO Converse com os colegas sobre por que esses números têm esse nome.

b) Observe como esses números são formados, desenhe e escreva os 2 números triangulares que vêm depois do 10.

- Veja agora a forma destas figuras e o número de pontos em cada uma.

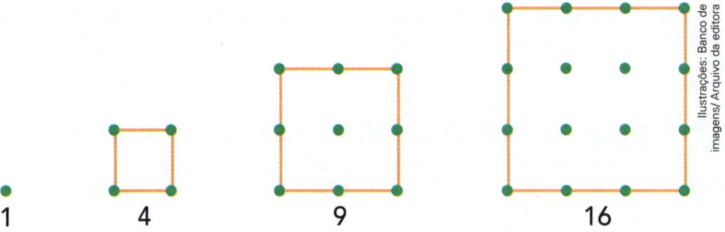

1   4   9   16

Esses números são chamados **números quadrados**.

a) ATIVIDADE ORAL EM GRUPO Converse com os colegas sobre por que esses números têm esse nome.

b) Observe como esses números são formados, desenhe e escreva os 2 números quadrados que vêm depois do 16.

10 NÚMEROS, ESTIMATIVA E CALCULADORA

a) Estime o resultado de cada operação indicada nas teclas da calculadora e registre. Depois, use uma calculadora, descubra o resultado e registre-o aqui também.

Estimativa **Valor da calculadora**

| 7 | 3 | – | 4 | = |

| 4 | × | 1 | 0 | = |

| 1 | 2 | + | 9 | = |

| 3 | + | 9 | + | 8 | = |

b) Quantas estimativas você acertou? _____

11 NÚMEROS E ESTATÍSTICA

Na turma de Carlos, a professora perguntou: Qual é seu sabor preferido de suco natural?

a) Complete a tabela e o gráfico com os resultados da pesquisa.

Sabor preferido

Sabor	Quantidade de votos	
Morango – **M**	☑☐	
Laranja – **L**	☑☐	
Abacaxi – **A**	☑	5
Goiaba – **G**	☑|	
Caju – **C**	☐	3

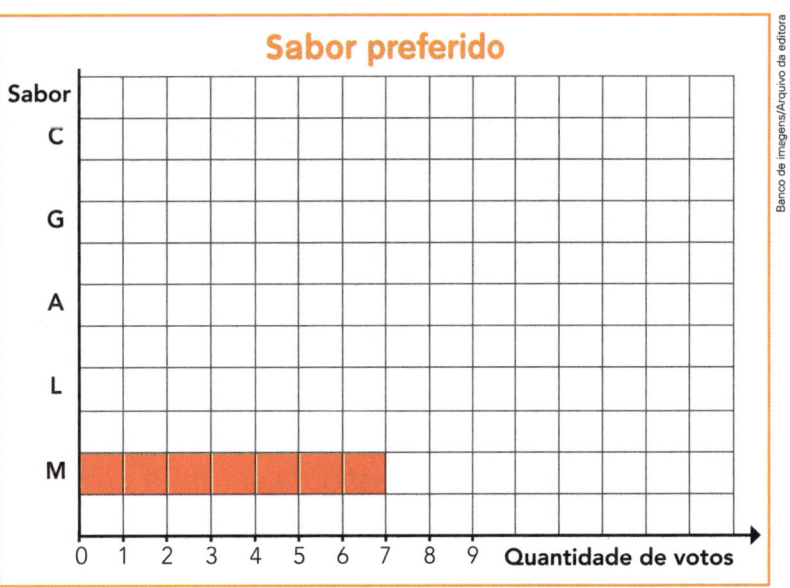

Tabela e gráfico elaborados para fins didáticos.

b) Complete de acordo com os resultados da pesquisa.

• O sabor de suco preferido da turma é _____, com _____ votos.

• O sabor menos votado é _____, com _____ votos.

• O total de votantes é _____.

Sistema de numeração decimal

Criança pintando com as mãos.

Há muito tempo, o ser humano descobriu que podia usar o corpo para contar e medir. Com os dedos das mãos, ficava mais fácil a contagem. Como temos **10** dedos, a contagem passou a ser feita em **grupos de 10**.

Os hindus iniciaram essa maneira de contar e registrar a contagem. Depois os árabes aperfeiçoaram esse sistema.

Atualmente, podemos representar qualquer quantidade assim:

- reunindo os elementos em **grupos de 10**;
- usando e combinando os 10 símbolos, chamados **dígitos** ou **algarismos indo-arábicos**: 0, 1, 2, 3, 4, 5, 6, 7, 8 e 9.

Ao fazer isso, estamos trabalhando com o **sistema de numeração decimal**.

Os números até 99

1 **DEZENAS INTEIRAS OU DEZENAS EXATAS**

a) As **dezenas inteiras**, também chamadas **dezenas exatas**, foram representadas com o material dourado. Observe e complete as informações que faltam em cada quadro.

Dez.

D	U

1 dezena

ou 10 unidades.

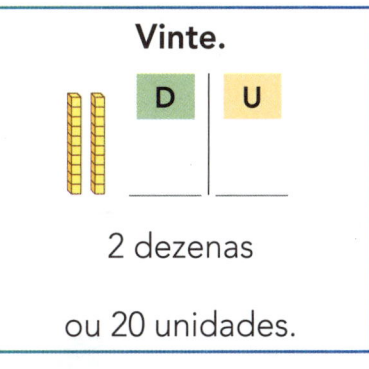

Vinte.

D	U

2 dezenas

ou 20 unidades.

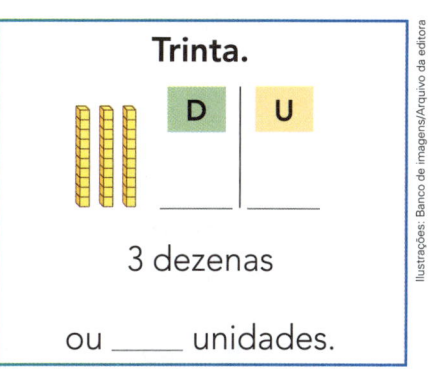

Trinta.

D	U

3 dezenas

ou _____ unidades.

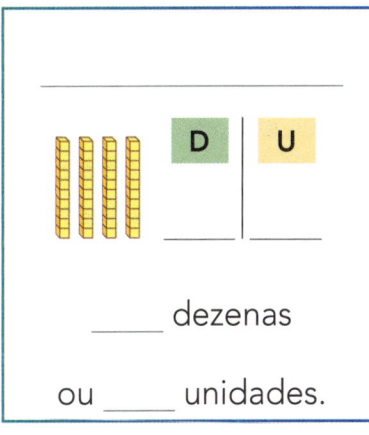

_____

D	U

_____ dezenas

ou _____ unidades.

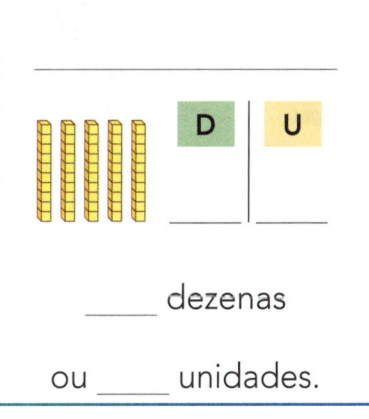

_____

D	U

_____ dezenas

ou _____ unidades.

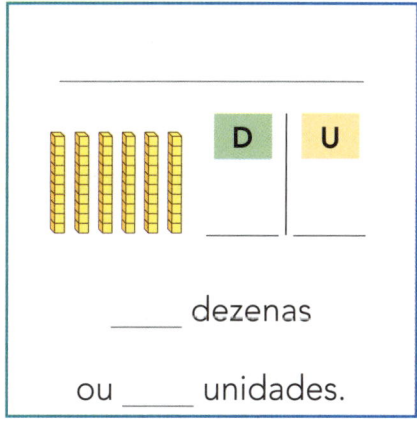

_____

D	U

_____ dezenas

ou _____ unidades.

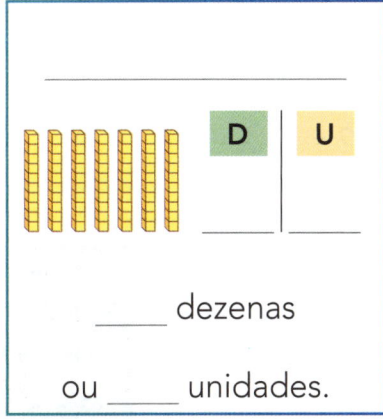

_____

D	U

_____ dezenas

ou _____ unidades.

_____

D	U

_____ dezenas

ou _____ unidades.

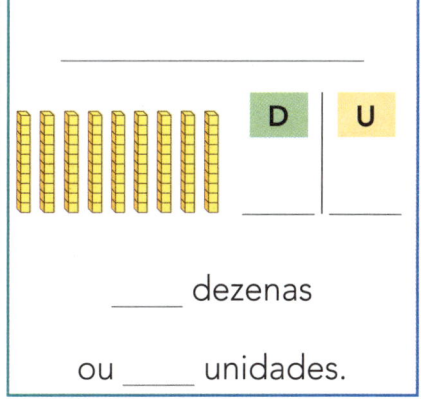

_____

D	U

_____ dezenas

ou _____ unidades.

b) Agora, escreva as dezenas exatas na ordem, do 10 ao 90.

Ilustrações: Banco de imagens/Arquivo da editora

Unidade 1

2 **O NÚMERO 10 (DEZ)**

Complete.

Reprodução/Casa da Moeda do Brasil/Ministério da Fazenda

a) 1 dezena tem _____ unidades.

b) Outubro é o mês número _____ do ano.

c) _____ moedas de 1 real correspondem à nota mostrada acima.

d) As 10 primeiras letras do alfabeto são: _____, _____, _____, _____,

_____, _____, _____, _____, _____, _____.

3 **CÁLCULO MENTAL**

Veja como Augusto e Viviane efetuaram mentalmente o cálculo de 30 + 40 e de 60 − 20.

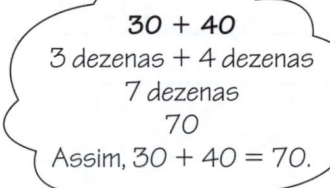

30 + 40
3 dezenas + 4 dezenas
7 dezenas
70
Assim, 30 + 40 = 70.

Dam Ferreira/Arquivo da editora

60 − 20
6 dezenas − 2 dezenas
4 dezenas
40
Assim, 60 − 20 = 40.

a) Efetue as demais adições e subtrações com dezenas exatas.

- 70 + 20 = _____

- 70 − 10 = _____

- 60 − 50 = _____

- 90 − 40 + 10 = _____

- 80 − 20 = _____

- 40 + 40 = _____

b) **ATIVIDADE ORAL EM GRUPO** Nas operações a seguir, como você pode fazer? Registre o resultado e relate para os colegas.

- $3 \times 20 =$ _____

- $90 \div 2 =$ _____

4 **NÚMEROS E MEDIDA DE TEMPERATURA**

Calcule mentalmente e responda.

a) Qual medida de temperatura este termômetro está marcando?

_____

b) Quanto ele marcará se a medida de temperatura diminuir 10 °C?

_____

30°C

Dado Photos/Shutterstock

Termômetro digital de rua.

5 CONTAGEM COM AGRUPAMENTOS DE 10

a) Observe os laços e complete.

Há _____ grupo de 10 mais _____ laços.

_____ + _____ ou _____ laços.

b) Na turma de Paula é possível formar 3 grupos de 10 alunos e ainda sobram 2 alunos.

No total, a turma tem _____ + _____ ou _____ alunos.

6 REPRESENTAÇÃO DE NÚMEROS ATÉ 99 COM O MATERIAL DOURADO

O **cubinho** é **1 unidade** (1).   A **barrinha** é **1 dezena** (10).

Indique o número representado em cada item e escreva como se lê.

a)

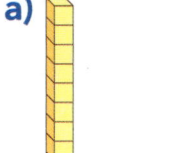

_____

_____

b)

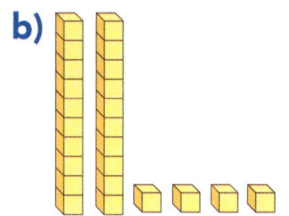

_____

_____

c)

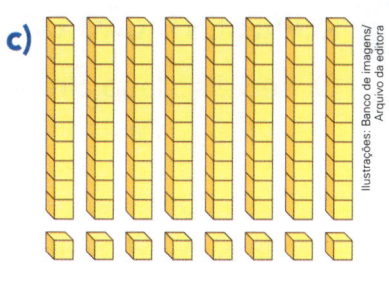

_____

_____

🔍 **Explorar e descobrir**

👥 **ATIVIDADE EM DUPLA**

- Vamos calcular o valor de 26 + 45 usando as peças do material dourado.

  Separem as peças que representam o número 26.

  Separem as peças que representam o número 45.

  Juntem todas as peças, troquem 10 cubinhos por 1 barrinha, descubram o

  número obtido e completem aqui: 26 + 45 = _____

- Façam o mesmo em mais esta adição: 38 + 28 + 16 = _____

- Confiram as 2 adições efetuadas, agora pelo algoritmo usual.

7 REPRESENTAÇÃO DE NÚMEROS ATÉ 99 COM DINHEIRO

a) Escreva as quantias representadas em cada quadro.

As imagens não estão representadas em proporção.

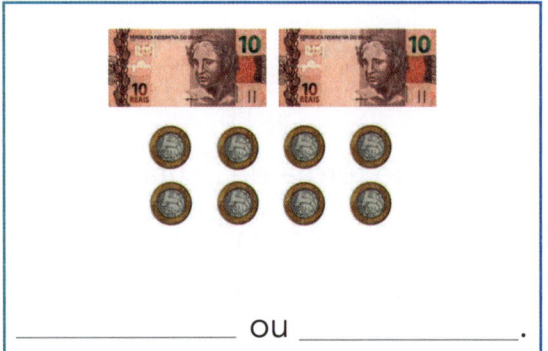

_____ reais ou R$ _____.

_____ ou _____.

b) Complete: Juntando as quantias destes 2 quadros, obtemos a quantia de _____ reais ou R$ _____.

8 REPRESENTAÇÃO DE NÚMEROS ATÉ 99 COM DESENHOS DE FICHAS

Observe ao lado a representação da dezena e da unidade com desenhos de fichas.

Dezena. 10   Unidade. 1

a) Veja como representar com as fichas o número de patos desenhados abaixo e escreva o número.

Com fichas:

Número de patos: _____

b) Agora, complete a tabela com os números e os desenhos de fichas que estão faltando.

Números e desenhos de fichas

Número		23	52		19
Desenho de fichas				(seis barras)	

Tabela elaborada para fins didáticos.

9 Complete a sequência dos números de 1 em 1. Dizemos que essa é a **sequência dos números naturais**.

0, 1, 2, 3, _____, _____, _____, _____, _____, _____, _____, _____, _____, _____, _____, _____, ...

10 As reticências na sequência da atividade anterior indicam que ela continua e não tem fim. Imagine a continuação dessa sequência e complete alguns dos trechos dela.

| 37 | 38 | | |

| | 47 | | 49 | | |

| | | 90 | |

| | | 83 | 84 | | |

| | | 56 | 57 | | | 61 |

11 ADIÇÃO E SUBTRAÇÃO "ANDANDO" NA SEQUÊNCIA DOS NÚMEROS NATURAIS

Veja como Augusto conta para fazer $26 + 3$ usando a sequência dos números naturais.

Falo 26 e depois conto 3 números para a frente: 27, 28, 29.

Assim, $26 + 3 = 29$.

Para fazer $81 - 4$, ele fala 81 e conta 4 para trás: 80, 79, 78 e 77.
Assim, $81 - 4 = 77$.
Agora, faça como Augusto, descubra o resultado e registre.

a) $83 + 3 =$ _____

b) $67 + 4 =$ _____

c) $91 - 4 =$ _____

d) $75 - 3 =$ _____

e) $13 - 5 =$ _____

f) $88 + 2 =$ _____

12 CÁLCULO MENTAL

Viviane vai comprar 1 lápis por R$ 3,00 e pagar com 1 nota de R$ 20,00. Quanto ela receberá de troco?

Números maiores do que 99

O número 100 (cem)

1 Observe a sequência dos canteiros de pés de alface do sítio de Sebastião. Depois, complete as operações indicadas.

9 grupos de 10 unidades.	Mais 9 unidades.	Mais 1 unidade.

Ilustrações: Dam Ferreira/Arquivo da editora

Total: _____   Total: _____   Total: _____

_____ × _____ = _____   _____ + _____ = _____   _____ + _____ = _____

ou

> Oba! Chegamos ao **cem** (100)!

_____ × _____ = _____

2 **ATIVIDADE ORAL EM DUPLA** Descubra um padrão (uma regularidade) para cada sequência e conte a um colega. Depois, complete as sequências.

a) (89) (90) (91) (92) ( ) ( ) ( ) ( ) ( ) ( ) ( ) ( )

b) | 10 | 20 | 30 | 40 | 50 | 60 | | | | |

3 Complete as operações de modo que se obtenha sempre 100.

99 + _____	10 × _____	4 × _____	85 + _____
40 + _____	_____ + 50	2 × _____	_____ × 20

Saiba mais

1 **século** corresponde a 100 anos. Em 1º de janeiro de 2001 começou o século 21.

Centenas, dezenas e unidades

Relembre os valores que o cubinho e a barrinha do material dourado representam e conheça a placa desse material.

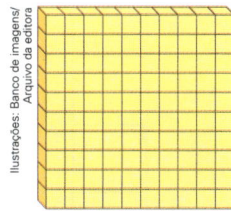

Cada cubinho equivale a **1 unidade**.

Cada barrinha equivale a **1 dezena** ou **10 unidades**.

Cada placa equivale a **1 centena** ou **100 unidades** ou **10 dezenas**.

Ilustrações: Banco de imagens/Arquivo da editora

1 As 2 capitais brasileiras mais próximas uma da outra são Recife (em Pernambuco) e João Pessoa (na Paraíba). A distância aproximada entre elas mede 124 km. Veja a representação com o material dourado, a decomposição e a leitura do número 124. Depois, faça o mesmo com a outra representação com o material dourado.

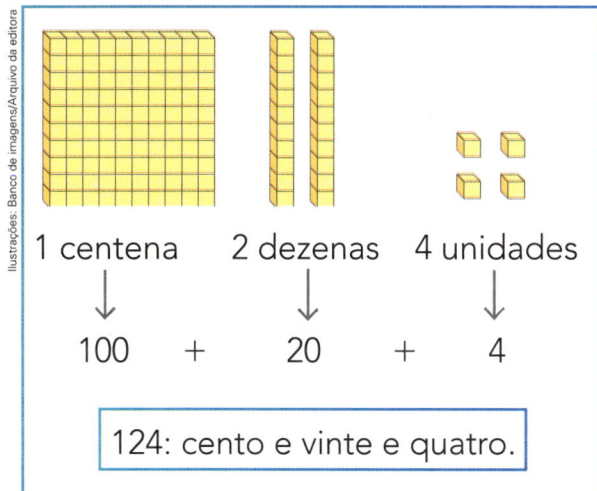

1 centena   2 dezenas   4 unidades

100   +   20   +   4

124: cento e vinte e quatro.

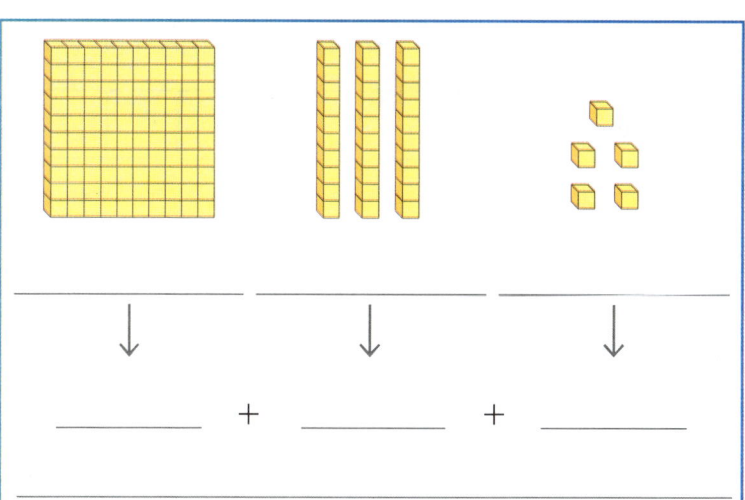

Ilustrações: Banco de imagens/Arquivo da editora

2 Escreva cada número usando algarismos.

a) 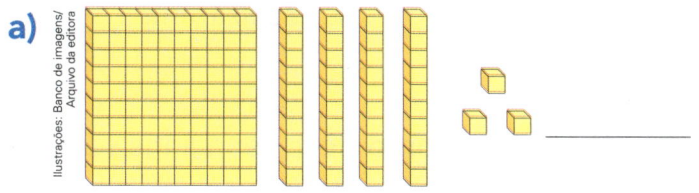 _____

Ilustrações: Banco de imagens/Arquivo da editora

b) 1 centena, 7 dezenas e 8 unidades. _____

c) 100 + 60 + 9 _____

3 Complete o quadro. Você vai usá-lo nas próximas atividades.

90	91	92					97		
	101	102						108	
110					115				
			123						
						136			
				144					
								158	
			163						
									179
					185				
	191								

(coluna ao lado: 137)

4 Escreva abaixo a linha do quadro que começa com 150.
Depois, complete ao lado a coluna em que está o número 137.

150									

5 Complete estas partes do quadro.

a)

111	

b)

148	

c)

186	

6 FAÇA DO SEU JEITO!

Responda às perguntas e depois veja como os colegas fizeram.

a) Qual número vem imediatamente depois de 199? _____

b) Continuando o quadro da atividade 3, como deve ser a linha seguinte?
Escreva-a.

Dam Ferreira/Arquivo da editora

Centenas inteiras ou centenas exatas

1 Observe as representações das centenas inteiras e complete.

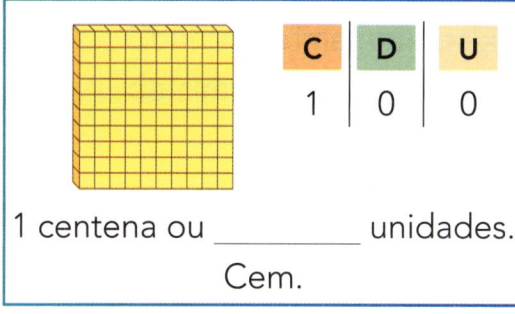

C	D	U
1	0	0

1 centena ou _____ unidades.
Cem.

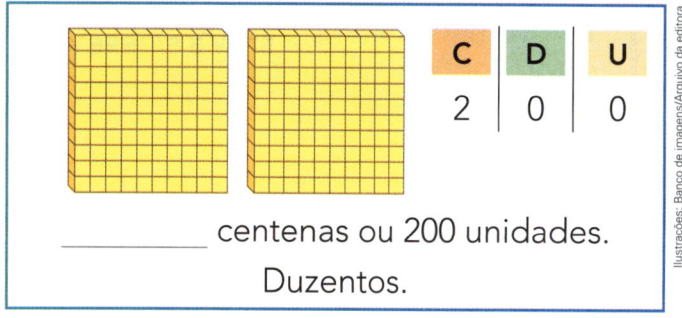

C	D	U
2	0	0

_____ centenas ou 200 unidades.
Duzentos.

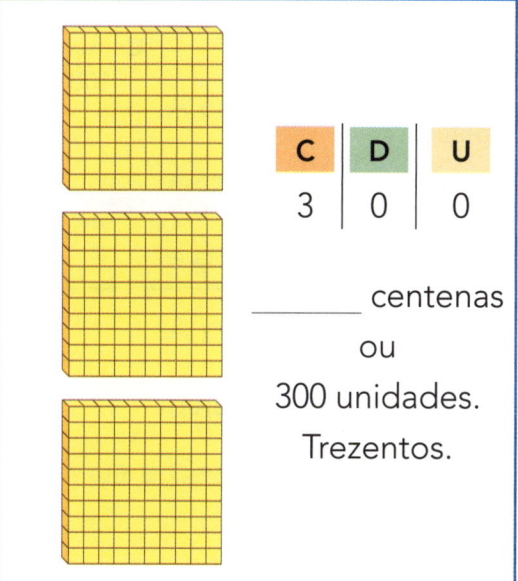

C	D	U
3	0	0

_____ centenas ou 300 unidades.
Trezentos.

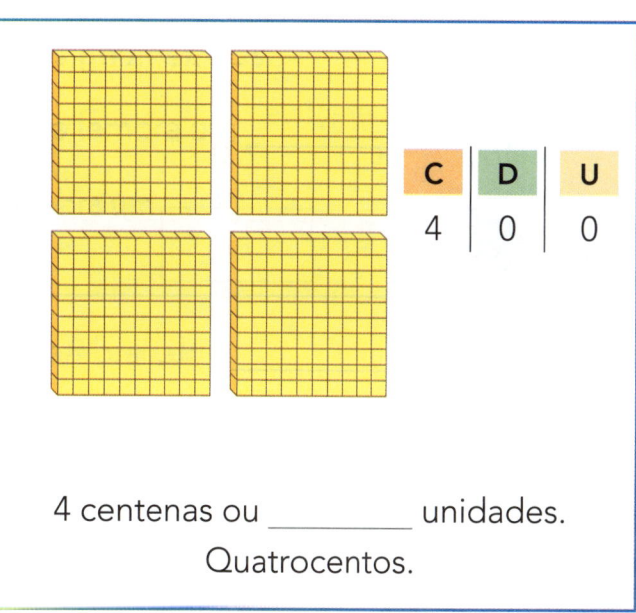

C	D	U
4	0	0

4 centenas ou _____ unidades.
Quatrocentos.

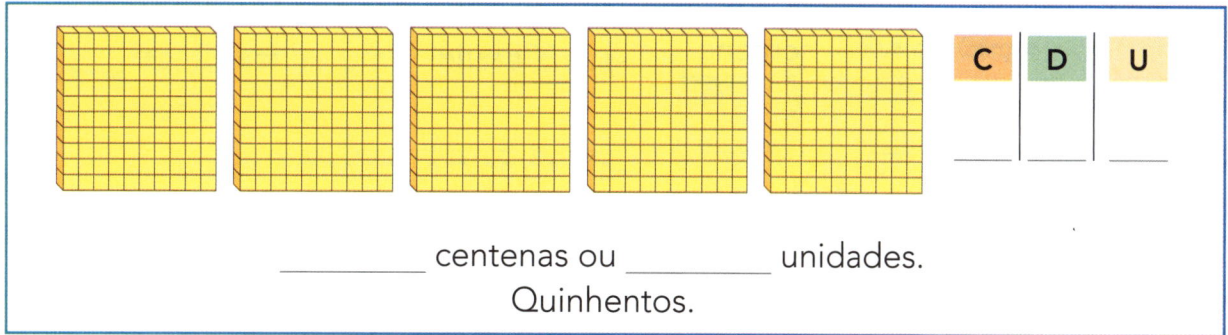

C	D	U

_____ centenas ou _____ unidades.
Quinhentos.

6 centenas ou _____ unidades.
Seiscentos.

7 centenas ou _____ unidades.
Setecentos.

8 centenas ou _____ unidades.
Oitocentos.

9 centenas ou _____ unidades.
Novecentos.

Ilustrações: Banco de imagens/Arquivo da editora

Unidade 1

2 Complete as sequências de centenas inteiras ou exatas, na ordem.

a) 100, 200, 300, _____, _____, _____, _____, _____, _____.

b) Cem, duzentos, trezentos, _____, _____,

_____, _____, _____, _____.

Explorar e descobrir

Use as placas do material dourado ou as fichas do **Ápis divertido** para efetuar operações com centenas inteiras.

Em cada item, faça desenhos de fichas para representar as centenas e complete as operações.

Centena.
100

a) 100 + 200   Junte as placas.

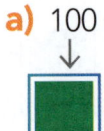

_____ centena + _____ centenas = _____ centenas ⟶ 100 + 200 = _____

b) 400 − 100   Indique quantas placas sobraram.

Risque

_____ placa.

_____ centenas − _____ centena = _____ centenas ⟶ _____ − _____ = _____

c) 3 × 200

3 × [   ] = [   ]

3 × _____ centenas = _____ centenas ⟶ 3 × _____ = _____

d) 800 ÷ 4   Distribua as placas igualmente em 4 grupos.

 ⟶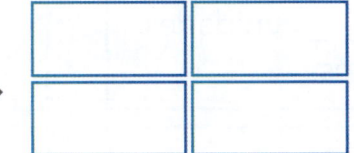

Cada grupo ficou com

_____ placas.

_____ centenas ÷ 4 = _____ centenas ⟶ 800 ÷ 4 = _____

3 Efetue as operações com centenas inteiras. Se necessário, manipule as placas do material dourado.

a) 200 + 300 = _____

b) 900 − 700 = _____

c) 2 × 300 = _____

d) 800 ÷ 2 = _____

e) 4 × 200 = _____

f) 300 + 500 = _____

g) 800 − 100 = _____

h) 900 ÷ 3 = _____

i) 700 − 200 − 400 = _____

4 **PROBLEMAS**

a) No início da semana, o saldo bancário de Vitória era de R$ 500,00. Durante a semana ela fez um depósito de R$ 200,00 e uma retirada de R$ 300,00. Qual foi o saldo dela no final da semana?

_____

b) Em uma fazenda foram colhidos 600 cestos de laranjas, e a metade deles já foi vendida.

Dam Ferreira/Arquivo da editora

Olha a laranja, Teresinha, que apanhei ainda agora. É laranja bem fresquinha que plantei para a senhora!

• Quantos cestos foram vendidos?

_____

• E quantos cestos sobraram?

_____

Tecendo saberes

Você já frequentou uma feira livre? Sabe quais produtos costumam ser vendidos em uma feira?

Nas diversas regiões do país, a feira livre é um exemplo de manifestação cultural urbana. Elas ocorrem em diversas localidades da cidade, em dias específicos da semana, e possibilitam aos feirantes a venda de frutas, verduras, legumes, carnes, peixes, pastéis, água de coco, caldo de cana e muitos outros produtos de produção nacional e local.

E será que, se você frequentar uma feira livre de outra região do país, vai conhecer todos os produtos que estão sendo vendidos? Veja a cena a seguir.

Dem Ferreira/Arquivo da editora

1 Responda considerando as falas acima.

a) Você já escutou algum desses nomes? Se sim, em qual situação e local?

_____

b) Você sabia que todos esses nomes representam a mesma fruta? Qual deles você considera o mais adequado? Por quê?

_____

_____

c) **ATIVIDADE ORAL** Você já escutou uma palavra, achou que ela significava uma coisa, mas descobriu que o significado era outro? Se sim, como se sentiu?

2 **ATIVIDADE ORAL EM DUPLA** Além de receber diferentes nomes, a tangerina é uma fruta que apresenta algumas variedades, com características que as diferem das demais. Observe algumas informações sobre essa fruta.

Principais características de algumas variedades da tangerina

Variedade	Forma	Semente	Casca	Polpa
Tangerina-cravo	Arredondada com achatamento nos polos	Poucas sementes	Fina e solta, com coloração amarelo-alaranjada	Com coloração laranja-clara
Tangerina dancy	Arredondada com achatamento nos polos	Sem sementes	Fina e solta, com coloração laranja-avermelhada	Com coloração amarela-alaranjada
Tangerina satsuma	Arredondada	Sem sementes	Fina e solta, com coloração laranja	Com coloração laranja-escura
Tangerina murcote	Arredondada	Muitas sementes	Fina e aderida, com coloração laranja	Com coloração laranja
Tangerina poncã	Arredondada com achatamento nos polos	Muitas sementes	Fina e solta, com coloração laranja	Com coloração laranja
Tangerina montenegrina	Arredondada com achatamento nos polos	Poucas sementes	Fina e solta, com coloração laranja	Com coloração laranja

Fonte de consulta: FRUTÍFERAS. Frutíferas A Z. Disponível em: <www.frutiferas.com.br/tangerina>. Acesso em: 28 out. 2019.

Brinque com o colega de adivinha! Escolha uma das variedades da tangerina e diga algumas características dela para que o colega descubra a fruta que você escolheu. Ou escolha 2 variedades da tangerina e diga em que elas diferem para que seu colega descubra as frutas. Divirtam-se!

Representação, composição, decomposição e leitura dos números até 999

1 USANDO O MATERIAL DOURADO

Observe estas imagens.

Caixa com 100 canetas.

Pacote com 10 canetas.

1 caneta.

- Marcelo comprou 3 caixas, 2 pacotes e 8 canetas vermelhas avulsas. Veja o número total de canetas representado com o material dourado.

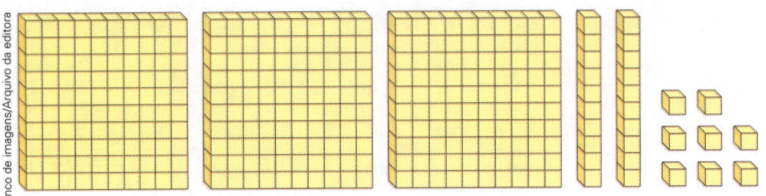

Número de canetas: 328

Decomposição: 328 = 300 + 20 + 8

Leitura: Trezentos e vinte e oito.

O número 328 tem 3 algarismos. Observe que a **posição** de cada algarismo no número é muito importante.

Centena	Dezena	Unidade
3	2	8

↑ O valor posicional do 3 é 300.

↑ O valor posicional do 2 é 20.

↑ O valor posicional do 8 é 8.

Indique com quantas canetas Marcelo vai ficar nestes casos.

a) Se comprar mais 2 pacotes de canetas: _____ canetas.

b) Se comprar mais 1 caixa e 1 caneta avulsa: _____ canetas.

c) Se comprar mais 4 canetas avulsas: _____ canetas.

- Marisa comprou 6 caixas, 2 pacotes e 5 canetas avulsas.
  Veja a representação com o material dourado.

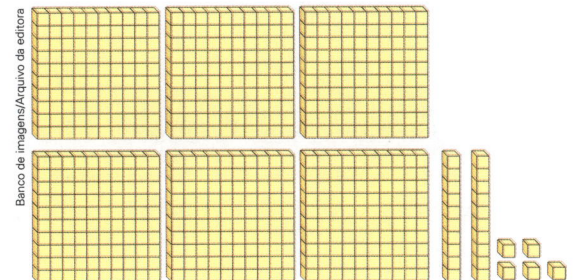

Banco de imagens/Arquivo da editora

a) Qual número indica quantas canetas Marisa comprou? _____

b) Quantos algarismos esse número tem? _____

c) Complete o quadro.

Centena	Dezena	Unidade

d) Qual é o valor posicional do algarismo 6 nesse número? _____

e) E do algarismo 5? _____

f) Como é a decomposição desse número em centenas, dezenas e unidades?

_____ = _____ + _____ + _____

g) Como se lê esse número? _____

2 **USANDO DESENHOS DE FICHAS**

Relembre o código para representar números com desenhos de fichas.

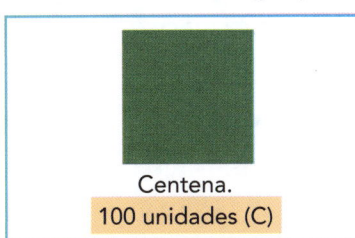

Centena.
100 unidades (C)

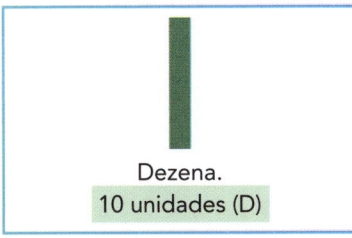

Dezena.
10 unidades (D)

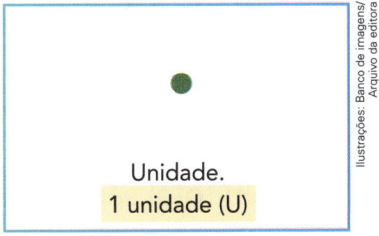

Unidade.
1 unidade (U)

Ilustrações: Banco de imagens/ Arquivo da editora

Agora, veja o número de alunos do período da manhã na escola em que Laura estuda, representado com desenhos de fichas, e complete.

Número: _____

Decomposição: _____ = _____

Leitura: _____

3 Complete com o que falta em cada item.

a) Decomposição: _____ = 100 + 50 + 4   Desenho de fichas:

Número: _____

Leitura: _____

b) Leitura: Trezentos e sete.   Desenho de fichas:

Número: _____

Decomposição: _____ = _____

c) Número: 370   Desenho de fichas:

Decomposição: _____ = _____

Leitura: _____

4 **NÚMEROS E MEDIDA DE INTERVALO DE TEMPO**

a) Consulte um calendário e complete com o número de dias de cada mês, em um ano que não é bissexto.

JANEIRO _____ dias.   FEVEREIRO _____ dias.   MARÇO _____ dias.   ABRIL _____ dias.   MAIO _____ dias.   JUNHO _____ dias.

JULHO _____ dias.   AGOSTO _____ dias.   SETEMBRO _____ dias.   OUTUBRO _____ dias.   NOVEMBRO _____ dias.   DEZEMBRO _____ dias.

Aha-Soft/Shutterstock

No total são **365 dias**.

b) Escreva a decomposição e a leitura do número 365.

_____ = _____ + _____ + _____

_____

c) Represente ao lado esse número com desenho de fichas.

5 **USANDO DINHEIRO (NOTAS DE 100 REAIS, NOTAS DE 10 REAIS E MOEDAS DE 1 REAL)**

Vamos usar as notas de 100 reais, as notas de 10 reais e as moedas de 1 real do **Ápis divertido** (das páginas 5 a 12) para resolver esta atividade.

> Sempre que usar dinheiro, pagando ou recebendo, conte 2 vezes, ou seja, conte e confira.

◀ As imagens não estão representadas em proporção.

Ana quer comprar uma bicicleta. Observe o dinheiro que ela tem.

Reprodução/Casa da Moeda do Brasil/Ministério da Fazenda

Vamos organizar essa quantia?

Ela tem 2 notas de 100 reais, 3 notas de 10 reais e 6 moedas de 1 real. Veja ao lado.

Composição: 200 + 30 + 6 = 236
                duzentos trinta seis

Leitura: Duzentos e trinta e seis.

2	(nota de 100)
3	(nota de 10)
6	(moeda de 1)

Ana tem R$ 236,00.

a) Complete o quadro abaixo e descubra o preço da bicicleta à vista, em reais, considerando os valores dados.

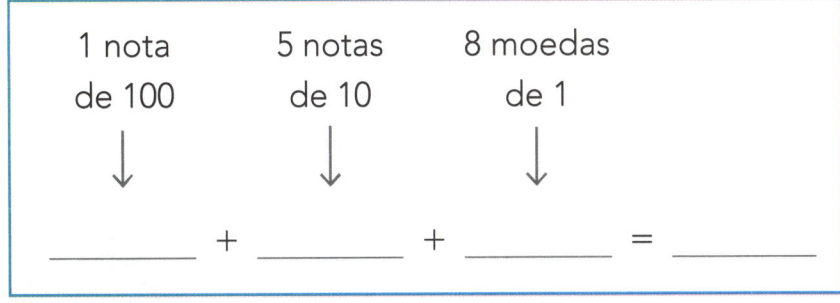

1 nota de 100   5 notas de 10   8 moedas de 1
↓   ↓   ↓
_____ + _____ + _____ = _____

Bicicleta.

focuslight/Shutterstock

b) Qual é o preço da bicicleta à vista? _____

c) Como se lê essa quantia? _____

d) O dinheiro de Ana é suficiente para comprar essa bicicleta à vista? Justifique.

_____

6 QUANTOS REAIS HÁ NO TOTAL?

Continue organizando e completando.

As imagens não estão representadas em proporção.

_____ notas de 100, _____ notas de 10 e _____ moedas de 1.

Composição: _____ + _____ + _____ = _____

Leitura: _____

7 Escreva a quantia correspondente a cada item.

a) 7 notas de R$ 100,00 e 8 notas de R$ 10,00. _____

b) 7 notas de R$ 100,00 e 8 moedas de R$ 1,00. _____

c) 7 notas de R$ 10,00 e 8 moedas de R$ 1,00. _____

d) 1 nota de R$ 100,00, 1 nota de R$ 10,00 e 1 moeda de R$ 1,00.

_____

8 POSSIBILIDADES

Na carteira de Mara há 3 notas de R$ 100,00 e 2 notas de R$ 10,00.

a) Se Mara retirar 2 dessas notas, sem olhar, então quais quantias ela pode obter?

_____

b) E se ela retirar 3 notas? _____

Números pares e números ímpares

1 Observe os grupos de pássaros.

- Você já viu: quando formamos grupos de 2 e no final **não sobra 1** elemento, o número total de elementos é **par**. Por exemplo: 6 é um número par.

- Quando formamos grupos de 2 e no final **sobra 1** elemento, o número total de elementos é **ímpar**. Por exemplo: 5 é um número ímpar.

Agora, verifique os números de 7 a 10. Para cada um deles, faça desenhos, forme grupos de 2 e escreva se o número é par ou ímpar.

a) 7: _____   **b)** 8: _____   **c)** 9: _____   **d)** 10: _____

2 SEQUÊNCIA DOS NÚMEROS NATURAIS, NÚMEROS PARES E NÚMEROS ÍMPARES

a) Observe a sequência dos números naturais e pinte somente os quadrinhos com números pares, a partir do 0 (zero).

0	1	2	3	4	5	6	7	8	9	10	11	12	13	14	15	16	17	18	19	20	21	...

b) Qual é o algarismo das unidades nos números pares? _____

c) Qual é o algarismo das unidades nos números ímpares? _____

d) O número 138 é par ou ímpar? _____

e) Qual é o número ímpar que fica entre 375 e 379? _____

3 Escreva o número correspondente a cada item e se ele é par ou ímpar.

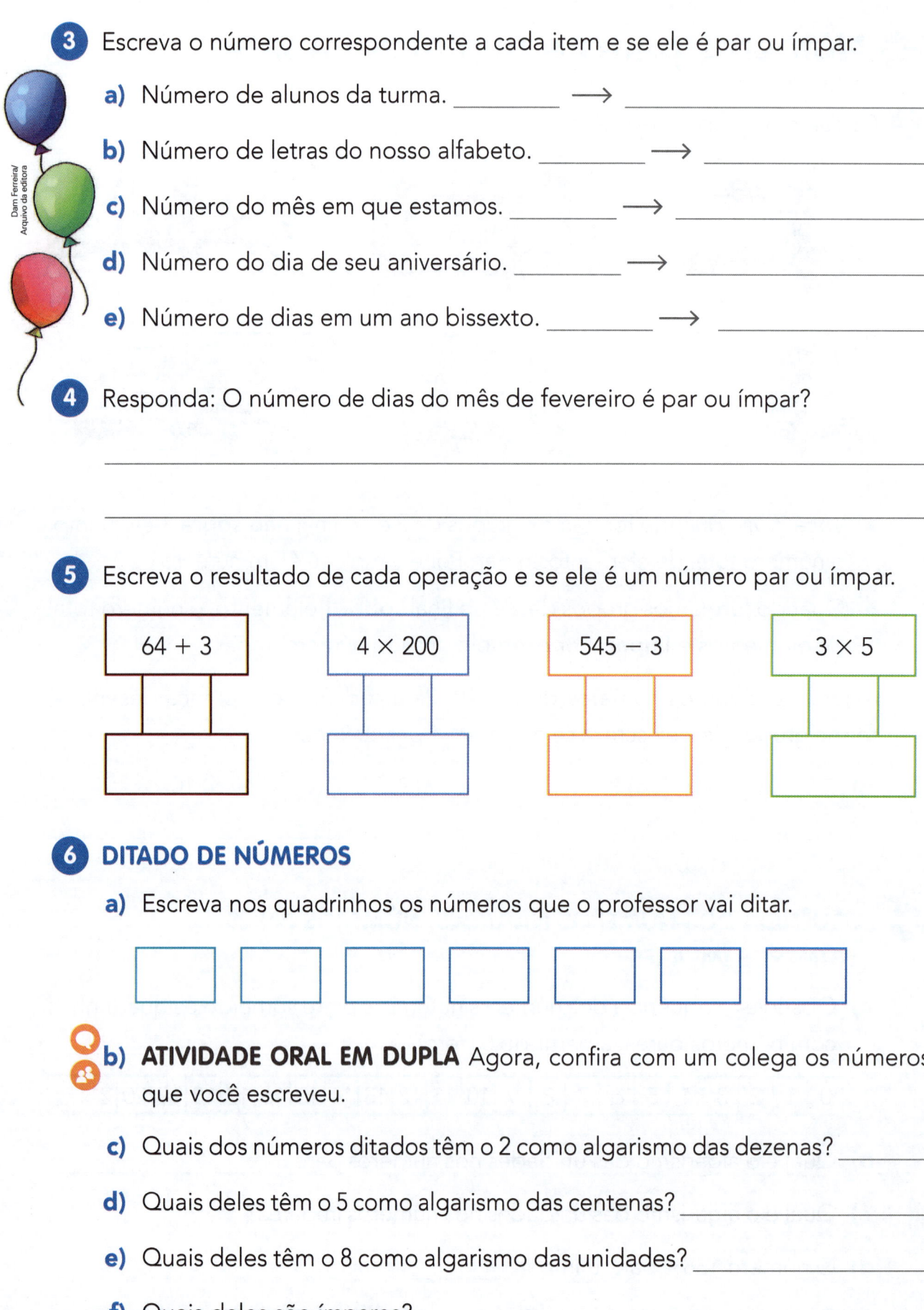

a) Número de alunos da turma. _____ ⟶ _____

b) Número de letras do nosso alfabeto. _____ ⟶ _____

c) Número do mês em que estamos. _____ ⟶ _____

d) Número do dia de seu aniversário. _____ ⟶ _____

e) Número de dias em um ano bissexto. _____ ⟶ _____

4 Responda: O número de dias do mês de fevereiro é par ou ímpar?

_____

_____

5 Escreva o resultado de cada operação e se ele é um número par ou ímpar.

| 64 + 3 | 4 × 200 | 545 − 3 | 3 × 5 |

6 DITADO DE NÚMEROS

a) Escreva nos quadrinhos os números que o professor vai ditar.

b) **ATIVIDADE ORAL EM DUPLA** Agora, confira com um colega os números que você escreveu.

c) Quais dos números ditados têm o 2 como algarismo das dezenas? _____

d) Quais deles têm o 5 como algarismo das centenas? _____

e) Quais deles têm o 8 como algarismo das unidades? _____

f) Quais deles são ímpares? _____

Ordem dos números naturais

1 Na reta numerada abaixo podemos observar a ordem dos números naturais. Conforme avançamos para a direita, os números vão aumentando de valor.

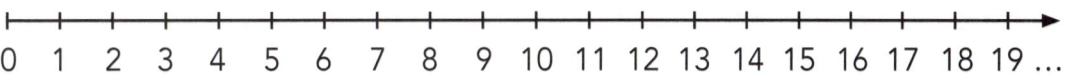

Ilustrações: Banco de imagens/ Arquivo da editora

- 2 vem antes do 6.

  2 é menor do que 6.

  2 < 6

- 7 vem depois do 3.

  7 é maior do que 3.

  7 > 3

Agora é a sua vez. Observe a reta numerada, pense na sequência dos números naturais e faça as comparações entre os números de cada item.

a) 9 e 11.

b) 22 e 19.

c) 716 e 715.

_____

_____

_____

2 Determine o resultado das 2 operações em cada item e registre nos quadrinhos. Depois, compare os resultados colocando os sinais > **(é maior do que)**, < **(é menor do que)** ou = **(é igual a)** entre eles.

a)

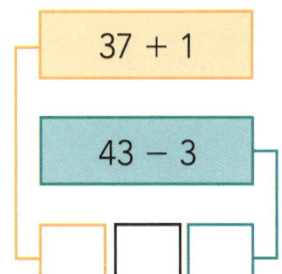

37 + 1

43 − 3

b)

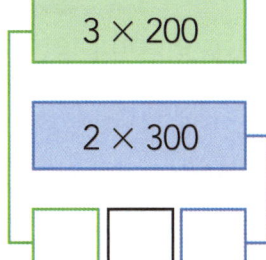

3 × 200

2 × 300

c)

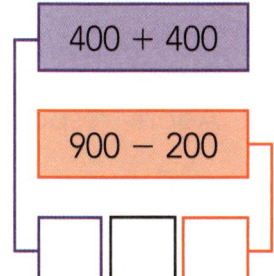

400 + 400

900 − 200

3 Quem são eles? Descubra os números e escreva.

Sou o maior número par de 2 algarismos.

Sou maior do que 245.

Sou menor do que 248.

Sou um número ímpar.

Ilustrações: Banco de imagens/ Arquivo da editora

4 AS COMPRAS DE FRUTAS DE MÁRIO

O primeiro gráfico abaixo mostra quais e quantas frutas Mário comprou na terça-feira para abastecer a quitanda em que trabalha.

No sábado ele comprou as mesmas frutas, mas mudou as quantidades: dobrou o número de maçãs, reduziu em 2 dezenas o número de peras e reduziu à metade o número de abacaxis.

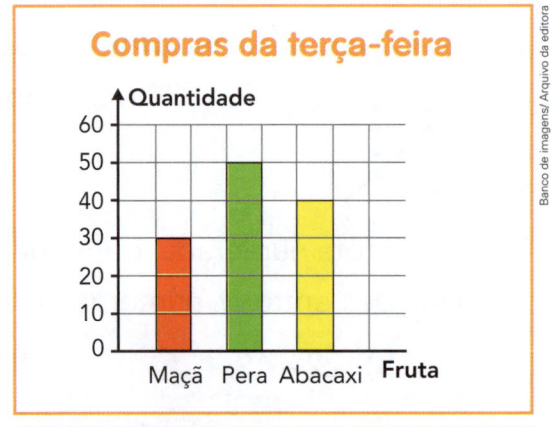

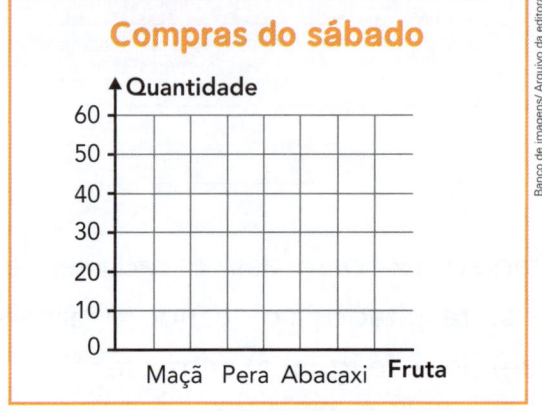

Gráficos elaborados para fins didáticos.

a) Analise o primeiro gráfico e complete o gráfico abaixo dele.

b) Agora, responda:

- Em qual desses dias Mário comprou mais frutas? _____

- Quantas frutas a mais? _____

- Quantas maçãs ele comprou no sábado? _____

- Em qual dia ele comprou mais abacaxis? Quantos foram? _____
_____

- Quantas peras ele comprou ao todo nos 2 dias? _____

Ordem crescente e ordem decrescente

As imagens não estão representadas em proporção.

1 **ORDEM CRESCENTE (DO MENOR PARA O MAIOR)**

Complete esta parte da sequência dos números naturais, do número menor para o número maior, isto é, em **ordem crescente**.

100	101	102						

2 **ORDEM DECRESCENTE (DO MAIOR PARA O MENOR)**

Complete esta parte da sequência dos números naturais, do número maior para o número menor, isto é, em **ordem decrescente**.

255	254	253					

Sucessor e antecessor

1 As sequências estão presentes em muitas situações do dia a dia.
Os meses de um mesmo ano, por exemplo, formam uma sequência.

a) Complete a sequência com o nome dos meses do ano seguindo a ordem indicada pelas setas.

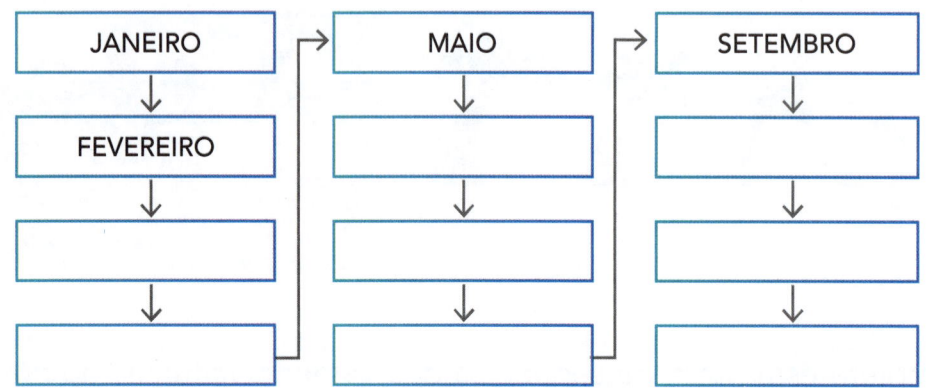

JANEIRO → MAIO → SETEMBRO
FEVEREIRO

b) Agora, complete as frases de acordo com a sequência dos meses do ano.

- O mês que sucede fevereiro, ou seja, que vem logo depois de fevereiro,

  é _____. Então, dizemos que o mês **sucessor** de fevereiro é

  _____.

- Junho antecede julho, ou seja, vem logo antes de julho. Então, dizemos

  que _____ é o mês **antecessor** de _____.

- O mês antecessor de novembro é _____.

- Agosto é o mês _____ de julho.

2 **ATIVIDADE ORAL EM DUPLA** Converse com um colega e, juntos, completem os itens. Depois, leiam as frases para a turma.

a) Na sequência das letras do nosso alfabeto, a letra _____ sucede a letra

_____, e a letra _____ antecede a letra _____.

b) Na sequência das estações do ano, _____ sucede

_____.

c) Na sequência dos dias da semana, o sucessor _____ é

_____.

3 Marcelo analisou a sequência dos números naturais e as informações dos quadros abaixo. Faça isso também e leia o que ele afirmou.

Sequência dos números naturais: 0, 1, 2, 3, 4, 5, 6, 7, 8, 9, 10, 11, 12, 13, 14, 15, ...

O **antecessor** de um número natural é o número natural que vem imediatamente **antes** dele nessa sequência.

O **sucessor** de um número natural é o número natural que vem imediatamente **depois** dele nessa sequência.

Entendi!
O antecessor de 12 é o 11.
O sucessor de 12 é o 13.
Um para trás,
um para a frente.

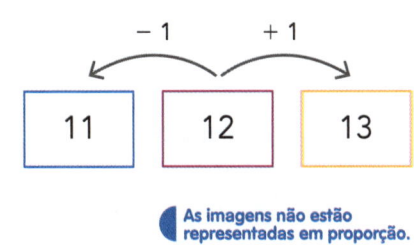

As imagens não estão representadas em proporção.

 **a)** **ATIVIDADE ORAL EM GRUPO** Você concorda com Marcelo? Converse com os colegas sobre isso.

b) Pense na sequência dos números naturais e complete as frases.

- O sucessor de 11 é o _____ e o antecessor de 8 é o _____.

- 77 é o _____ de 78 e 123 é o antecessor de _____.

- _____ é o sucessor de 435 e _____ é o antecessor de 796.

- 844 é o sucessor de _____ e o sucessor do sucessor de 19 é o _____.

c) Agora, complete como quiser: _____ é o _____ de _____.

4 **ATIVIDADE ORAL EM DUPLA** Converse com um colega a respeito do número 0 (zero). Ele tem sucessor? Se sim, qual é? Ele tem antecessor? Se sim, qual é?

Numeração ordinal

1 Isabela está assistindo a uma corrida na gincana da escola.

a) Indique a posição de cada garota.

Lalá. ☐   Tita. ☐   Tata. ☐   Tuca. ☐   Lica. 1º

b) Quem está em segundo lugar? _____

c) E em quinto? _____

d) Quem está entre Tuca e Tita? _____

e) Em qual lugar ela está? _____

f) Em qual lugar Tita está? _____

g) Quem está vencendo a corrida? _____

2 **ATIVIDADE ORAL EM GRUPO (TODA A TURMA)** Analisem os exemplos dados e façam a leitura dos demais números ordinais.

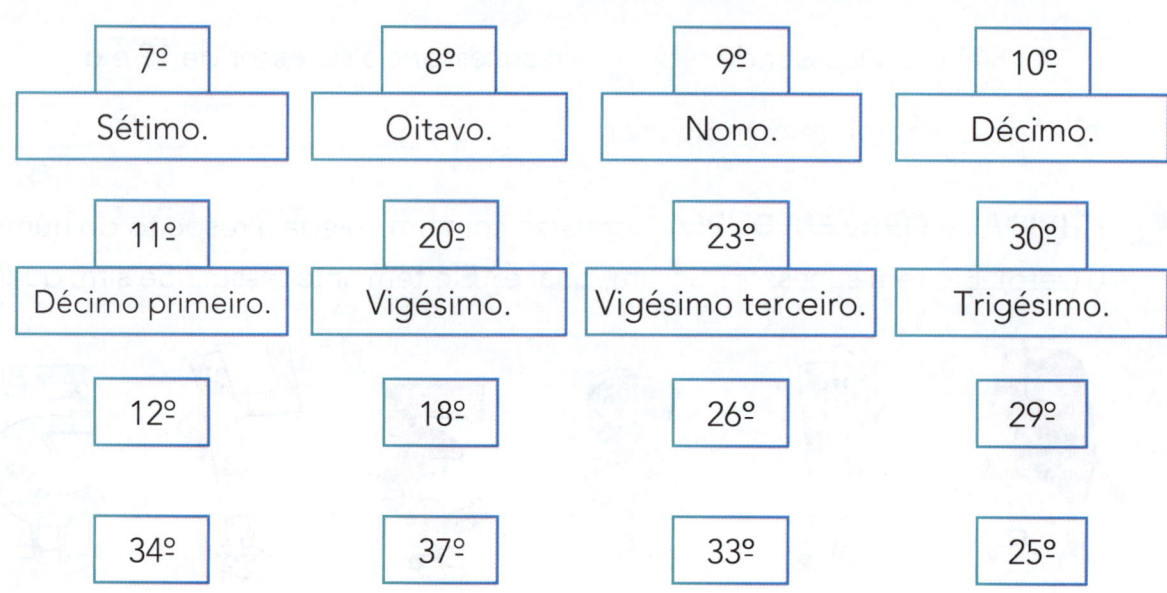

7º	8º	9º	10º
Sétimo.	Oitavo.	Nono.	Décimo.

11º	20º	23º	30º
Décimo primeiro.	Vigésimo.	Vigésimo terceiro.	Trigésimo.

| 12º | 18º | 26º | 29º |

| 34º | 37º | 33º | 25º |

3 **ATIVIDADE ORAL EM GRUPO** Junte-se a 4 colegas e troquem ideias sobre as marchas de um carro. Vocês já ouviram falar delas? Quais nomes elas têm? O que isso tem a ver com o assunto que estamos estudando?

4 **PESQUISA**

Pesquise e escreva.

a) O nome do 13º aluno da lista de chamada da turma.

_____

b) O nome do 9º mês do ano. _____

c) O nome do 4º dia da semana. _____

d) A 5ª letra da palavra **amizade**. _____

e) A 18ª letra do alfabeto. _____

f) O país que foi o 1º colocado na última Copa do Mundo de Futebol masculino.

_____

5 Escreva em qual posição aparece o elemento de cada item.

a) A letra **p** no nosso alfabeto. _____

b) A letra **i** na palavra **matemática**. _____

c) A penúltima pessoa em uma fila com 20 pessoas. _____

d) Junho na sequência dos meses de um ano. _____

e) Aquele que ganha medalha de prata em uma competição. _____

6 **DESAFIO**

Observe as letras desta palavra e, depois, responda às questões.

P E R N A M B U C O

a) Qual é a 10ª letra? _____

b) E a 7ª letra? _____

c) O que as letras dessa palavra têm de especial? Desafie também as pessoas com quem você mora a descobrir. _____

Mais atividades

1 Observe os números e responda.

366   48   400   23
18   485   4

a) Quais deles têm 3 algarismos? _____

b) Em quais deles o 4 é o algarismo das centenas? _____

c) Em quais deles o 3 é o algarismo das dezenas? _____

d) Qual é o maior número? _____

e) E qual é o menor? _____

f) Quais números são menores do que 600? _____

g) Quais números são pares? _____

h) Como esses números ficam escritos em ordem crescente?

_____

2 Manuseie as páginas deste livro, analise e complete.

a) A Unidade 3 começa na página _____.

b) A última página da Unidade 1 é a de número _____.

c) A Unidade 4 tem _____ páginas.

d) A 4ª página da Unidade 6 é a de número _____.

e) A página 265 é a _____ página da Unidade _____.

3 **ATIVIDADE ORAL**

a) Quando uma cidade comemora seu **centenário**?

b) Quando um fato histórico completa seu **sesquicentenário**?

> Na dúvida, consulte um dicionário.

4 **PESQUISA DE OPINIÃO**

Os alunos da turma em que Neide estuda foram consultados sobre o esporte favorito entre tênis, futebol, vôlei e natação.

Veja ao lado o gráfico com o resultado incompleto da votação. Ele está incompleto porque faltam os valores em um dos eixos.

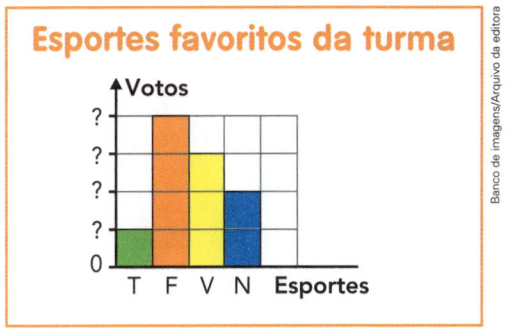

Gráfico elaborado para fins didáticos.

a) Coloque **V** na afirmação que podemos garantir que é verdadeira e **F** na afirmação que podemos garantir que é falsa, mesmo sem conhecer os valores que faltam no gráfico.

☐ Vôlei teve o triplo dos votos de tênis.

☐ Natação teve 1 voto a menos do que vôlei.

☐ Futebol teve 6 votos a mais do que natação.

☐ Tênis e natação tiveram a mesma quantidade de votos.

b) Considere agora esta nova informação: Natação teve 6 votos.

Copie o gráfico e coloque os valores no eixo vertical. Depois, copie as 4 afirmações do item **a** e coloque **V** ou **F** em cada uma delas.

Gráfico elaborado para fins didáticos.

☐ _____

☐ _____

☐ _____

☐ _____

c) Finalmente, responda: Quantos alunos votaram nessa pesquisa?

_____

5 Veja os livros que Ivo, Lia e Marcos compraram em uma livraria e os preços que eles pagaram. Cada um comprou um dos livros.
Veja agora todas as notas que eles usaram nos pagamentos.

R$ 17,00 R$ 15,00 R$ 20,00

a) Complete com o valor de cada compra.

- Ivo pagou com 1 nota de R$ _____ e 2 notas de R$ _____ e não houve troco. Ele comprou o livro de R$ _____.

- Lia pagou com 1 nota de R$ _____ e recebeu R$ _____ de troco. Ela comprou o livro de R$ _____.

- Marcos comprou o livro de R$ _____ e pagou com 1 nota de R$ _____ e 1 nota de R$ _____.

b) Se Marcos tivesse pagado o livro com 1 nota de R$ 50,00, então quanto ele teria recebido de troco? _____

c) Carlos foi à mesma livraria e comprou este livro. Invente como ele pagou o livro e complete a frase.

Carlos comprou esse livro de R$ _____, pagou com _____ de R$ _____ e _____ de R$ _____ e recebeu R$ _____ de troco.

d) Agora, compare o preço dos livros que Ivo, Lia e Marcos compraram e complete.

- Os 3 preços em ordem crescente: R$ _____, R$ _____, R$ _____.

- O livro que Ivo comprou custou R$ _____ a mais do que o livro que Marcos comprou.

6 Use os 3 números e as 3 unidades de medida de intervalo de tempo abaixo para completar as frases de forma adequada.

| 200 | 4 | 30 | minutos | dias | horas |

Carla é aluna do 3º ano. Em dias de aula ela fica na escola

durante ☐ ☐ .

E no ano todo ela vai à escola durante aproximadamente ☐ ☐ .

Para fazer a lição de casa, ela gasta cerca de ☐ ☐ .

7 **PESQUISA**

a) Escolha 10 pessoas entre familiares e vizinhos e pergunte a elas:
Qual destas frutas você prefere?

 As imagens não estão representadas em proporção.

Laranja.

Abacaxi.

Caju.

Banana.

b) Em uma folha de papel quadriculado, registre as respostas da maneira que preferir.

c) Elabore uma tabela e construa um gráfico com as respostas.

d) Para finalizar, escreva pelo menos 3 conclusões obtidas com a pesquisa.

e) Leve sua pesquisa para a sala de aula e mostre aos colegas.

8 **ATIVIDADE ORAL EM GRUPO** Converse com os colegas, descubra e responda à pergunta de Marília.

_____

E depois do 999, qual é o próximo número natural?

9 **RESULTADO 1000!**

ATIVIDADE ORAL EM GRUPO Troque ideias com os colegas e complete as operações para obter 1000 (mil).

a) 998 + _____ = 1000

b) 990 + _____ = 1000

c) 900 + _____ = 1000

d) 700 + _____ = 1000

e) 2 × _____ = 1000

f) 10 × _____ = 1000

Vamos ver de novo?

DESLOCAMENTO E POSSIBILIDADES

No esquema abaixo temos a representação de 5 cidades interligadas por estradas cujas medidas de comprimento aparecem indicadas.

Aldo quer viajar da cidade **A** para a cidade **E**. Um dos caminhos possíveis é **ABDE**.

Preencha a tabela a seguir com todos os caminhos possíveis para ir de **A** até **E** e as medidas de comprimento dos caminhos.

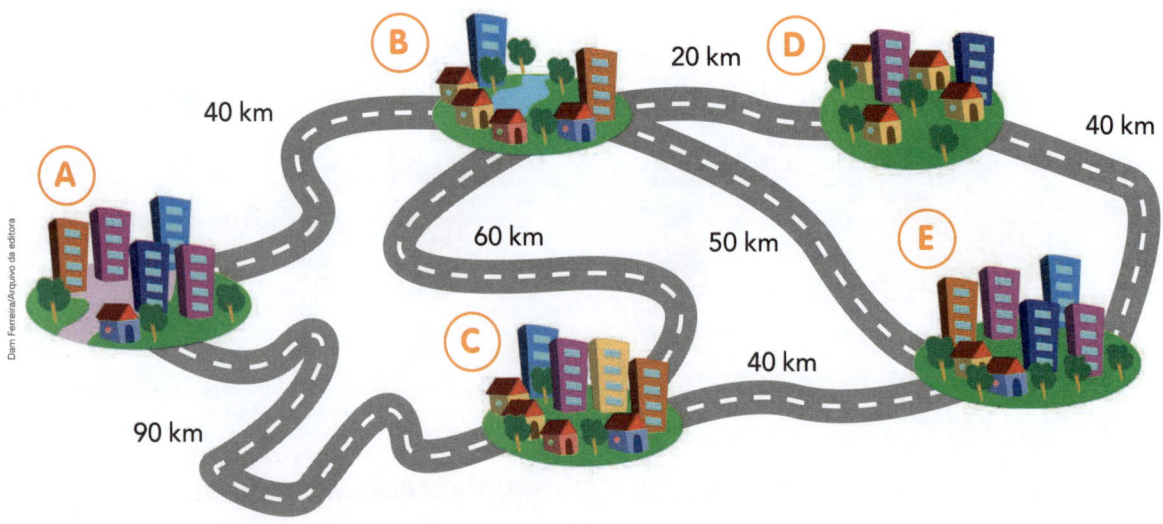

Caminhos possíveis

Caminho	Medida de comprimento
ABDE	100 km

Tabela elaborada para fins didáticos.

O que estudamos

Retomamos e ampliamos o estudo dos números até 999. Depois, chegamos até o 1 000.

98	99	100	101

996	997	998	999	1 000

Estudamos as centenas inteiras ou centenas exatas: 100, 200, 300, 400, 500, 600, 700, 800 e 900.

E efetuamos operações com elas.

$400 + 200 = 600$ $900 - 800 = 100$ $3 \times 200 = 600$

Fizemos decomposição, composição e leitura de números até 999.

- $527 = 500 + 20 + 7$
  Quinhentos e vinte e sete.

- Cento e quarenta e três.
  $100 + 40 + 3 = 143$

Utilizamos o material dourado, os desenhos de fichas e o dinheiro para ajudar no estudo dos números até 999.

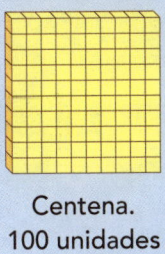

Centena.
100 unidades

Dezena.
10 unidades

Unidade.
1

Centena.
100

Dezena.
10

Unidade.
1

Centena.
100

Dezena.
10

Unidade.
1

Ilustrações: Banco de imagens/Arquivo da editora

Reprodução/Casa da Moeda do Brasil/Ministério da Fazenda

Usando números até 999, fizemos comparações, ordenações, separamos em números pares e números ímpares, exploramos as ideias de antecessor e de sucessor, etc.

- Você havia se esquecido de algo que estudou no ano passado?

- Houve algum assunto novo que você não entendeu? Não tenha vergonha de dizer! Suas dúvidas podem ser as mesmas de outros colegas.

2 Sólidos geométricos

Caçá França/Arquivo da editora

- O você vê nesta cena?
- Você já viu um caminhão como este?
- E um trem de carga como este?
- Você já andou em um trem turístico? Se sim, então conte aos colegas como foi o passeio.

Para iniciar

Observe a forma dos vagões do trem e das cabines e carrocerias dos caminhões.

Todos lembram figuras geométricas conhecidas como **sólidos geométricos**. Eles serão o assunto de estudo desta Unidade.

- Analise a cena das páginas de abertura desta Unidade. Converse com os colegas e respondam às questões a seguir.

> As carrocerias dos caminhões da cena têm a forma de qual sólido geométrico? E os vagões do trem?

> A locomotiva do trem tem a mesma forma dos vagões?

> Que tipo de produtos carrocerias como essas transportam? E vagões como esses?

> Nesta cena, o que tem a forma parecida com a do cubo?

- Converse com os colegas sobre mais estas questões.

a) O objeto ao lado tem a forma de qual sólido geométrico? Qual é o nome deste objeto?

b) Qual dos objetos abaixo tem a forma de bloco retangular: a peça de dominó ou o calendário?

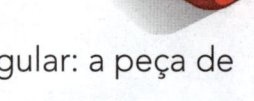 As imagens não estão representadas em proporção.

Peça de dominó.

Calendário.

c) Se empurramos uma bola no chão, ela rola? E se empurramos uma caixa de sapatos?

Bola.

Caixa de sapatos.

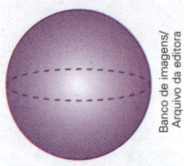

d) Que objeto apresentado nas fotos acima tem a forma parecida com a da esfera ao lado?

Alguns sólidos geométricos

Ilustrações: Banco de imagens/Arquivo da editora

1 Em cada quadro abaixo temos um sólido geométrico (esfera, cubo, cilindro, pirâmide, cone e paralelepípedo ou bloco retangular) e um objeto de mesma forma. Procure se lembrar do que você viu nos anos anteriores e escreva o nome de cada sólido geométrico.

As imagens não estão representadas em proporção.

tinka's/Shutterstock

_____ Brinquedo.

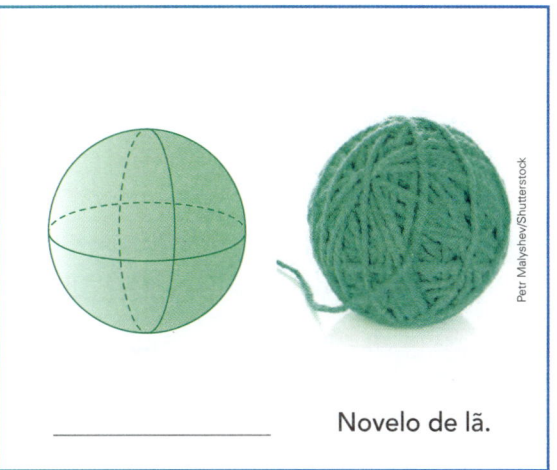

Petr Malyshev/Shutterstock

_____ Novelo de lã.

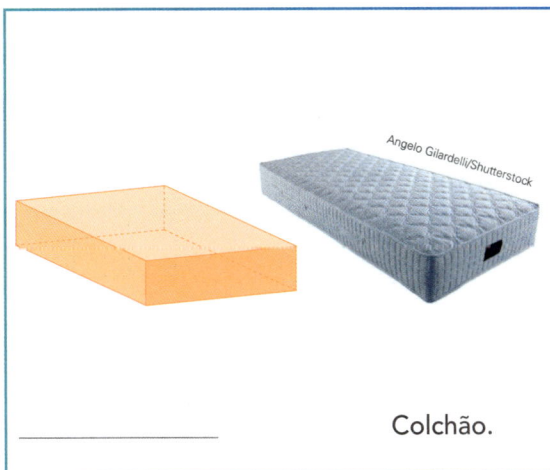

Angelo Gilardelli/Shutterstock

_____ Colchão.

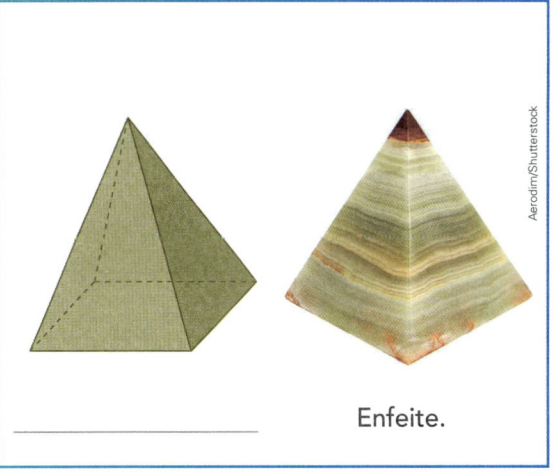

Aerodim/Shutterstock

_____ Enfeite.

Picsfive/Shutterstock

_____ Lata de tinta.

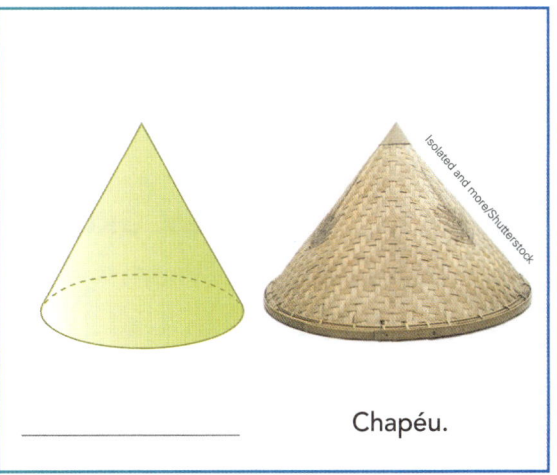

Isolated and more/Shutterstock

_____ Chapéu.

Unidade 2

Explorar e descobrir

Na sala de aula ou na sua casa, recorte e monte os sólidos geométricos que aparecem planificados nas páginas 15 a 29 do **Ápis divertido**.

Antes de montar cada sólido geométrico, observe as características dos moldes e converse com os colegas sobre elas. Em seguida, escreva o nome do sólido geométrico no molde, como neste cubo.

Depois de todos montados, observe as semelhanças e as diferenças entre eles. Esses sólidos geométricos serão usados em muitas atividades desta Unidade.

2 Veja o robô que a equipe de Carlos montou com peças que lembram sólidos geométricos. Escreva quantas dessas peças lembram cada sólido geométrico.

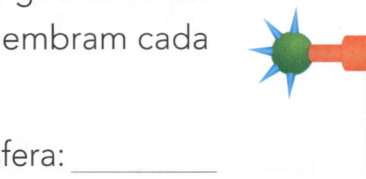

a) Cubo: _____

c) Esfera: _____

b) Cilindro: _____

d) Cone: _____

3 **ATIVIDADE EM DUPLA**

a) Peguem o cubo que vocês montaram do **Ápis divertido** e localizem nele as faces, os vértices e as arestas, conforme mostrado na imagem ao lado.

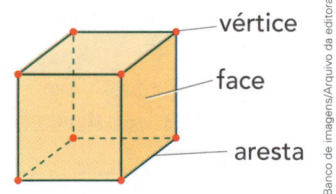

b) Completem a frase com as quantidades.

O cubo tem _____ faces, _____ vértices e _____ arestas.

c) Respondam **sim** ou **não**.

- Todo cubo tem 6 faces? _____

- Todo sólido geométrico com 6 faces é um cubo? _____

4 **ATIVIDADE ORAL EM GRUPO** Investigue com os colegas objetos diferentes dos que vocês já viram nesta Unidade e que tenham a forma dos sólidos geométricos abaixo. Cite 2 objetos para cada sólido geométrico.

a) Cilindro.

b) Cone.

5 Veja a imagem de mais alguns objetos que lembram a forma da esfera. Escreva o nome de outros objetos.

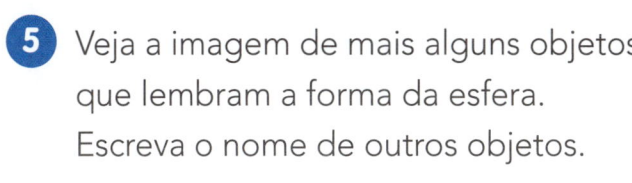
Esfera.

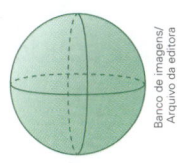
Laranja.

Bola de tênis.

Bola de basquete.

Representação da Terra.

As imagens não estão representadas em proporção.

_____

_____

_____

6 Você sabe como fazer bolhas de sabão?

a) As bolhas de sabão têm a forma que lembra qual sólido geométrico?

_____

b) As bolhas têm sempre o mesmo tamanho?

_____

7 **QUEM SOMOS NÓS?**

Leia e responda.

> Somos duas esferas muito importantes do Universo. Uma de nós gira em torno da outra. Quem somos nós?

_____

_____

_____

8 Escreva o nome de 3 frutas que têm a forma aproximada de esfera.

Unidade 2

9 Veja o desenho de alguns sólidos geométricos e responda.

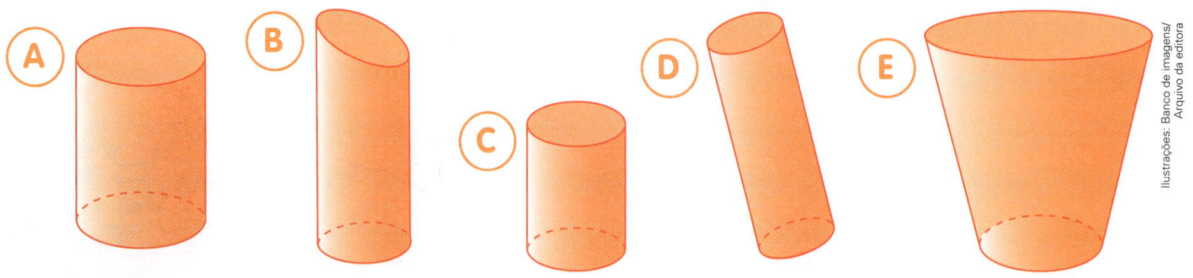

a) Quantos cilindros estão desenhados? _____

b) Quais são eles? Escreva as letras correspondentes. _____

10 **VAMOS FAZER UM MEGAFONE?**

a) Em uma cartolina, desenhe e recorte uma figura como a que aparece no quadro abaixo.

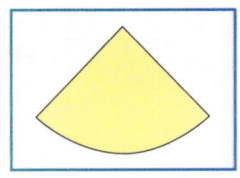 Em seguida, enrole, cole e corte a ponta. Você vai obter um megafone.

b) Agora, responda.

O megafone é um objeto que tem a forma parecida com a de qual sólido

geométrico? _____

11 **ATIVIDADE ORAL EM GRUPO** Converse com os colegas sobre esta questão e registre sua resposta.
Em que caso podemos formar um paralelepípedo usando 2 cubos?

_____

12 **ATIVIDADE ORAL**

a) O que aparece mais na natureza: a forma aproximada de paralelepípedo ou a de esfera?

b) E o que aparece mais nas coisas criadas pelo ser humano?

13 Um grupo de alunos montou estes 3 sólidos geométricos.

 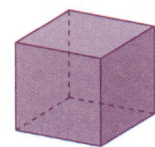 

Ilustrações: Banco de imagens/ Arquivo da editora

_____ _____ _____

a) Escreva o nome de cada sólido geométrico.

b) Depois de montarem esses sólidos geométricos, os alunos fizeram uma pesquisa entre eles com a seguinte pergunta.

> Qual sólido geométrico você mais gostou de montar?

Veja a escolha dos alunos.

| Sônia: cubo. | Geraldo: cilindro. | Alfredo: cone. | Beatriz: cone. | Marta: cubo. | Flávia: cubo. |
| César: cilindro. | Priscila: cone. | Joana: cubo. | Eduardo: cilindro. | Renata: cilindro. | Hélio: cubo. |

Complete a tabela com os votos dados para cada sólido geométrico. Depois, registre-os no gráfico.

Montagem favorita

Sólido geométrico	Marcas	Quantidade de votos
Cone		
Cubo		
Cilindro		

Tabela e gráfico elaborados para fins didáticos.

Montagem favorita

Quantidade de votos

Sólido geométrico

Banco de imagens/Arquivo da editora

c) Observe a tabela e o gráfico e responda: Qual foi o sólido geométrico mais citado? Quantas vezes? _____

d) Qual sólido geométrico foi escolhido 4 vezes? _____

e) Quantas vezes o outro sólido geométrico foi citado? _____

Matemática e tecnologia

Pesquisa e análise de dados com planilha eletrônica

A atividade 13 da página anterior apresentou uma pesquisa sobre o sólido geométrico que um grupo de alunos mais gostou de montar. Você e os colegas também montaram sólidos geométricos usando as planificações do **Ápis divertido**. Agora, com a ajuda do professor, vão fazer uma pesquisa sobre o mesmo tema da atividade 13 e registrar as respostas em uma **planilha eletrônica**.

Coletando dados

Cada aluno deve responder à pergunta inicial: Qual sólido geométrico você mais gostou de montar?

O professor vai construir na lousa uma tabela e fará 1 marca para a resposta de cada aluno. Você também pode fazer os mesmos registros na tabela abaixo.

Montagem favorita da turma

Sólido geométrico	Cubo	Bloco retangular	Prisma	Pirâmide	Cilindro	Cone
Marcas						

Tabela elaborada para fins didáticos.

Registrando os dados na planilha eletrônica

1º passo

O professor vai disponibilizar uma planilha eletrônica com alguns dados já registrados, como nesta imagem.

Registre na planilha eletrônica o nome dos sólidos geométricos que faltam. Depois, registre a quantidade de votos dados para cada sólido geométrico.

2º passo

O nome **pirâmide** está registrado na coluna **E** e na linha **2** da planilha eletrônica. Escreva em qual coluna e em qual linha você registrou o nome de cada sólido geométrico.

Cilindro: coluna _____ e linha _____.

Cone: coluna _____ e linha _____.

3º passo

Para registrar a quantidade de alunos que votou no cubo, você digitou um número na coluna **B** e na linha **3**.

Complete: Para registrar o número de alunos que votou no bloco retangular,

você digitou um número na coluna _____ e na linha _____.

Construindo o gráfico

Podemos construir um gráfico com os dados registrados na planilha eletrônica. Veja um exemplo.

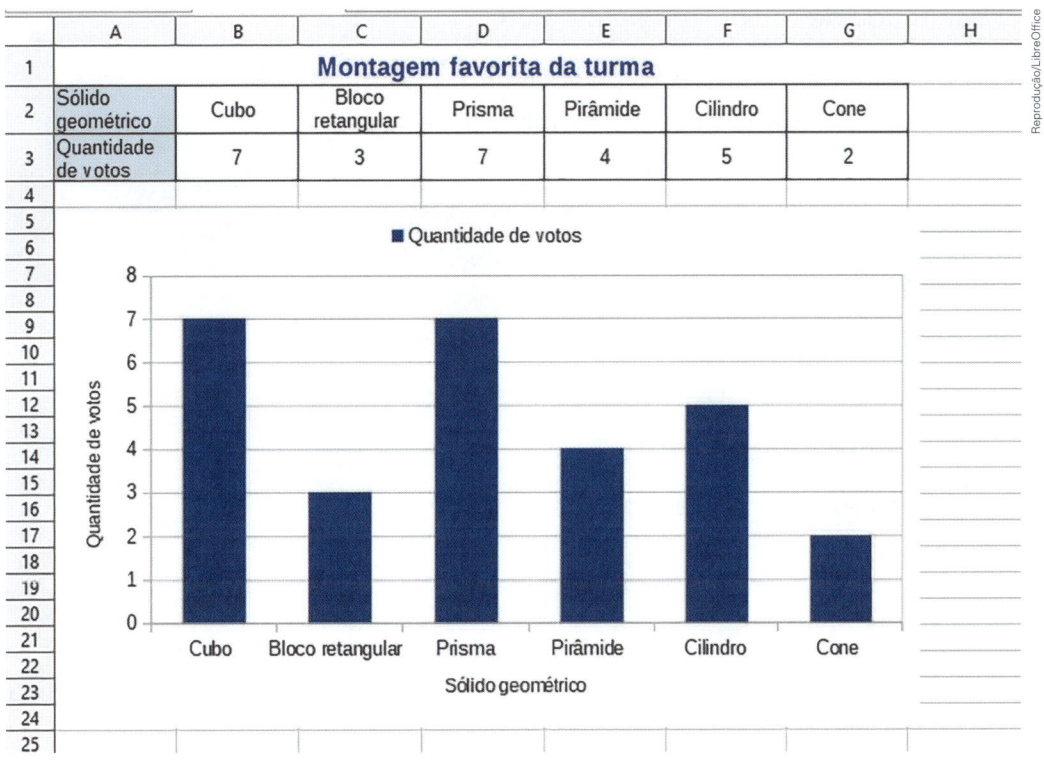

Com a ajuda do professor, construa um gráfico usando os dados da planilha eletrônica.

Q • **ATIVIDADE ORAL** Observando a planilha eletrônica, responda.

a) Qual sólido geométrico recebeu mais votos da turma?

b) E qual sólido geométrico recebeu menos votos?

c) Você considera mais fácil observar a tabela ou o gráfico para responder a essas perguntas?

d) Converse com os colegas sobre como foi realizar a pesquisa e registrar os dados usando uma planilha eletrônica.

Prismas e pirâmides

ATIVIDADE ORAL EM DUPLA Usem os sólidos geométricos que vocês montaram do **Ápis divertido**.

- Observem os prismas que vocês montaram e também o prisma de base hexagonal desenhado ao lado.

  a) Quais são as semelhanças entre esses 3 prismas?

  b) O que muda de um prisma para o outro?

- Agora, observem as pirâmides que vocês montaram e também a pirâmide de base pentagonal desenhada ao lado.

  a) O que há de semelhante nessas 3 pirâmides?

  b) O que há de diferente?

- Respondam às questões propostas.

  a) Um prisma pode ter apenas 1 face diferente de todas as outras?

  b) E uma pirâmide pode?

  c) Quantas faces triangulares um prisma pode ter?

  d) E uma pirâmide?

1 Observe as fotos dos objetos e complete cada frase com **prisma** ou **pirâmide**.

As imagens não estão representadas em proporção.

Peça de madeira.

Barraca de *camping*.

Tem a forma de _____.

Tem a forma de _____.

2 Veja alguns prismas e pirâmides e responda com as letras correspondentes.

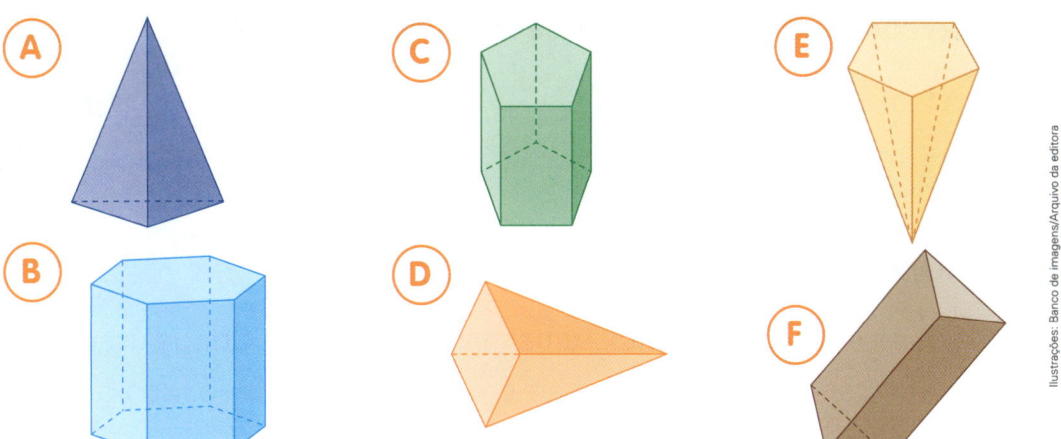

a) Quais dessas figuras são prismas? _____

b) Quais dessas figuras são pirâmides? _____

c) Qual figura é um prisma de base triangular? _____

d) Qual figura é uma pirâmide de base pentagonal? _____

3 Observe a pirâmide ao lado, que tem todas as faces triangulares.

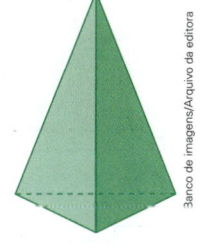

a) Como você chamaria essa pirâmide? _____

b) Essa pirâmide também recebe um nome especial.
Vamos descobrir qual é? Elimine a 1ª, a 3ª, a 6ª, a 10ª e a 13ª letras desta sequência. As letras que sobrarem formarão o nome dela.

1ª letra

14ª letra

Escreva aqui o nome especial dessa pirâmide. _____

Ilustrações: Banco de imagens/Arquivo da editora

Banco de imagens/Arquivo da editora

Banco de imagens/Arquivo da editora

Saiba mais

No Egito, os reis, chamados **faraós**, eram sepultados em imensas pirâmides. O corpo deles era mumificado, isto é, recebia tratamento especial para que ficasse conservado, e depois era enrolado em faixas.

Pirâmides do Egito, no continente africano. Foto de 2019.

Diego Fiore/Shutterstock

Unidade 2

4 O lápis desta foto é chamado lápis sextavado.
Complete com o nome da figura geométrica:

Esse lápis tem a forma de um _____

de base _____ .

Eduardo Santaliestra/Arquivo da editora

Lápis sextavado.

5 **DESLOCAMENTO E SÓLIDOS GEOMÉTRICOS**

a) Com os colegas, Júlio montou uma maquete de uma cidade usando sólidos geométricos. Observe o desenho e responda: Quais sólidos geométricos eles usaram? _____

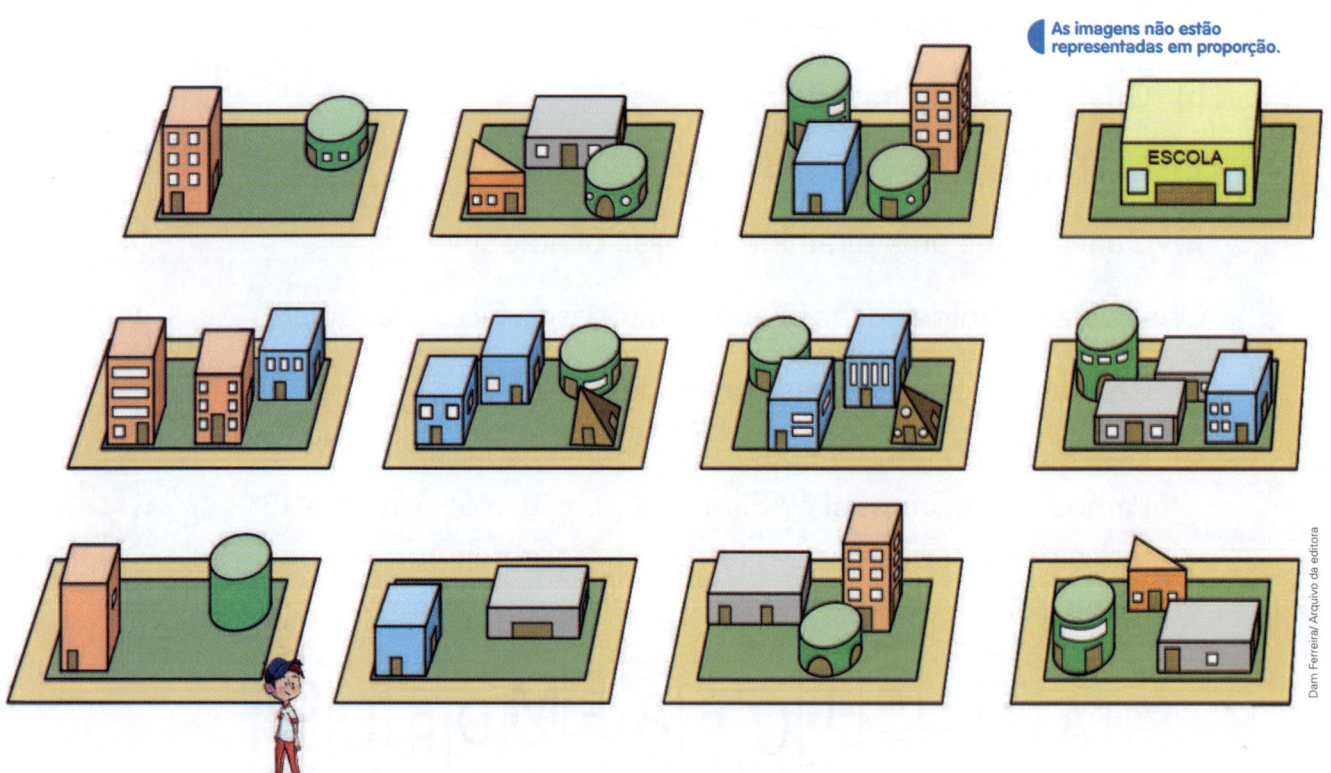

As imagens não estão representadas em proporção.

Dam Ferreira/ Arquivo da editora

b) Pinte no desenho um caminho que leve a criança até a escola e que passe por exatamente 6 prédios com a forma de cubo. Em seguida, contorne cada um desses prédios.

c) **ATIVIDADE ORAL EM DUPLA** Descreva para um colega o caminho que você traçou.

d) **ATIVIDADE EM GRUPO** Agora, você e os colegas vão reproduzir parte dessa maquete. Usem os sólidos geométricos que vocês montaram e também objetos do dia a dia e reproduzam pelo menos 3 quarteirões dessa cidade.

Sólidos que podem rolar e sólidos que não rolam

Explorar e descobrir

- Pegue uma bola e os sólidos geométricos que você montou do **Ápis divertido**. Teste um a um para ver se é possível ou não fazê-los rolar.
  Escreva **sim** nos que rolaram e **não** nos que não rolaram.

a) Bola. _____

b) Cubo. _____

c) Paralelepípedo ou

   bloco retangular. _____

d) Prisma. _____

e) Pirâmide. _____

f) Cone. _____

g) Cilindro. _____

- Use o cilindro e o cone que você montou e verifique as posições em que eles devem ser colocados sobre a mesa para que possam rolar. Contorne essas posições nas imagens abaixo.

Ilustrações: Banco de imagens/Arquivo da editora

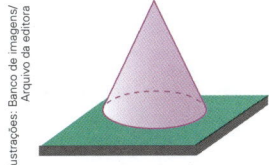 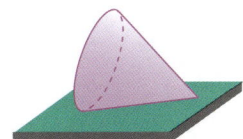 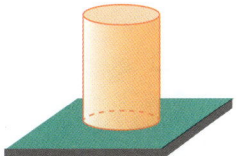 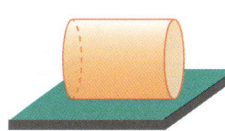

> Os sólidos geométricos que podem rolar, dependendo da posição em que são colocados sobre a mesa, são chamados **corpos redondos**.

1 Regina fez uma classificação: separou os sólidos geométricos em 2 grupos, o dos que não rolam e o dos que podem rolar. Escreva o nome de cada sólido.

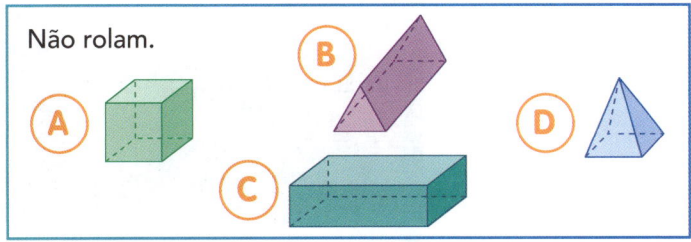

Não rolam.

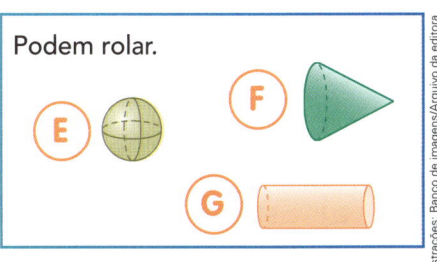

Podem rolar.

Ilustrações: Banco de imagens/Arquivo da editora

A: _____

B: _____

C: _____

D: _____

E: _____

F: _____

G: _____

2 "SÓLIDOS INTROMETIDOS"

a) Em cada quadro há um "sólido intrometido", que tem a forma diferente da forma dos demais. Assinale o quadrinho que corresponde ao "intrometido", escreva o nome dele e o nome dos demais sólidos geométricos.

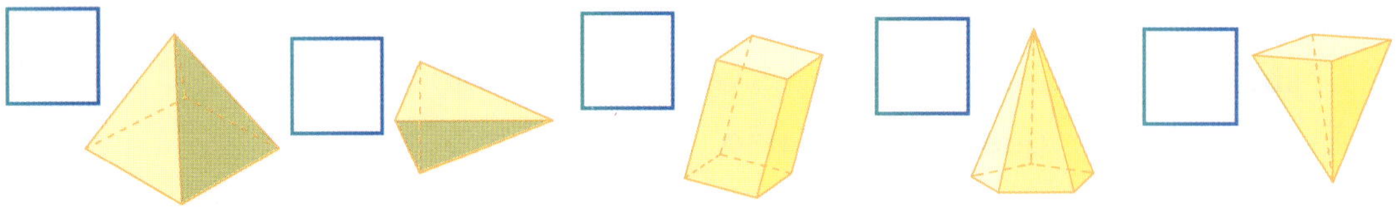

Sólido intrometido: ________________ Demais: ________________

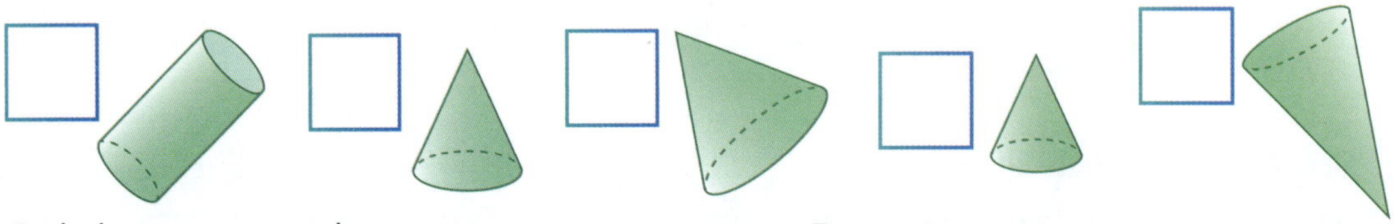

Sólido intrometido: ________________ Demais: ________________

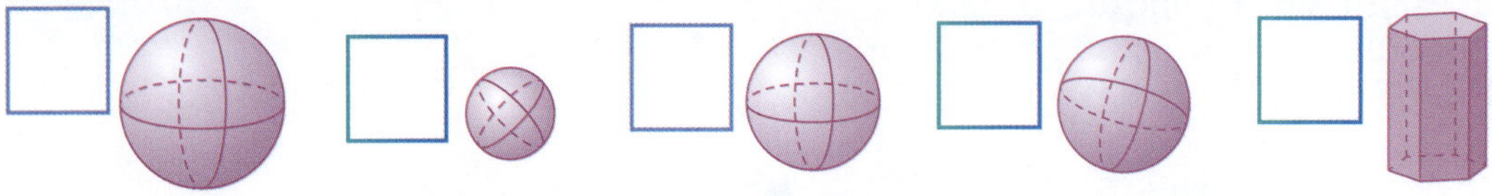

Sólido intrometido: ________________ Demais: ________________

Ilustrações: Banco de imagens/Arquivo da editora

b) Agora, complete com números.

Nos 3 quadros aparecem ______ sólidos geométricos, dos quais ______ não rolam e ______ podem rolar.

3 Parte do lixo que produzimos no dia a dia pode ser reciclado, e uma das maneiras de separá-lo é usando lixeiras coloridas, como as que vemos nesta foto.

JurateBuiviene/Shutterstock

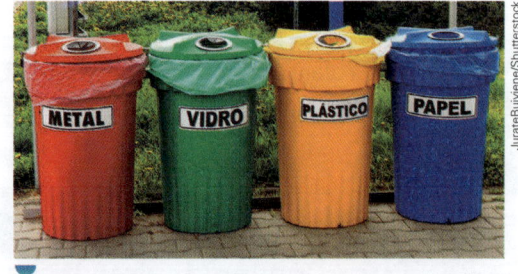

Lixeiras para coleta de material reciclável.

a) Estas lixeiras têm a forma aproximada de um sólido geométrico que pode rolar. Que sólido geométrico é esse? ________________

b) **ATIVIDADE ORAL** Reciclar é aproveitar o material usado em um produto para fazer um novo. Por que a reciclagem de lixo é tão importante?

Mais atividades e problemas

As imagens não estão representadas em proporção.

1 DESAFIO

Paulo, Luiz e Pedro aniversariam no mesmo dia, e cada um ganhou um presente.

- A embalagem do presente de Luiz tem a forma de cubo.
- A de Paulo não tem a forma de cilindro.

Complete o quadro com o nome de cada menino e o nome do sólido geométrico relacionado à forma da embalagem.

Menino			
Sólido geométrico			

2 SÓLIDOS GEOMÉTRICOS E POSSIBILIDADES

Veja os 4 sólidos geométricos que Maurício vai montar com cartolina.

 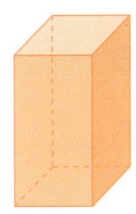  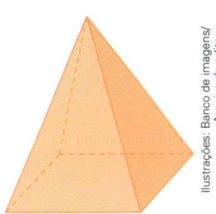

Ilustrações: Banco de imagens/ Arquivo da editora

Depois de montados, Maurício escolherá um dos sólidos geométricos para mostrar aos colegas da turma. Complete cada frase com uma destas expressões.

| É certeza | É impossível | É pouco provável | É bastante provável |

a) _____ que o sólido geométrico escolhido seja um cubo.

b) _____ que o sólido geométrico escolhido tenha um número par de vértices.

c) _____ que o sólido geométrico escolhido não rola quando empurrado sobre uma mesa.

d) _____ que o sólido geométrico escolhido tenha todas as faces triangulares.

3 Débora e sua turma montaram cubos, paralelepípedos, prismas, cilindros e cones. Depois construíram outros sólidos geométricos juntando 2 deles. Veja o exemplo e escreva o nome dos sólidos geométricos usados na construção dos demais.

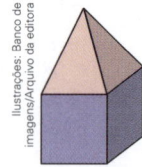 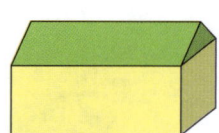 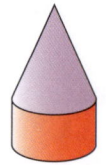 

Cubo e pirâmide.

_____   _____   _____

_____   _____   _____

4 Mário construiu um paralelepípedo e mediu o comprimento de 3 de suas arestas.

Veja na figura ao lado as letras que ele usou para nomear os vértices do paralelepípedo e as distâncias que ele obteve entre os vértices.

A partir dessas medidas é possível descobrir outras.

Registre as distâncias abaixo, em centímetros.

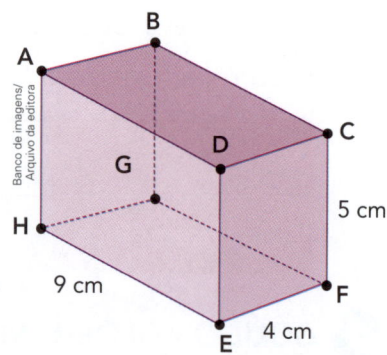

De **E** a **F**: 4 cm
De **E** a **H**: 9 cm
De **C** a **F**: 5 cm

a) De **D** a **C**: _____

b) De **A** a **B**: _____

c) De **G** a **F**: _____

d) De **A** a **H**: _____

e) De **D** a **E**: _____

f) De **B** e **C**: _____

5 Mauro e Helena montaram 2 sólidos geométricos com a forma e as medidas de comprimento das arestas indicadas abaixo. Depois, eles colocaram fita adesiva verde nas arestas.

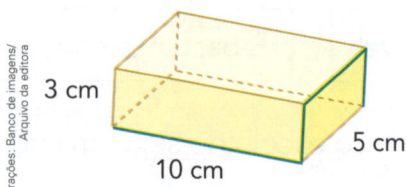

Paralelepípedo de Mauro.

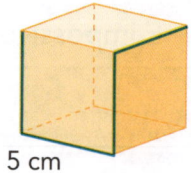

Cubo de Helena.

a) Qual deles usou mais fita adesiva até agora? _____

b) Se todas as arestas do paralelepípedo forem cobertas, então quantos centímetros de fita adesiva serão usados nele? _____

c) Essa medida é mais ou é menos do que 1 metro? _____

6 DESLOCAMENTO E LOCALIZAÇÃO ESPACIAL

Beto montou as 2 armações abaixo com peças deste tamanho: ●———●
Observe que nas duas armações as peças verdes e as peças azuis formam caminhos para ir de **A** até **B**.

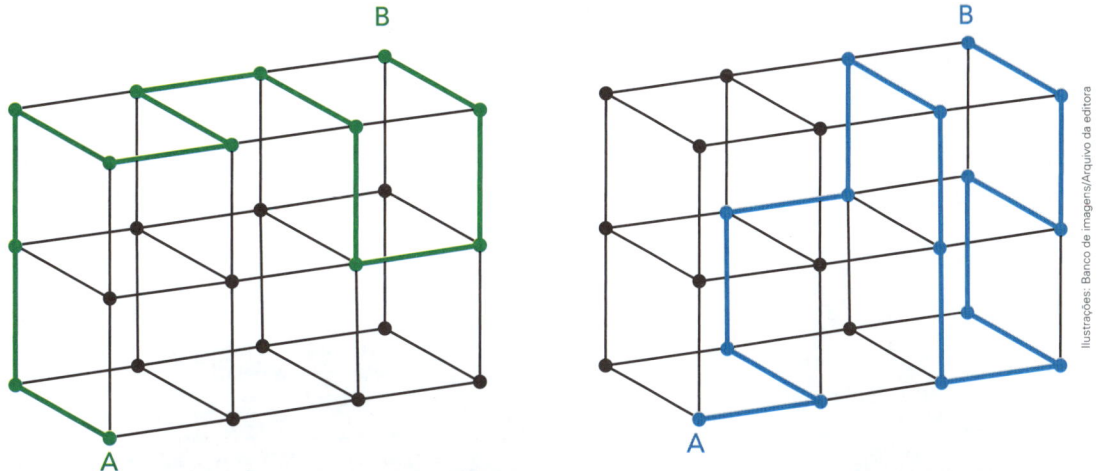

Ilustrações: Banco de imagens/Arquivo da editora

a) **ATIVIDADE ORAL** Há mais peças verdes ou mais peças azuis? Justifique.

b) Há outros caminhos para ir de **A** até **B**. Quantas peças tem o caminho mais curto?

---

7 João e 5 amigos colocaram o nome deles nas faces de um cubo planificado e depois o montaram. Veja as figuras abaixo e escreva os nomes que estão nas faces que não aparecem, indicadas pelas setas.

Sugestão de...
Livro
O vilarejo de figuras sólidas.
Bo-Hyun Seo. São Paulo: FTD, 2012. (Coleção Cantinho da Matemática).

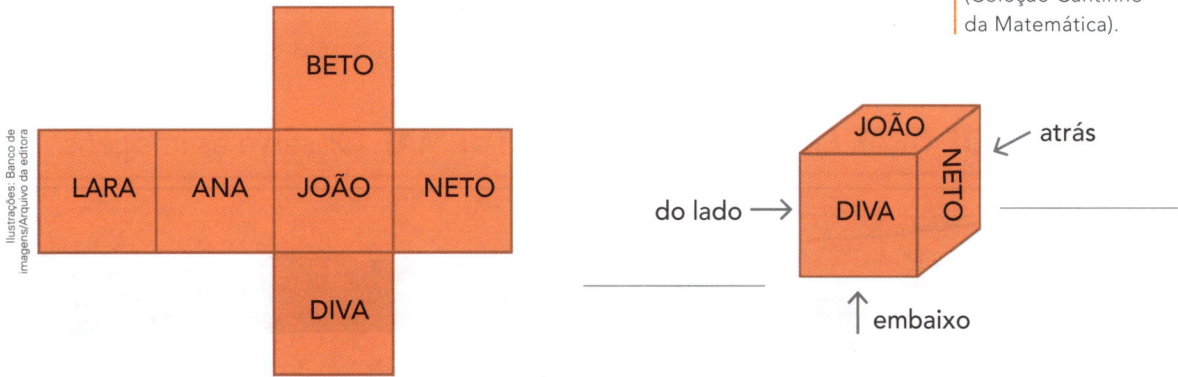

Ilustrações: Banco de imagens/Arquivo da editora

8 **ATIVIDADE EM GRUPO (TODA A TURMA)** Agora, a turma toda vai participar. Usando embalagens que lembram sólidos geométricos, façam construções: pode ser um prédio, um robô, uma nave, etc. Depois, organizem uma exposição.

Tecendo saberes

Poluição das águas

O Brasil é um país com muitas riquezas naturais, e isso pode ser observado nas belas paisagens encontradas em todas as regiões. Observe estas imagens.

▶ Praia de Japaratinga, em Maragogi, AL. Foto de 2019.

▶ Trecho da Floresta Amazônica.

1 ATIVIDADE ORAL EM GRUPO (TODA A TURMA)

a) Você já esteve em lugares parecidos com os mostrados nas imagens acima? Se sim, conte aos colegas como se sentiu.

b) Converse com os colegas sobre quais seres vivos habitam esses lugares e, depois, registre abaixo alguns exemplos.

c) Quando as pessoas visitam lugares como esses, você acha que elas respeitam os seres vivos? Converse com os colegas e o professor sobre esse assunto.

d) Você já ouviu a expressão "água é vida"? Concorda com ela? Por quê?

2 ATIVIDADE ORAL EM GRUPO (TODA A TURMA) Observe as imagens.

a) O que as cenas da página ao lado estão retratando?

b) Você já presenciou alguma cena parecida com as dessas imagens? Será que situações como essas são comuns?

c) Você é apenas 1 dos milhões de habitantes que vivem no Brasil. Será que seus atos podem gerar consequências e interferir na vida do planeta e dos outros seres vivos? Por quê?

d) O que aconteceria com as águas do mar e dos rios se cada habitante do Brasil jogasse apenas 1 garrafinha ou 1 sacola plástica na água?

3 **ATIVIDADE ORAL EM GRUPO (TODA A TURMA)** Leia a tirinha.

© MAURICIO DE SOUSA PRODUÇÕES - BRASIL/201

© Mauricio de Sousa/Mauricio de Sousa Editora Ltda.

a) O que o Cebolinha pescou?

b) Pinte no último quadrinho os objetos que têm a forma de cilindro.

c) Você já assistiu a alguma reportagem que mostrasse animais marinhos prejudicados pela poluição das águas, por exemplo, enroscados em sacolas plásticas? O que você achou disso?

d) Será que, sozinhos, os animais marinhos são capazes de resolver o problema do lixo nas águas? Por quê?

e) Quais ações poderiam acabar com a poluição das águas ou diminuí-la?

f) Formem grupos com 4 alunos e, juntos, elaborem um cartaz que sensibilize as pessoas para o problema da poluição das águas. Depois, exponha os cartazes na sala de aula ou em outro espaço da escola, para que todos possam observá-los e aprender com eles.

Vamos ver de novo?

1 Observe a sequência.

1º 2º 3º 4º 5º ...

a) ATIVIDADE ORAL EM DUPLA Descubra um padrão para essa sequência e conte para um colega.

b) Qual será a cor do 16º círculo? _____

2 Use os números do quadro e indique o que se pede.

265	474	599
856	351	720

a) Os números menores do que 400. _____

b) Os que ficam entre 400 e 600. _____

c) Os maiores do que 600. _____

3 NÚMEROS

a) Complete cada linha com o que falta.

Decomposição	Número	Leitura
900 + 80 + 4		
	423	
		Setecentos e dezoito.
3 centenas + 5 unidades		

b) Escreva os 4 números em ordem crescente. _____

c) Quais desses números são pares? _____

4 O QUE É, O QUE É?

Tem 4 sílabas e 26 letras. _____

O que estudamos

Reconhecemos em embalagens, objetos e construções a forma de figuras geométricas conhecidas como sólidos geométricos.

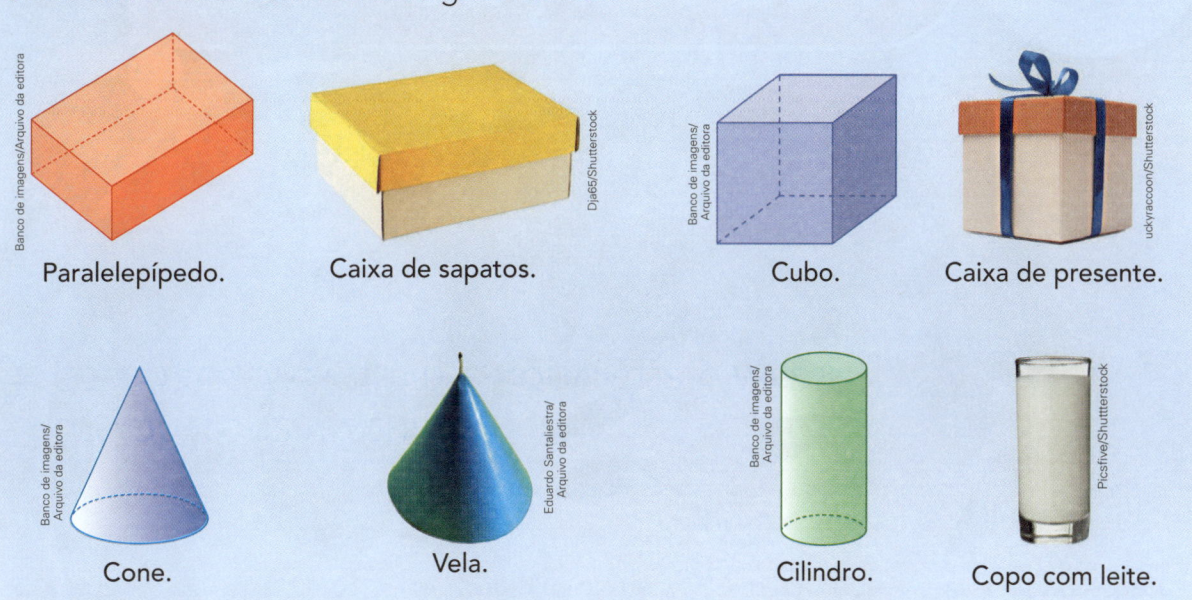

Paralelepípedo.

Caixa de sapatos.

Cubo.

Caixa de presente.

Cone.

Vela.

Cilindro.

Copo com leite.

Exploramos algumas características dos sólidos geométricos que os fazem ser chamados de pirâmide ou de prisma.

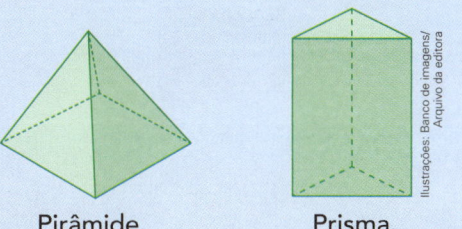

Pirâmide.

Prisma.

Vimos que há sólidos geométricos que não rolam e outros que, dependendo da posição, podem rolar (corpos redondos).

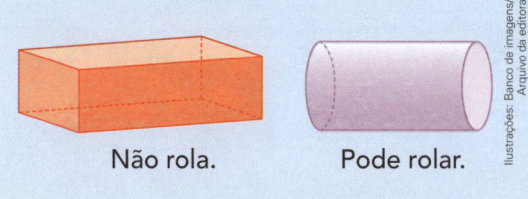

Não rola.

Pode rolar.

Resolvemos diferentes atividades envolvendo sólidos geométricos.

- Como você está cuidando dos livros escolares?
- Você tem mantido seu caderno organizado?
- Seus lápis estão sempre bem apontados? Material bem cuidado ajuda no aprendizado!

3 Adição e subtração

- O que você vê nesta cena?
- Você sabe qual é o objetivo desta brincadeira?
- Você já participou de uma brincadeira como esta?

Para iniciar

Em uma rodada no jogo de dardos, Marcelo e Lúcia lançaram 2 dardos cada um. Para saber quem venceu a rodada e quantos pontos o vencedor fez a mais do que o outro jogador, precisamos da adição e da subtração.

Nesta Unidade vamos retomar e aprofundar o estudo dessas operações.

- Analise a cena das páginas de abertura desta Unidade. Converse com os colegas e respondam às questões a seguir.

Qual operação devemos efetuar para descobrir a pontuação de Marcelo nessa rodada?

Quem fez mais pontos nessa rodada? Quantos pontos a mais?

O que indica o resultado de 30 + 30?

Qual é o número máximo de pontos que podem ser obtidos no lançamento de 2 dardos?

- Converse com os colegas sobre mais estas questões.

a) Qual destas notas tem o maior valor? E o menor valor?

As imagens não estão representadas em proporção.

b) Quanto a nota de maior valor vale a mais do que a nota de menor valor?

c) Qual é o valor máximo que podemos obter com 2 dessas notas?

d) E qual é o valor mínimo?

e) É possível obter R$ 70,00 com 2 dessas notas? Como?

f) Qual dessas notas é possível usar na compra deste caderno para que o troco seja R$ 5,00?

Caderno. R$ 15,00

As ideias da adição

Em cada problema, efetue a adição mentalmente, indique-a e complete a resposta.

1 JUNTAR QUANTIDADES

Rafael comprou a bola e a flauta mostradas ao lado.
Quantos reais ele gastou no total, ou seja, qual é o preço da bola e da flauta juntas?

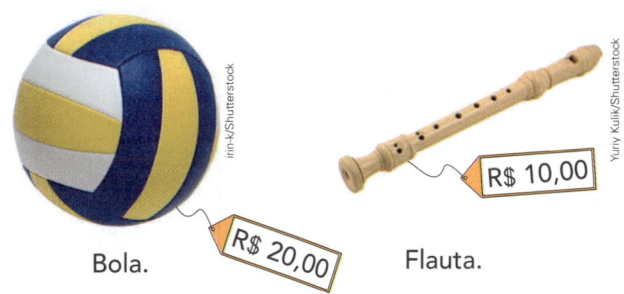

Bola. R$ 20,00   Flauta. R$ 10,00

Adição correspondente: _____ + _____ = _____   ou

$$\begin{array}{r} \square \\ +\ \square \\ \hline \square \end{array}$$

Resposta: _____

2 ACRESCENTAR UMA QUANTIDADE A OUTRA

Mário coleciona carrinhos.
Ele já tem 28 carrinhos em uma caixa.
Hoje ele vai colocar mais 4 carrinhos dentro dela.
Quantos carrinhos ficarão na caixa?

Adição correspondente: _____

Resposta: _____

 **3 ATIVIDADE ORAL EM GRUPO (TODA A TURMA)** Vamos inventar problemas que serão resolvidos efetuando adições?
Criem 2 problemas com a ideia de juntar quantidades e 2 problemas com a ideia de acrescentar uma quantidade a outra.

4 ADIÇÃO E QUANTIAS

a) Escreva a quantia que cada criança tem.

João.

Marta.

Lucas.

_____ reais.   _____ reais.   _____

b) Agora, calcule como quiser e indique o total em cada caso.

- João e Marta, juntos:

  _____ reais.

- João e Lucas, juntos:

  _____ reais.

- Marta e Lucas, juntos:

  _____.

- Os 3 juntos:

  _____.

5 ADIÇÃO NA RETA NUMERADA

a) Observe e complete.

$5 + 3$

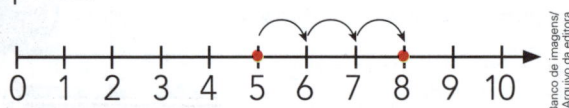

0 1 2 3 4 5 6 7 8 9 10

Saio do _____, "ando" _____ para a frente e chego ao _____.

Logo, _____ + _____ = _____.

b) Use a reta numerada e calcule.

$3 + 2 =$ _____ $4 + 5 =$ _____ $9 + 1 =$ _____ $3 + 6 =$ _____

c) Agora, pense na reta numerada, "ande" para a frente e calcule.

$9 + 3 =$ _____ $16 + 4 =$ _____ $62 + 2 =$ _____ $88 + 3 =$ _____

d) Pense na reta numerada e resolva este problema.

Júlio tem 36 figurinhas coladas no álbum e agora vai colar mais

4 figurinhas. Quantas figurinhas ficarão coladas no álbum? _____

Cálculo mental, arredondamento e resultado aproximado

1 Viviane gosta de fazer cálculos mentalmente. Depois ela registra no caderno. Mas desta vez ela errou em uma das adições que fez. Assinale essa adição e reescreva-a com o resultado correto.

$30 + 8 = 38$

$40 + 600 = 640$

$60 + 35 = 95$

$300 + 200 = 500$

$9 + 600 = 609$

$30 + 40 = 70$

$20 + 43 = 73$

$207 + 3 = 210$

Saiba mais

As imagens não estão representadas em proporção.

Atualmente, a questão do lixo nas cidades se tornou um dos grandes problemas a serem resolvidos em todo o mundo. Por exemplo, em 2017 cada brasileiro produziu, em média, **aproximadamente** 378 quilogramas de lixo.

Uma solução para isso é a reciclagem! Alguns tipos de vidro, metal, plástico e papel são considerados materiais recicláveis porque podem ser reaproveitados.

Caminhão de transporte de materiais recicláveis separados e compactados.

A reciclagem do papel, por exemplo, evita o corte de muitas árvores e colabora para a preservação do meio ambiente.

Fonte de consulta: ABRELPE. **Panorama dos resíduos sólidos no Brasil – 2017**. Disponível em: <http://abrelpe.org.br/panorama/>. Acesso em: 18 nov. 2019.

2 **ATIVIDADE ORAL**

a) Que tipo de lixo você acha que produz?

b) O que significa a palavra **aproximadamente** no texto do **Saiba mais**?

Reduzir, reaproveitar e reciclar.

3 Augusto está juntando tampinhas de garrafa PET para construir um tapete. Ele foi guardando as tampinhas em caixas e registrou quantas tampinhas colocou em cada caixa. Veja.

139 está próximo de 140.
52 está próximo de 50.
Então, 139 + 52 está próximo de 190, pois 140 + 50 = 190.

Augusto fez arredondamentos e descobriu que tem aproximadamente 190 tampinhas. Vamos observar as retas numeradas para entender como ele pensou.

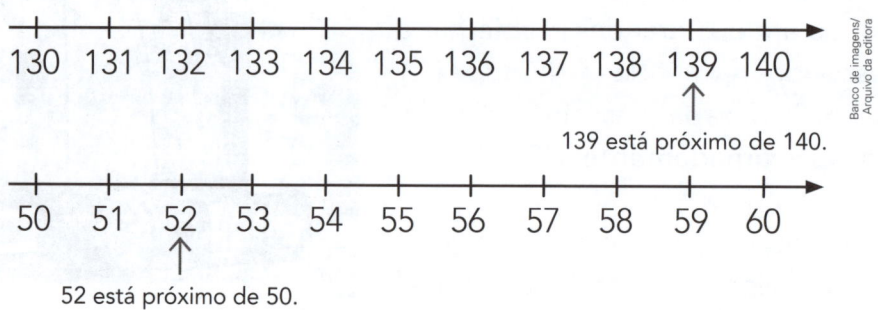

139 está próximo de 140.

52 está próximo de 50.

Agora é sua vez!

a) Sônia está juntando tampinhas de garrafa PET porque quer fazer um painel para enfeitar o refeitório da escola. Ela já conseguiu juntar 98 tampinhas azuis e 71 tampinhas amarelas. Quantas tampinhas, aproximadamente, Sônia já tem? Faça arredondamentos para responder.

_____

b) Escolha 2 números e escreva-os no caderno. Depois, peça a um colega que faça arredondamentos para determinar o resultado aproximado da adição desses números.

4 Faça arredondamentos, calcule mentalmente e contorne o valor mais próximo do resultado.

a) 49 + 32
- 60
- 70
- 80

b) 218 + 399
- 600
- 610
- 620

c) 98 + 9 + 61
- 160
- 170
- 180

Adição sem reagrupamento

1 PROBLEMA

Leia com atenção e complete o que estiver faltando.

Em um campeonato de handebol, a equipe de Luciano marcou 23 pontos na primeira partida e 26 pontos na segunda. Quantos pontos essa equipe fez nas 2 partidas juntas?

Compreender

A equipe de Luciano fez 23 pontos na primeira partida e 26 na segunda. Você quer saber o total de pontos que a equipe fez nas 2 partidas.

Planejar

Para saber o total de pontos, você deve juntar os pontos da primeira partida e os da segunda, ou acrescentar os pontos da segunda partida aos da primeira, ou seja, efetuar a adição 23 + 26.

Executar

Podemos efetuar a adição de diferentes modos.

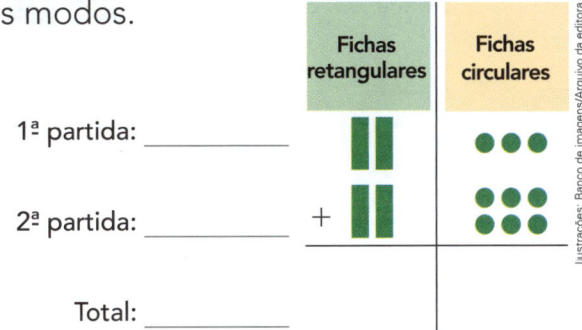

- Manipule concretamente as fichas que você destacou do **Ápis divertido** e depois faça ao lado o desenho dessas fichas.

1ª partida: _____

2ª partida: _____

Total: _____

- Efetue pelo algoritmo usual.

D	U
2	3
+ 2	6

ou
```
  2 3
+ 2 6
```

3 unidades + 6 unidades = _____ unidades

2 dezenas + 2 dezenas = _____ dezenas

Verificar

Faça a decomposição dos números 23 e 26, efetue a adição e confira o resultado.

23 = _____ + _____

26 = _____ + _____

_____ + _____ = _____

Responder

Complete: A equipe de Luciano fez _____ pontos nas 2 partidas juntas.

2 Efetue mais estas adições sem reagrupamento pelo algoritmo usual.

Lembre-se de adicionar unidades com unidades e dezenas com dezenas.

a) 2 3
   + 3 4
   ———

b) $16 + 52 =$ _____

c) $93 + 5 =$ _____

d) 6 3
   + 3 6
   ———

Explorar e descobrir

Em uma escola estudam 213 alunos no período da manhã e 185 alunos no período da tarde. Qual é o total de alunos nesses 2 períodos?

Para responder, você precisa efetuar a adição $213 + 185$.

a) Manipule concretamente as peças do material dourado e complete.

$213 + 185 =$ _____

b) Confira fazendo desenhos de fichas.

	Fichas quadradas	Fichas retangulares	Fichas circulares
De manhã: 213	■ ■	▌	●●●
À tarde: _____			
Total: _____			

c) Efetue agora decompondo os números 213 e 185.

$213 =$ ____ $+$ ____ $+$ ____

$185 =$ ____ $+$ ____ $+$ ____

____ $+$ ____ $+$ ____ $=$ ____

d) Finalmente, efetue pelo algoritmo usual somando as unidades, as dezenas e as centenas.

  2 1 3
+ 1 8 5
———

e) Complete a resposta: O total de alunos nesses 2 períodos é _____.

3 Efetue mais estas adições pelo algoritmo usual.

a)
C	D	U
3	7	1
+ 4	2	6

b)
C	D	U
2	9	5
+ 1	0	4

c) 5 3 3
   + 2 4 6
   ———

d) 9 2 1
   +   6 2
   ———

Adição com reagrupamento

1 Duas turmas do período da manhã de uma escola fizeram uma excursão. Participaram 27 alunos de uma turma e 35 da outra.

Quantos alunos participaram ao todo?

Para resolver esse problema, você deve juntar 27 e 35, ou seja, efetuar a adição 27 + 35.

Analise com atenção as 3 resoluções apresentadas e faça o que se pede.

- Use as peças do material dourado e siga o roteiro indicado.

- Observe o algoritmo usual.

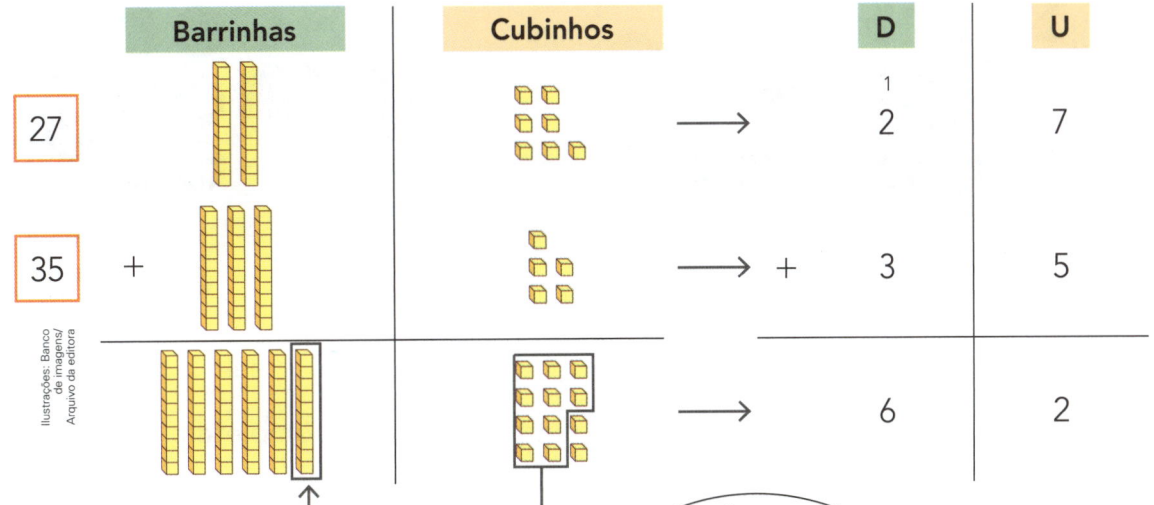

Ilustrações: Banco de Imagens/Arquivo da editora

7 unidades + 5 unidades = 12 unidades
ou 1 dezena e 2 unidades

1 dezena + 2 dezenas + 3 dezenas = 6 dezenas

Troque **10 cubinhos** por **1 barrinha**, ou seja, **10 unidades** por **1 dezena**. Essa troca é chamada **reagrupamento**.

Dam Ferreira/Arquivo da editora

- Complete o algoritmo da decomposição.

27 = 20 + 7
35 = 30 + 5
—————
50 + 12

50 + 10 + 2

60 + 2 = _____

- Complete o algoritmo usual simplificado.

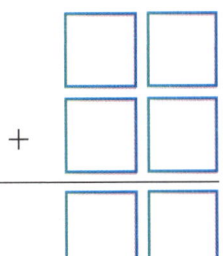

Escreva a resposta: _____

ATIVIDADE EM DUPLA Vejam mais uma situação na qual usamos uma adição com reagrupamento e utilizem as notas de R$ 10,00 e as moedas de R$ 1,00 do **Ápis divertido**.

Mara está juntando dinheiro. Ela já tem R$ 65,00 e vai guardar mais R$ 18,00. Com quanto ela ficará?

Para responder, é preciso acrescentar 18 a 65, ou seja, efetuar a adição 65 + 18.

1º) Separem a quantia que Mara já tem, ou seja, R$ 65,00.

2º) Separem a quantia que Mara vai guardar, ou seja, R$ 18,00.

Reprodução/Casa da Moeda do Brasil/Ministério da Fazenda

As imagens não estão representadas em proporção.

3º) Acrescentem a segunda quantia à primeira e completem.

Ficaram _____ notas de 10 reais e _____ moedas de 1 real.

4º) Troquem 10 moedas de 1 real por 1 nota de 10 reais e completem.

Ficaram _____ notas de 10 reais e _____ moedas de 1 real (R$ _____).

5º) Reproduzam essa situação completando os algoritmos.

$$65 = 60 + 5$$
$$18 = 10 + 8$$

_____ + _____

_____ + _____ + _____

_____ + _____ = _____

D	U		
6	5		6 5
+ 1	8	ou	+ 1 8

5 unidades + 8 unidades = _____ unidades (_____ unidades = 1 dezena e 3 unidades)

_____ dezena + _____ dezenas + _____ dezena = _____ dezenas

6º) Escrevam a resposta.

_____

2 Efetue mais estas adições com reagrupamento pelo algoritmo usual.

a)
```
    3 5
+   5 7
```

c) 42 + 8 = _____

e) 173 + 319 = _____

b)
```
    4 8
+   4 6
```

d)
```
    3 7
    2 9
+   1 7
```

3 Um fazendeiro colheu 278 graviolas. Se ele colher mais 145, então quantas graviolas ele terá colhido ao todo? Para responder, você precisa efetuar a adição 278 + 145.
Analise cada resolução e complete.

> Se as parcelas tiverem 3 algarismos, então o procedimento é o mesmo.
>
> Nesse caso, podemos trocar **10 unidades** por **1 dezena** e **10 dezenas** por **1 centena**.

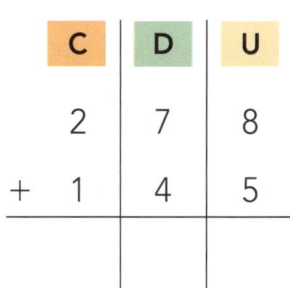

Graviolas.

Jamikorn Sooktaramorn/Shutterstock

Dam Ferreira/Arquivo da editora

- Pelo algoritmo da decomposição.

278 = 200 + 70 + 8

145 = 100 + 40 + 5

_____ + _____ + _____

_____ + _____ = _____

- Pelo algoritmo usual.

C	D	U
2	7	8
+ 1	4	5

Resposta: _____

4 ESTIMATIVA E CALCULADORA

Faça uma estimativa e indique as duas adições que você julga terem resultados iguais. Depois efetue todas as adições pelo algoritmo usual, confira os resultados com uma calculadora e veja se você acertou a estimativa.

a)
```
    6 2 8
+   2 3 4
```

c)
```
    2 1 3
    4 7 9
+     7 8
```

b)
```
    3 8 5
+   3 8 5
```

d)
```
    7 5
+   3 7
```

Mais atividades com adição

1 Verifique e assinale as balanças nas quais os pratos estão desenhados na posição correta.

□ 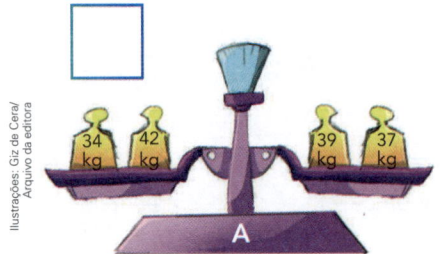 A (34 kg, 42 kg, 39 kg, 37 kg)

□ 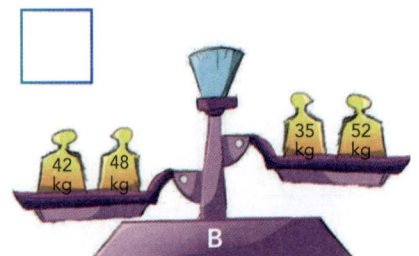 B (42 kg, 48 kg, 35 kg, 52 kg)

□ 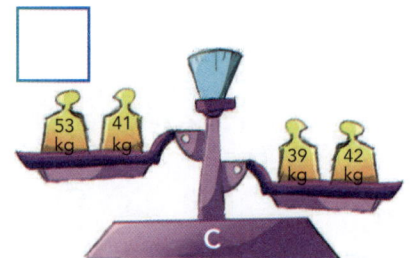 C (53 kg, 41 kg, 39 kg, 42 kg)

2 Efetue as adições pelo algoritmo usual.

a)
```
   4 3
 + 1 6
_____
```

c) 5 + 19 = _____

e)
```
   3 5 9
 + 4 2 5
_____
```

b) 84 + 82 = _____

d)
```
   6 5 3
 + 2 4 4
_____
```

f) 475 + 475 = _____

3 Elabore no caderno um problema que possa ser resolvido com uma das adições da atividade anterior.

4 **FAÇA DO SEU JEITO!**

Veja ao lado algumas peças que Marcelo pode comprar.
Ele decidiu comprar 1 bermuda e 2 camisetas.
Quanto ele vai gastar nessa compra?

_____

As imagens não estão representadas em proporção.

R$ 44,00

R$ 38,00

R$ 50,00

Bermuda, camiseta e tênis.

⑤ GRÁFICO E TABELA

Na escola onde Maurício estuda, há 2 turmas de 3º ano: **A** e **B**.

a) Analise o gráfico construído e complete a tabela.

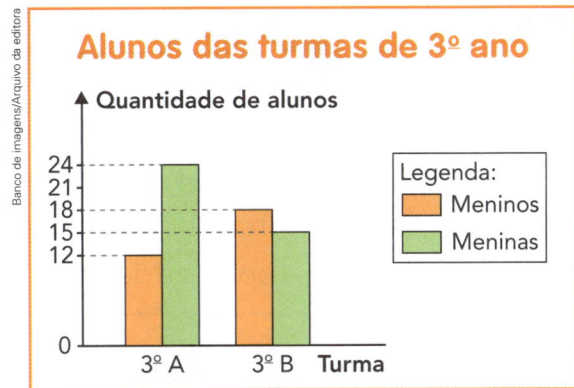

Turma / Gênero	3º A	3º B
Meninos		
Meninas		
Total		

Gráfico e tabela elaborados para fins didáticos.

b) Elabore um problema com os dados da tabela que envolva uma adição e escreva a resposta.

_____

_____

c) Complete a tabela ao lado com a quantidade de alunos de sua turma.

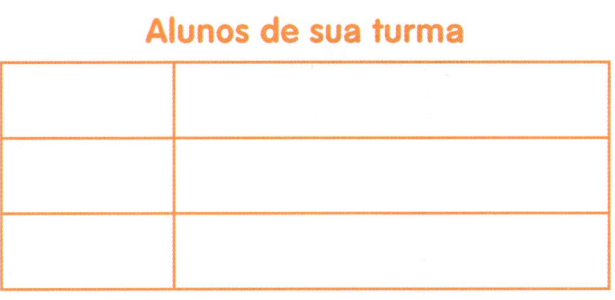

Alunos de sua turma

Tabela elaborada para fins didáticos.

⑥

Você já viu que **soma** é o nome do resultado da adição.
Os números que adicionamos para obter a soma são chamados **parcelas**.
Complete.

a) Em 21 + 12 = _____, as parcelas são _____ e a soma é _____.

b) Se as parcelas são 312 e 139, então a soma é _____.

c) A soma é _____ quando as parcelas são 35, 28 e 9.

Brincando também aprendo

Avançando com as operações

Cada jogador lança 1 dado, e aquele que tirar o número maior inicia a partida.

O jogador da vez lança os 2 dados e adiciona os números obtidos. Se a soma for um número par, então o jogador anda 2 casas para a frente na trilha abaixo. Se a soma for um número ímpar, então o jogador anda 3 casas para a frente.

Algumas casas contêm uma jogada extra, que deve ser seguida.

Vence a partida quem atingir a chegada da trilha em primeiro lugar.

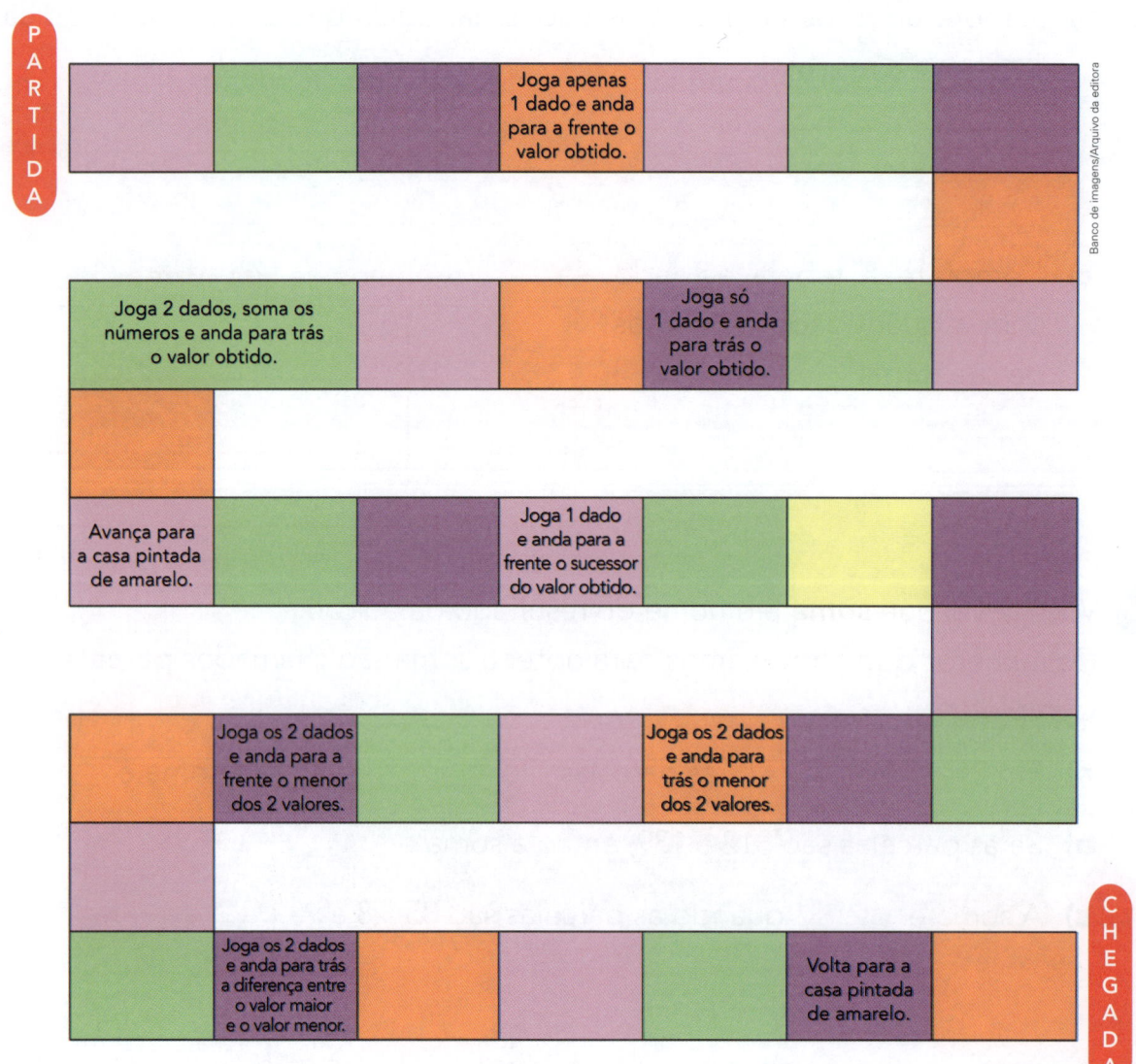

PARTIDA

Joga apenas 1 dado e anda para a frente o valor obtido.

Joga 2 dados, soma os números e anda para trás o valor obtido.

Joga só 1 dado e anda para trás o valor obtido.

Avança para a casa pintada de amarelo.

Joga 1 dado e anda para a frente o sucessor do valor obtido.

Joga os 2 dados e anda para a frente o menor dos 2 valores.

Joga os 2 dados e anda para trás o menor dos 2 valores.

Joga os 2 dados e anda para trás a diferença entre o valor maior e o valor menor.

Volta para a casa pintada de amarelo.

CHEGADA

Banco de imagens/Arquivo da editora

As ideias da subtração

1 TIRAR UMA QUANTIDADE DE OUTRA

Em uma gaveta havia 8 garfos. Clara tirou 5 garfos para servir a refeição. Quantos garfos restaram na gaveta?

Observe as imagens e complete a subtração e a resposta.

Subtração: 8 − 5 = _____   Resposta: Restaram _____ garfos na gaveta.

2 COMPARAR QUANTIDADES: "QUANTOS A MAIS?" OU "QUANTOS A MENOS?"

No aquário de Juca há 9 peixes.

No aquário de Pedro há 5 peixes.

Quantos peixes Juca tem a mais do que Pedro?

Complete.

Juca: ● ● ● ● ● ● ● ● ●

Pedro: ● ● ● ● ●

> Eu tenho um peixinho no aquário
> Colorido e brincalhão.
> Gira, gira.
> Que mergulho!
> Só pra chamar a atenção!
>
> Cantiga popular.

Subtração: _____ − _____ = _____

Resposta: Juca tem _____ peixes a mais do que Pedro.

As imagens não estão representadas em proporção.

3 COMPLETAR UMA QUANTIDADE: "QUANTOS FALTAM?"

Carlos está colando figurinhas no álbum dele. Veja abaixo.

a) Complete: Nestas 2 páginas cabem _____ figurinhas

e _____ já foram coladas.

b) Quantas figurinhas faltam para que as 2 páginas fiquem com todas as figurinhas coladas? Escreva a subtração correspondente e a resposta.

_____ − _____ = _____

Faltam _____ figurinhas.

4 COMPARAR: "QUAL É A DIFERENÇA?"

Veja no placar a contagem final de uma disputa de *videogame* entre Lara e Antônio.

Qual foi a diferença de pontos?

Faça desenhos de fichas para representar a subtração 98 − 76 e complete.

Subtração: _____

A diferença foi de _____ pontos.

5 SEPARAR UMA QUANTIDADE DE OUTRA

As imagens não estão representadas em proporção.

a) Observe a sequência de cenas e complete de acordo com ela.

- Na 1ª cena, havia _____ flores sobre a mesa.

- Na 2ª cena, Maria separou _____ flores para colocar no vaso.

- Na 3ª cena, ficaram _____ flores sobre a mesa, fora do vaso.

b) Agora, indique a subtração correspondente. _____

6 Invente um problema que envolva uma das ideias da subtração. Depois, resolva esse problema e, em seguida, peça para um colega conferir.

Problema: _____

_____

_____

Resposta: _____

7 PROBLEMAS

Descubra, responda e indique a subtração correspondente.

a) 10 crianças estão brincando no parque. Se 4 delas forem embora, então quantas ficarão?

Resposta: _____ Subtração: _____ – _____ = _____

b) Márcia está fazendo 8 anos. Quantos anos faltam para ela fazer 11 anos?

Resposta: _____

Subtração: _____ – _____ = _____

c) Cláudio pesa 35 quilogramas e Pedro pesa 30 quilogramas. Quantos quilogramas Pedro tem a menos do que Cláudio?

Adereços de festa.

Resposta: _____ Subtração: _____

d) Em uma loja **A**, cada caderno está sendo vendido por 12 reais. Em uma loja **B**, o mesmo tipo de caderno custa 10 reais. Qual é a diferença dos preços entre a loja **A** e a loja **B**?

Resposta: _____ Subtração: _____

8 SUBTRAÇÃO NA RETA NUMERADA

a) Observe e complete.

$6 - 2$

```
0  1  2  3  4  5  6  7  8  9  10
```

Saio do _____, "ando" _____ para _____ e chego ao _____.

Logo, _____ – _____ = _____.

b) Use a reta numerada e efetue as subtrações.

$10 - 3 =$ _____ $4 - 2 =$ _____ $7 - 4 =$ _____ $9 - 1 =$ _____

c) Agora, pense na reta numerada, "ande" para trás e calcule.

$12 - 3 =$ _____ $25 - 2 =$ _____ $41 - 4 =$ _____ $60 - 3 =$ _____

d) Ana tinha R$ 22,00 e gastou R$ 5,00. Quanto ela tem agora?

_____

Subtração sem reagrupamento

1 DIFERENTES ESTRATÉGIAS

a) Veja como Carla pensou para efetuar a subtração 45 − 32. Complete para chegar ao resultado.

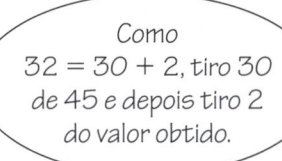

Como 32 = 30 + 2, tiro 30 de 45 e depois tiro 2 do valor obtido.

45 − _____ = _____

_____ − _____ = _____

Logo, 45 − 32 = _____.

b) Já Marcelo efetuou a subtração 45 − 32 pelo algoritmo usual. Complete com o que falta.

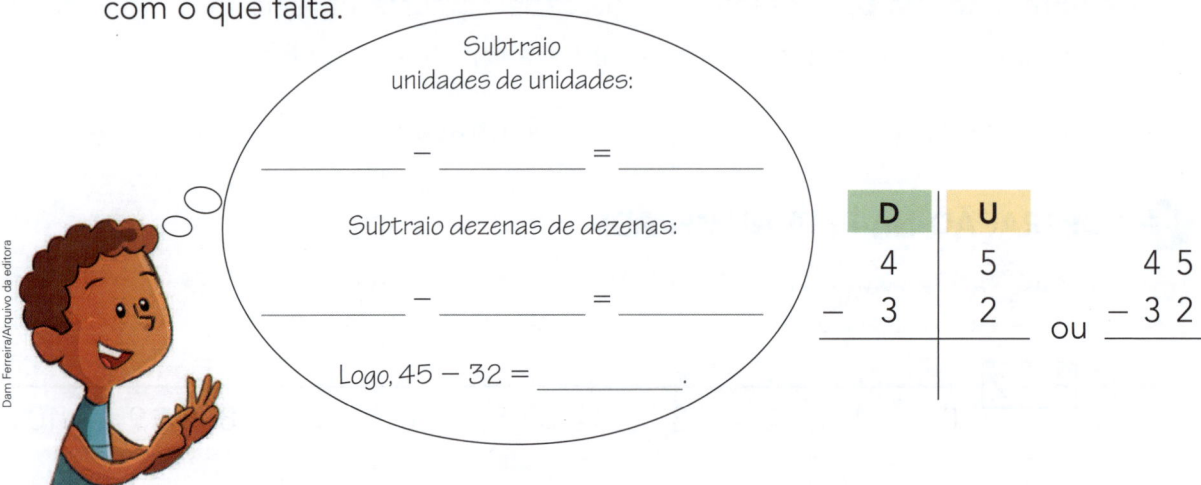

Subtraio unidades de unidades:

_____ − _____ = _____

Subtraio dezenas de dezenas:

_____ − _____ = _____

Logo, 45 − 32 = _____.

D	U
4	5
− 3	2

ou

$\begin{array}{r} 4\;5 \\ -\;3\;2 \\ \hline \end{array}$

2 Use as 2 estratégias da atividade anterior para efetuar a subtração em cada item e complete.

a) De 28 para 59 faltam _____.

b) A diferença entre 85 e 35 é _____.

c) A quantia R$ 46,00 é R$ _____ a menos do que a quantia R$ 78,00.

3 Efetue mais estas subtrações sem reagrupamento pelo algoritmo usual.

a)
$$\begin{array}{r} 4\,8 \\ -\ 2\,3 \\ \hline \end{array}$$

b)
$$\begin{array}{r} 3\,9 \\ -\ 3\,4 \\ \hline \end{array}$$

c) 88 − 51 = _____

d) 93 − 33 = _____

Quando os números a serem subtraídos tiverem 3 algarismos, o procedimento é o mesmo.

Subtraio unidades de unidades, dezenas de dezenas, centenas de centenas.

As imagens não estão representadas em proporção.

e)
$$\begin{array}{r} 9\,8\,7 \\ -\ 3\,4\,5 \\ \hline \end{array}$$

f)
$$\begin{array}{r} 7\,8\,0 \\ -\ 3\,6\,0 \\ \hline \end{array}$$

g)
$$\begin{array}{r} 4\,9\,5 \\ -\ \ 5\,1 \\ \hline \end{array}$$

h)
$$\begin{array}{r} 1\,5\,8 \\ -\ 1\,2\,8 \\ \hline \end{array}$$

4 Frederico tinha R$ 268,00 e comprou este liquidificador. Com quanto ele ficou?

Para resolver, você precisa efetuar a subtração 268 − 135.

Complete e depois escreva a resposta.

- Decompondo o 135.
  Tiro 100, depois tiro 30 e depois tiro 5.

  268 − 100 = _____

  _____ − 30 = _____

  _____ − 5 = _____

- Pelo algoritmo usual.

$$\begin{array}{r} 2\,6\,8 \\ -\ 1\,3\,5 \\ \hline \end{array}$$

R$ 135,00

Liquidificador.

Resposta: _____

Mauricio de Sousa. **Chico Bento**, n. 175. São Paulo, set. 1993. p. 34.

Subtração com reagrupamento

1 **ATIVIDADE EM DUPLA** Maria Clara tinha R$ 33,00 e gastou R$ 17,00. Com quantos reais ela ficou?

Compreender

Maria Clara tinha 33 reais e gastou 17. Você quer saber com quanto ela ficou.

Planejar

Você precisa tirar 17 de 33, ou seja, efetuar a subtração 33 − 17.

Executar

Siga esta sequência com o dinheiro do **Ápis divertido**.

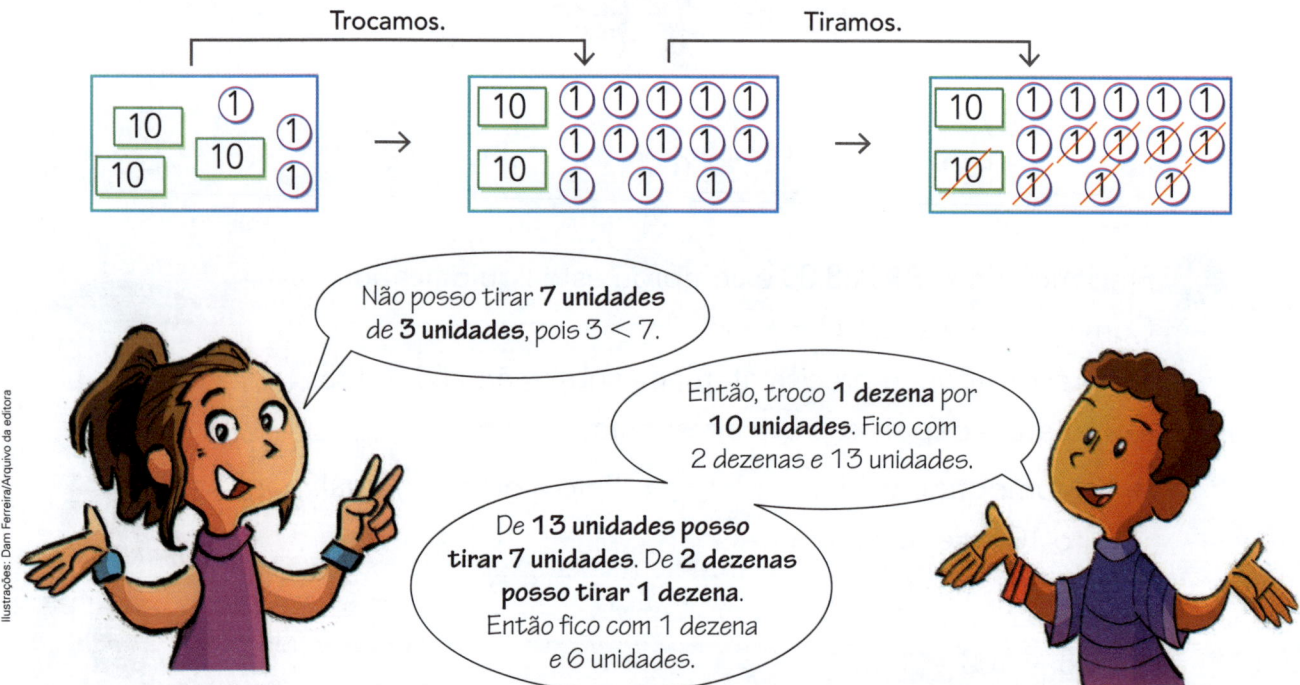

Não posso tirar **7 unidades** de **3 unidades**, pois 3 < 7.

Então, troco **1 dezena** por **10 unidades**. Fico com 2 dezenas e 13 unidades.

De **13 unidades** posso tirar **7 unidades**. De **2 dezenas** posso tirar **1 dezena**. Então fico com 1 dezena e 6 unidades.

Agora vamos ver com o algoritmo usual. Analise com atenção e complete.

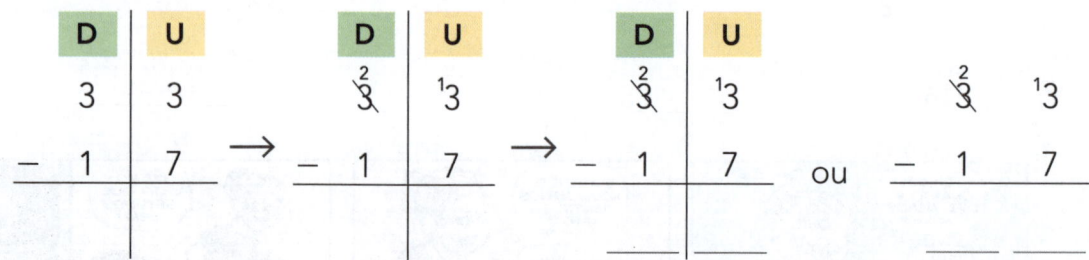

Verificar

Efetue a adição 17 + 16 e verifique se a subtração está correta.

Responder

Complete: Maria Clara ficou com _____.

Ilustrações: Dam Ferreira/Arquivo da editora

2 Na atividade anterior, para efetuar 33 − 17, você trocou 1 dezena por 10 unidades. Essa troca também é chamada **reagrupamento**.

Observe outros exemplos de subtração com reagrupamento e complete.

a) 54 − 26

- Com o material dourado.

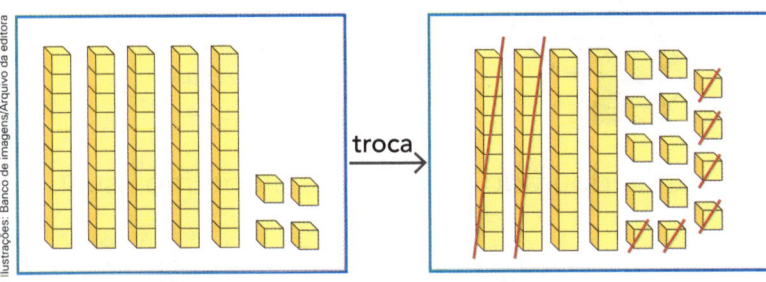

troca

- Com o algoritmo usual.

D	U
$\overset{4}{\cancel{5}}$	$\overset{1}{4}$
− 2	6

ou $\begin{array}{r}\overset{4}{\cancel{5}}\overset{1}{4}\\-26\end{array}$

Como **não posso tirar 6 unidades de 4 unidades**, pois **4 < 6**, troco **1 dezena** por **10 unidades**.

Eram 5 dezenas e ficaram 4. Eram 4 unidades e ficaram 14.

Então, **tiro 6 unidades de 14 unidades** e **tiro 2 dezenas de 4 dezenas**.

Subtração: _____ − _____ = _____

b) 26 − 9

- Com desenho de fichas.

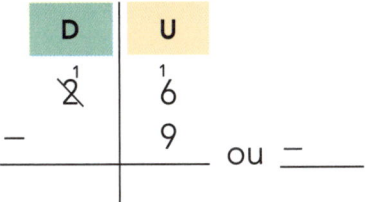

troca

Não posso fazer 6 − 9, pois 6 < 9. Faço a troca de **1 dezena** por **10 unidades**.

Ficaram 1 dezena e 16 unidades. Cortando 9 unidades, restaram 1 dezena e 7 unidades.

- Com o algoritmo usual.

D	U
$\overset{1}{\cancel{2}}$	$\overset{1}{6}$
−	9

ou − _____

Subtração: _____ − _____ = _____

3 Efetue mais algumas subtrações pelo algoritmo usual.

a)

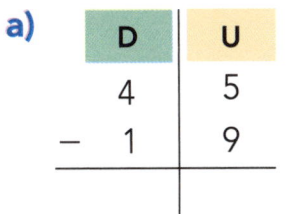

D	U
4	5
− 1	9

b) 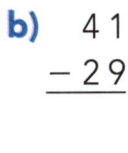 $\begin{array}{r}4\,1\\-2\,9\\\hline\end{array}$

c) 82 − 56 = _____

d) 85 − 48 = _____

Ilustrações: Banco de imagens/Arquivo da editora

Ilustrações: Dam Ferreira/Arquivo da editora

Ilustrações: Banco de imagens/Arquivo da editora

Unidade 3

4 Em uma fazenda há 255 vacas e 138 porcos. Quantas vacas há a mais do que porcos? Para responder, precisamos efetuar a subtração 255 − 138.

Nas subtrações com números de 3 algarismos, o procedimento é o mesmo.

Podemos trocar **1 dezena** por **10 unidades** e **1 centena** por **10 dezenas**.

a) Siga a sequência com o material dourado e observe o algoritmo usual.

Representamos 255 no material dourado
(2 centenas, 5 dezenas e 5 unidades).

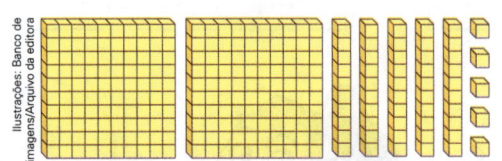

C	D	U
2	5	5
− 1	3	8

Não podemos subtrair 8 unidades de 5 unidades, por isso trocamos 1 dezena por 10 unidades. Agora o 255 está representado por 2 centenas, 4 dezenas e 15 unidades.

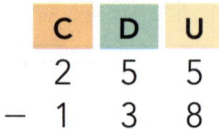

C	D	U
2	⁴5̶	¹5
− 1	3	8

Primeiro, subtraímos as unidades.
15 unidades − 8 unidades = 7 unidades
Sobram 2 centenas, 4 dezenas e 7 unidades.

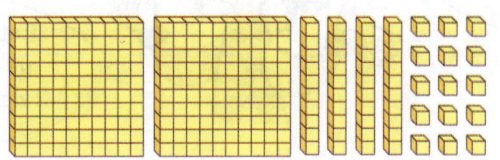

C	D	U
2	⁴5̶	¹5
− 1	3	8
		7

Depois, subtraímos as dezenas.
4 dezenas − 3 dezenas = 1 dezena
Restam 2 centenas, 1 dezena e 7 unidades.

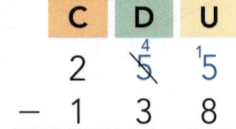

C	D	U
2	⁴5̶	¹5
− 1	3	8
	1	7

Por fim, subtraímos as centenas.
2 centenas − 1 centena = 1 centena
Restam 1 centena, 1 dezena e 7 unidades (117).

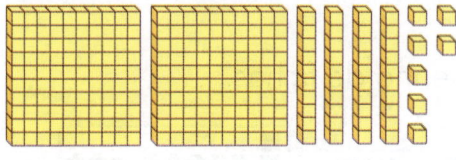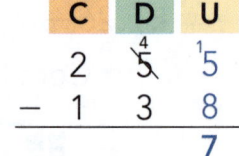

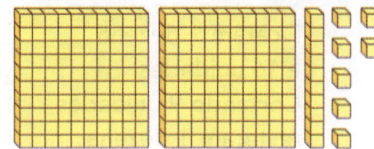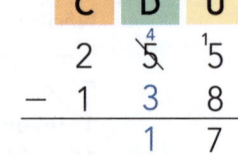

C	D	U
2	⁴5̶	¹5
− 1	3	8
1	1	7

b) Agora, complete o algoritmo usual simplificado.

```
  2 5 5
− 1 3 8
```

c) Escreva a resposta. _____

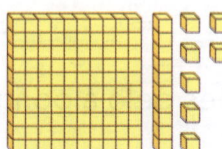

5 Siga as instruções para efetuar 236 − 194 fazendo desenhos de fichas e, depois, efetue a subtração pelo algoritmo usual.

Represente o número 236.

Como não é possível tirar 9 dezenas de 3 dezenas, troque 1 centena por 10 dezenas.

Algoritmo usual

$$\begin{array}{r} 2\,3\,6 \\ -\ 1\,9\,4 \\ \hline \end{array}$$

Risque 1 centena, 9 dezenas e 4 unidades.

O que sobrou corresponde ao número _____.

6 Veja um exemplo e efetue as demais subtrações pelo algoritmo usual. No item **d**, efetue também usando a decomposição do 468.

$$\begin{array}{r} {\scriptstyle 4\ 12\ 1}\\ 5\,3\,6 \\ -\ 2\,8\,9 \\ \hline 2\,4\,7 \end{array}$$

a)
$$\begin{array}{r} 5\,2\,6 \\ -\ 1\,7\,6 \\ \hline \end{array}$$

b)
$$\begin{array}{r} 2\,7\,3 \\ -\ \ \ 5\,5 \\ \hline \end{array}$$

c)
$$\begin{array}{r} 2\,6\,5 \\ -\ 1\,8\,7 \\ \hline \end{array}$$

d)
$$\begin{array}{r} 8\,6\,6 \\ -\ 4\,6\,8 \\ \hline \end{array}$$

7 Veja o dinheiro de Vítor e de Fábio.

a) Quanto eles têm juntos?

_____

b) Quanto Fábio tem a mais do que Vítor?

_____

As imagens não estão representadas em proporção.

Vítor.

Fábio.

Reprodução/Casa da Moeda do Brasil/Ministério da Fazenda

8 Tiago tem 375 cartões-postais em sua coleção. Inês tem 167 cartões-postais a mais do que Tiago. Se eles juntarem suas coleções, então quantos cartões-postais vão faltar para totalizar 950 cartões-postais?

_____

Dam Ferreira/Arquivo da editora

9 A ADIÇÃO E A SUBTRAÇÃO SÃO OPERAÇÕES INVERSAS

Para saber se você efetuou uma das operações corretamente (adição ou subtração), basta fazer a prova usando a **operação inversa**. O que uma faz, a outra desfaz.

- Observe e complete os quadrinhos.

A subtração faz a prova da adição.

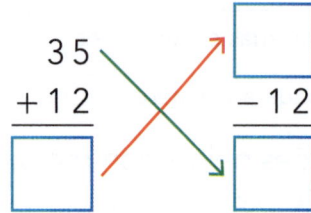

A adição faz a prova da subtração.

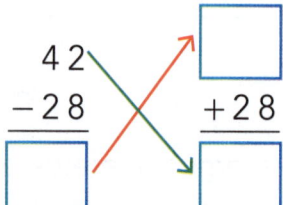

- Agora, efetue a operação e tire a prova usando a operação inversa.

a)
29
+ 16

c) 261 + 23 = _____

b)
62
− 34

d) 593 − 420 = _____

10 Leia, resolva e complete. Depois, confira com os colegas.

a) João tinha 50 balões, vendeu 36 e ficou com _____ balões.

b) Alfredo tinha _____ balões, vendeu 15 e ficou com 34 balões.

c) Maria tinha 45 balões, vendeu _____ e ficou com 18 balões.

d) AGORA VOCÊ CRIA Lúcia tinha _____ balões, comprou _____ e ficou com _____ balões.

Balões.

11 O resultado da subtração chama-se **resto** ou **diferença**.

- Efetue as subtrações pelo processo que quiser.

  a) 48 − 16 = _____

  b) 70 − 4 = _____

  c) 52 − 10 = _____

  d) 315 − 249 = _____

  e) 241 − 199 = _____

  f) 153 − 121 = _____

- Agora, indique o item das subtrações que têm mesmo resto ou diferença.

  _____ e _____. _____ e _____. _____ e _____.

12 Na casa de Luciano, um botijão de gás, instalado corretamente, não apresentou vazamento e durou 35 dias. Um segundo botijão foi instalado, mas apresentou vazamento, que logo foi reparado.
Esse botijão, por causa do vazamento inicial, durou apenas 27 dias.

Dam Ferreira/Arquivo da editora

a) Quantos dias duraram os 2 botijões juntos? _____

b) Qual dos botijões durou mais? _____

c) Quantos dias a mais? _____

d) **ATIVIDADE ORAL** Por que é importante que os botijões não apresentem vazamento?

Com a palavra...

GEISA CASSIANA PAULINO DA SILVA, CONTADORA.

▶ Geisa Cassiana Paulino da Silva.

Há quantos anos você exerce a profissão de consultora de finanças? Como é o seu dia a dia?

Sou formada em contabilidade e trabalho como consultora financeira há cerca de 7 anos. Todos os dias, eu acordo às 8 horas e vou ao meu escritório, onde realizo reuniões rápidas com vários clientes no turno da manhã. À tarde, vou para uma empresa na qual trabalho e resolvo tudo que é relacionado a sua gestão financeira.

Quais são suas atribuições?

De maneira simples, o meu trabalho se resume a finanças. Quando as pessoas precisam fazer o imposto de renda, por exemplo, é a mim que elas recorrem. Já para a empresa que eu trabalho, tenho como função cuidar de todas as documentações e tudo que envolve seus gastos, impostos e lucros, como controlar o salário de todos os funcionários, que são cerca de 100, e analisar as melhores opções de aplicações financeiras.

Você considera seu trabalho estressante?

A formação em contabilidade me preparou para realizar o meu trabalho com tranquilidade, principalmente porque eu gosto de Matemática e isso me traz algumas vantagens. Mas existem algumas épocas do ano em que a procura pelo meu serviço é maior; por exemplo, quando se aproxima a data final de entrega do imposto de renda; nesses dias, minha quantidade de clientes chega a ficar multiplicada por 4.

Você usa muito a Matemática no seu dia a dia?

O tempo todo! As operações básicas, como somar, subtrair, multiplicar e dividir, estão em 100% dos meus dias. Além disso, a noção de Matemática financeira me ajuda a proporcionar aos clientes a maior margem de lucro possível.

Mais atividades e problemas com adição e subtração

1 **GRÁFICO E TABELA**

Na gincana da escola de Lurdes, uma das provas consistia em coletar papel para reciclagem.

As equipes Joia e Fera foram as que mais arrecadaram papel nos 4 dias da gincana. Veja no gráfico e na tabela abaixo quanto cada equipe arrecadou.

Equipe Joia

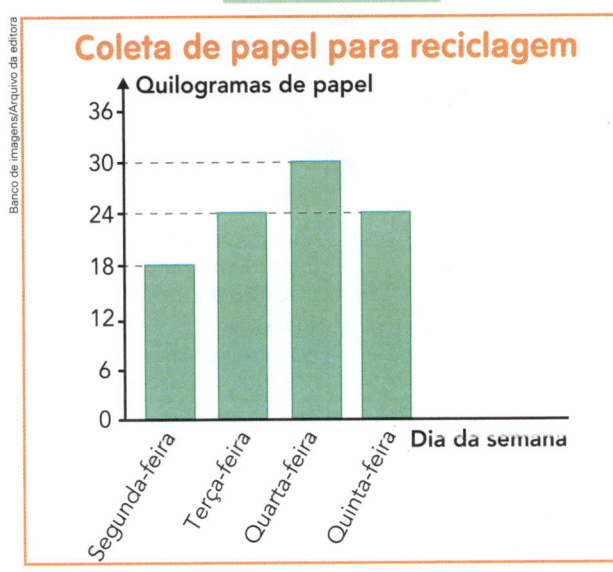

Coleta de papel para reciclagem

Equipe Fera

Coleta de papel para reciclagem

Dia da semana	Quilogramas de papel
Segunda-feira	22
Terça-feira	23
Quarta-feira	13
Quinta-feira	31

Gráfico e tabela elaborados para fins didáticos.

a) Quantos quilogramas de papel a equipe Joia arrecadou na terça-feira?

_____

b) Em que dia a equipe Fera arrecadou 22 quilogramas? _____

c) Na quinta-feira, qual das 2 equipes arrecadou mais? _____

d) Quantos quilogramas a mais? _____

e) Qual equipe venceu essa prova da gincana? _____

2 DESAFIO

Coloque o algarismo correto em cada ☐.

a)
```
  ☐ 5
+ 1 6
─────
  9 ☐
```

b)
```
  ☐ 2 5
+ 1 3 ☐
───────
  7 ☐ 9
```

c)
```
  4 ☐
─ ☐ 1
─────
  2 5
```

d)
```
  8 2
─ 1 ☐
─────
  ☐ 4
```

3 PESQUISA

Consulte as pessoas de sua família, descubra e registre.

a) A idade da pessoa mais velha da família: _____ anos.

b) A idade da pessoa mais nova da família, com mais de 1 ano: _____ anos.

c) A diferença entre essas 2 idades: _____ anos.

Adulto lendo livro para uma criança.

> **Sugestão de...**
> **Livro**
> **Quem ganhou o jogo? Explorando a adição e a subtração.**
> Ricardo Dreguer.
> São Paulo: Moderna, 2011.

4 DESAFIO: CONSERVAR A SOMA OU A DIFERENÇA

ATIVIDADE ORAL EM GRUPO Observe os exemplos, troque ideias com os colegas e faça os demais.

```
50 + 20 = 70
-10  +10
40 + 30 = 70
```

a)
```
20 + 6 = ☐
+4
☐ + ☐ = ☐
```

c)
```
15 − 4 = ☐
-1
☐ − ☐ = ☐
```

```
12 − 3 = 9
-2   -2
10 − 1 = 9
```

b)
```
60 − 40 = ☐
+10
☐ − ☐ = ☐
```

d)
```
5 + 3 = ☐
+2
☐ + ☐ = ☐
```

5 Paulo fez em 2 etapas uma viagem de carro com sua família pelo litoral do Nordeste brasileiro.

a) Na primeira etapa ele viajou de Salvador (na Bahia) até Aracaju (em Sergipe) e, depois, de Aracaju até Maceió (em Alagoas). Quantos quilômetros ele percorreu nessa etapa? Primeiro, faça uma estimativa. Depois, calcule o valor exato.

Estimativa: _____

Brasil: região Nordeste

Banco de imagens/Arquivo da editora

Fonte de consulta: **Atlas geográfico escolar.** 7. ed. Rio de Janeiro: IBGE, 2016.

b) Na segunda etapa ele viajou 402 km de Maceió (em Alagoas) até João Pessoa (na Paraíba), passando por Recife (em Pernambuco).

Quantos quilômetros ele percorreu de Recife

a João Pessoa? _____

6 **CÁLCULO MENTAL E COMPARAÇÃO**

- Efetue as operações mentalmente, registre os resultados e, depois, compare-os, colocando **>**, **<** ou **=** entre eles.

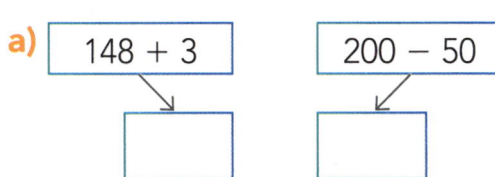

a) | 148 + 3 | | 200 − 50 |

b) | 90 + 30 | | 60 + 60 |

c) | 171 − 4 | | 160 + 8 |

d) | 7 + 4 + 3 | | 8 + 10 − 7 |

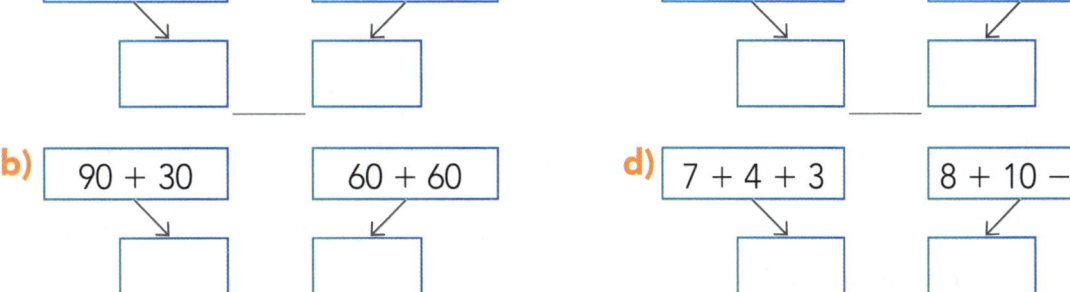

- Agora, pinte de amarelo os quadrinhos com resultado ímpar e de verde os quadrinhos com resultado par.

7 JOGO COM DADO

ATIVIDADE EM DUPLA Na sua vez, cada participante joga o dado, coloca o valor obtido à direita do sinal, faz a adição ou a subtração mentalmente e escreve o resultado na casa seguinte. Veja 2 exemplos.

Cada jogador usa o caminho do seu livro. O vencedor será quem chegar à última casa com o número maior.

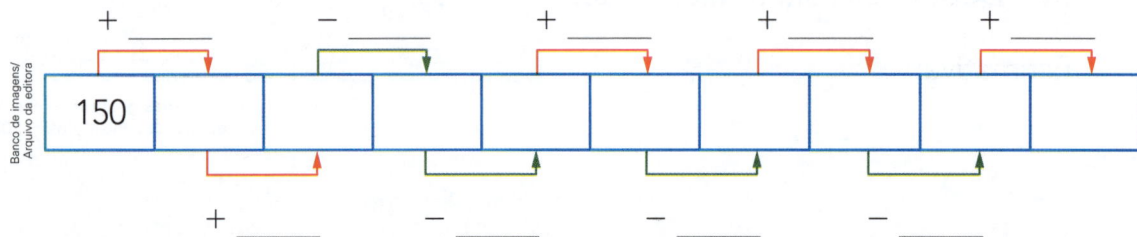

8 POSSIBILIDADES

Paula efetuou mentalmente as operações abaixo. Faça como ela e registre cada resultado, como no exemplo.

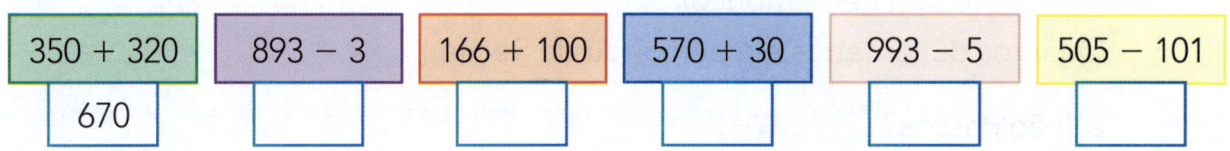

350 + 320	893 − 3	166 + 100	570 + 30	993 − 5	505 − 101
670					

Agora, de acordo com os resultados obtidos, complete cada frase com: **todas, nenhuma, quase todas** ou **quase nenhuma**.

a) _____ soma é um número de 4 algarismos.

b) _____ as operações têm resultados pares.

c) Em _____ operação o resultado é uma centena exata.

d) _____ as diferenças obtidas são maiores do que 100.

e) Em _____ as operações o resultado é um número entre 400 e 1 000.

f) _____ operação tem como resultado um número com três algarismos diferentes.

9 Observe os esquemas e complete com o número que falta em cada um.

a)

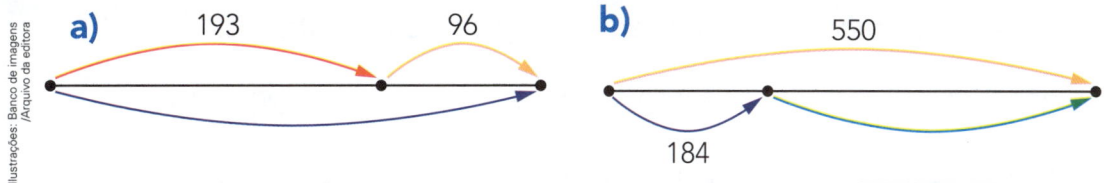

193   96

_____

b)

550

184

_____

10 **DESAFIO**

Escreva a sequência numérica com as seguintes características.

- Tem 7 números.
- O 4º número é 392.
- Cada número, a partir do 2º, vale 6 a mais do que o número anterior.

11 **JOGO DE DARDOS**

Rui, Bete, Carla e Hugo obtiveram os seguintes resultados em um jogo de dardos.

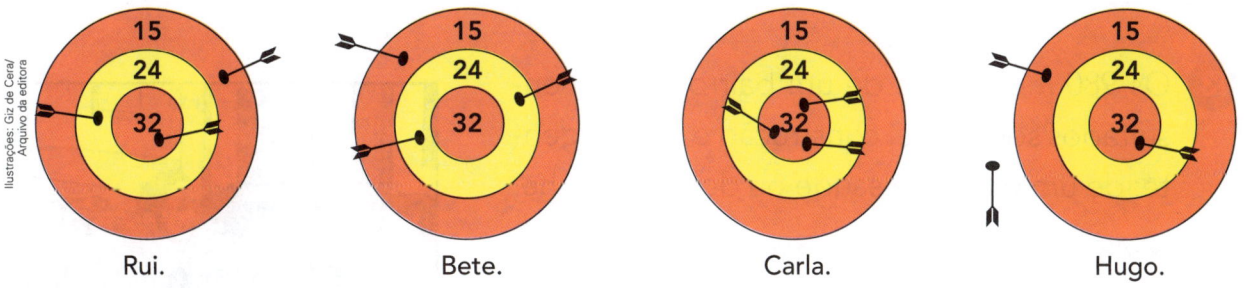

Rui.   Bete.   Carla.   Hugo.

Registre o nome e a pontuação de cada participante no gráfico de setores ao lado.

Atenção: para saber qual participante corresponde a cada setor, observe as pontuações e o tamanho dos setores.

Pontuação no jogo de dardos

_____   _____

_____ pontos   _____ pontos

_____ pontos   _____ pontos

Gráfico elaborado para fins didáticos.

12 CÁLCULO MENTAL E FREQUÊNCIA DOS RESULTADOS

a) Efetue as operações mentalmente e registre os resultados.

- 397 + 4 = _____
- 210 + 200 = _____
- 420 − 15 = _____

- 390 + 15 = _____
- 505 − 100 = _____
- 421 − 11 = _____

- 450 − 40 = _____
- 410 − 9 = _____
- 305 + 100 = _____

b) Agora, responda cada questão a seguir de acordo com a quantidade de vezes que apareceu (frequência).

- Qual operação apareceu com maior frequência: a adição ou a subtração?

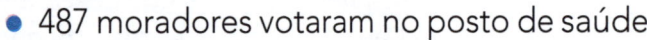

- Qual resultado apareceu com maior frequência? _____

- E qual resultado apareceu com menor frequência? _____

- Nos resultados há maior frequência de números pares ou de números

ímpares?

13 Os 980 moradores de um bairro foram consultados sobre qual construção é mais urgente: de um posto de saúde ou de uma creche.

Dam Ferreira/Arquivo da editora

- 487 moradores votaram no posto de saúde.
- 472 moradores votaram na creche.
- Os moradores restantes não opinaram.

a) Calcule e responda: Quantos moradores não opinaram? _____

b) ATIVIDADE ORAL EM GRUPO (TODA A TURMA) Converse com os colegas: Quais são os benefícios de postos de saúde e de creches nas cidades? E que outras construções são importantes para atender às necessidades das comunidades?

Vamos ver de novo?

1 Rô, Dê, Nê, Li e Fá escolheram sólidos geométricos para brincar. Cada um escolheu um dos sólidos abaixo.

Rô.   Li.   Nê.   Fá.   Dê.

As imagens não estão representadas em proporção.

Considere as informações abaixo para descobrir o sólido que cada criança escolheu para brincar. Depois, complete o quadro com o nome das crianças e o do sólido escolhido.

- o sólido escolhido por Dê não tem partes curvas.
- O escolhido por Rô rola em qualquer posição em que for colocado sobre uma mesa.
- O escolhido por Fá tem todas as faces iguais.
- O escolhido por Li tem só 1 face plana.

Criança	Sólido

2 CRUZADINHA

Determine os números e, depois, coloque-os na cruzadinha seguindo o sentido das setas. Cada quadrinho deve ser preenchido com 1 algarismo.

- 1 dezena: _____
- 1 dúzia: _____
- 8 centenas: _____
- Maior número par de 3 algarismos: _____
- Número ímpar entre 289 e 293: _____
- 2 centenas + 1 dezena + 9 unidades: _____

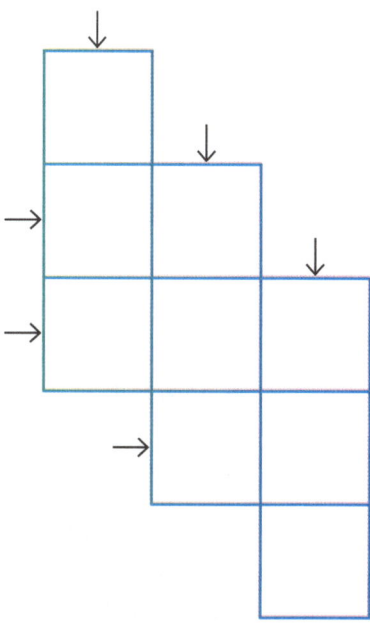

3 **ATIVIDADE ORAL EM GRUPO** Descubra um padrão no começo de cada sequência e complete-a. Depois, descreva para os colegas o padrão que você descobriu e veja como eles fizeram.

a)

| 1 | 8 | 15 | 22 | 29 | 36 | | 50 | | | 71 | |

b)

| 108 | 105 | 102 | 99 | | | | 87 | | | | 75 |

4 **JOGOS OLÍMPICOS RIO 2016**

Veja nesta tabela o número de medalhas de cada tipo e o número total de medalhas obtidas por 4 países que participaram dos Jogos Olímpicos de 2016, no Rio de Janeiro.

Número de medalhas nos Jogos Olímpicos Rio 2016

País	Ouro	Prata	Bronze	Total
Brasil	7	6	6	
Canadá	4	3		22
Jamaica	6	3	2	
Holanda		7	4	19

Fonte de consuta: RIO 2016. **Jogos Olímpicos**. Disponível em: <https://www.olympic.org/fr/rio-2016>. Acesso em: 25 nov. 2019.

a) Complete a tabela com os números que faltam.

b) Escreva e compare os números citados, colocando >, < ou = entre eles.

- Total de medalhas do Brasil e total da Holanda. → _____ ☐ _____

- Medalhas de ouro da Jamaica e de ouro do Canadá. → _____ ☐ _____

- Total de medalhas da Jamaica e total da Holanda. → _____ ☐ _____

- Medalhas de prata do Canadá e de prata da Holanda. → _____ ☐ _____

c) Complete com o nome dos países.

O número total de medalhas da _____ é a metade do número total de medalhas do _____.

O que estudamos

Retomamos as ideias da adição: juntar quantidades e acrescentar uma quantidade a outra.

Retomamos também as ideias da subtração: tirar uma quantidade de outra, comparar quantidades (verificando quanto uma tem a mais ou a menos do que outra ou qual é a diferença), completar uma quantidade (verificando quanto falta a uma para completar outra) e separar uma quantidade de outra (verificando quanto sobrou).

Efetuamos algumas adições e subtrações mentalmente.

$68 + 3 = 71$ $400 + 300 = 700$ $264 - 60 = 204$ $130 - 2 = 128$

Efetuamos adições e subtrações sem reagrupamento e com reagrupamento envolvendo números até 999.

$$\begin{array}{r} 2\,6 \\ +\ 4\,3 \\ \hline 6\,9 \end{array} \qquad \begin{array}{r} 2\,\overset{1}{3}\,5 \\ +\ 1\,5\,7 \\ \hline 3\,9\,2 \end{array} \qquad \begin{array}{r} 7\,8\,7 \\ -\ 1\,6\,3 \\ \hline 6\,2\,4 \end{array} \qquad \begin{array}{r} \overset{7}{8}\,{}^{1}2 \\ -\ 5\,9 \\ \hline 2\,3 \end{array}$$

Constatamos o fato de que a adição e a subtração são operações inversas. E aplicamos esse fato usando uma operação para conferir a outra.

$$\begin{array}{r} 7\,2 \\ -\ 4\,0 \\ \hline 3\,2 \end{array} \qquad \begin{array}{r} 3\,2 \\ +\ 4\,0 \\ \hline 7\,2 \end{array} \qquad \begin{array}{r} \overset{1}{5}\,7 \\ +\ 2\,3 \\ \hline 8\,0 \end{array} \qquad \begin{array}{r} \overset{7}{8}\,{}^{1}0 \\ -\ 2\,3 \\ \hline 5\,7 \end{array}$$

Resolvemos problemas que envolvem adição e subtração.

Marina tinha R\$ 290,00, ganhou R\$ 190,00 e depois gastou R\$ 130,00. Quanto ela tem agora? R\$ 350,00

$$\begin{array}{r} \overset{1}{2}\,9\,0 \\ +\ 1\,9\,0 \\ \hline 4\,8\,0 \end{array} \qquad \begin{array}{r} 4\,8\,0 \\ -\ 1\,3\,0 \\ \hline 3\,5\,0 \end{array}$$

- Você achou algo difícil nesta Unidade?
- Caso sim, você procurou o professor para conversar sobre essa dificuldade?

Lembre-se: ter dificuldades é normal! O importante, porém, é procurar superá-las.

Regiões planas e contornos

OS TRIANGULARES

GRANDE GINCANA DE GEOMETRIA DO 3º ANO
APRESENTAÇÃO DOS SÍMBOLOS DAS EQUIPES

OS CIRCULARES

OS RETANGULARES

- O que você vê nesta cena?
- Como cada equipe elaborou os desenhos apresentados?
- Na gincana apresentada nesta cena, o que distingue uma equipe da outra?

Para iniciar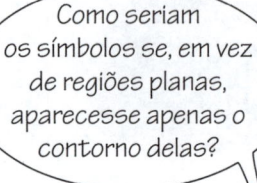

As equipes apresentaram seus símbolos na abertura da gincana de geometria. Em todos os símbolos aparecem figuras geométricas planas conhecidas por **regiões planas**.

Nesta Unidade vamos aprofundar o estudo sobre essas figuras geométricas, assim como sobre o contorno delas.

- Analise a cena das páginas de abertura desta Unidade. Converse com os colegas e respondam às questões a seguir.

> O que os 3 símbolos das equipes têm em comum?

> Como seriam os símbolos se, em vez de regiões planas, aparecesse apenas o contorno delas?

> Que nome teria a equipe cujo símbolo fosse este ao lado?

> Que relação existe entre o nome de cada equipe e o símbolo dela?

- Converse com os colegas sobre mais estas questões.

  a) Qual das figuras abaixo dá ideia de sólido geométrico, qual dá ideia de região plana e qual dá ideia de contorno?

  b) E dos objetos citados abaixo?

> As imagens não estão representadas em proporção.

Copo.

Nota.

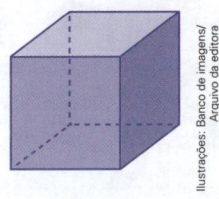

Bambolê.

Regiões planas

Na Unidade 2 você conheceu alguns sólidos geométricos. Você se lembra de quais sólidos geométricos montou usando os moldes do **Ápis divertido**? Vamos precisar deles novamente!

Quando a "casca" de alguns sólidos geométricos é desmontada, surgem **regiões planas**. Veja o exemplo.

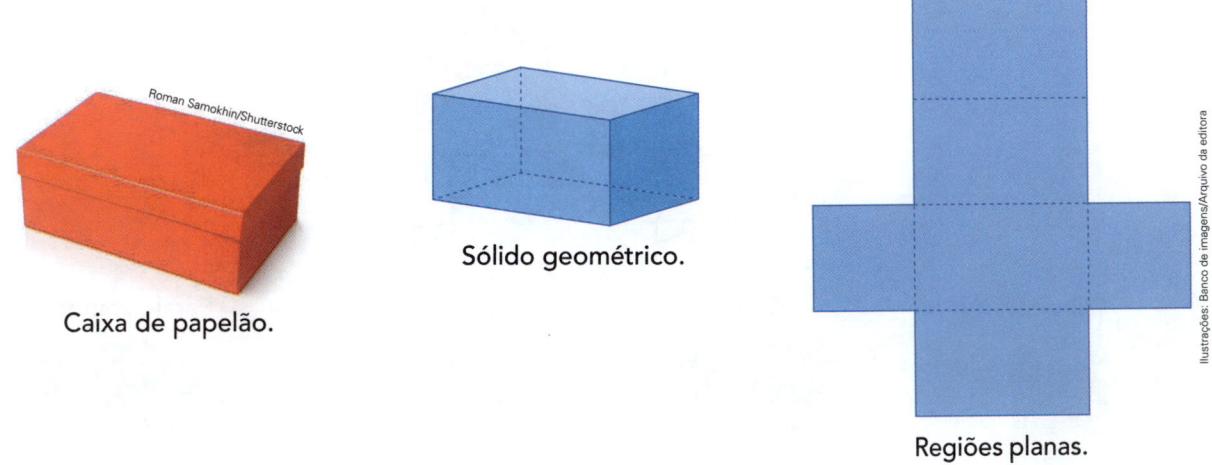

Caixa de papelão.

Sólido geométrico.

Regiões planas.

1. Mais alguns sólidos geométricos foram desmontados. Ligue cada sólido geométrico ao molde dele.

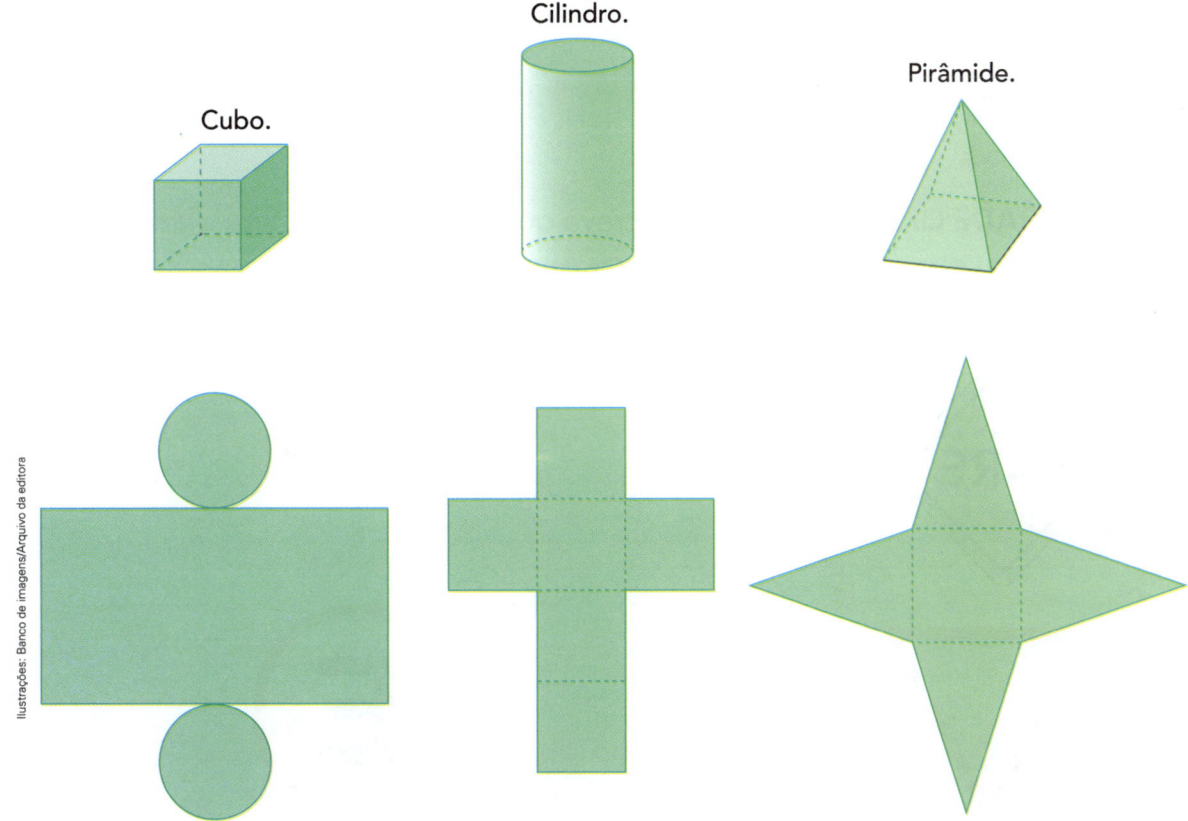

Cilindro.

Cubo.

Pirâmide.

2 Roberto montou os sólidos geométricos desenhados abaixo. Em seguida, pintou com tinta azul uma face em cada sólido.

Finalmente, ele "carimbou" as faces pintadas em uma folha de papel.

Ligue cada sólido geométrico à região plana obtida com ele.

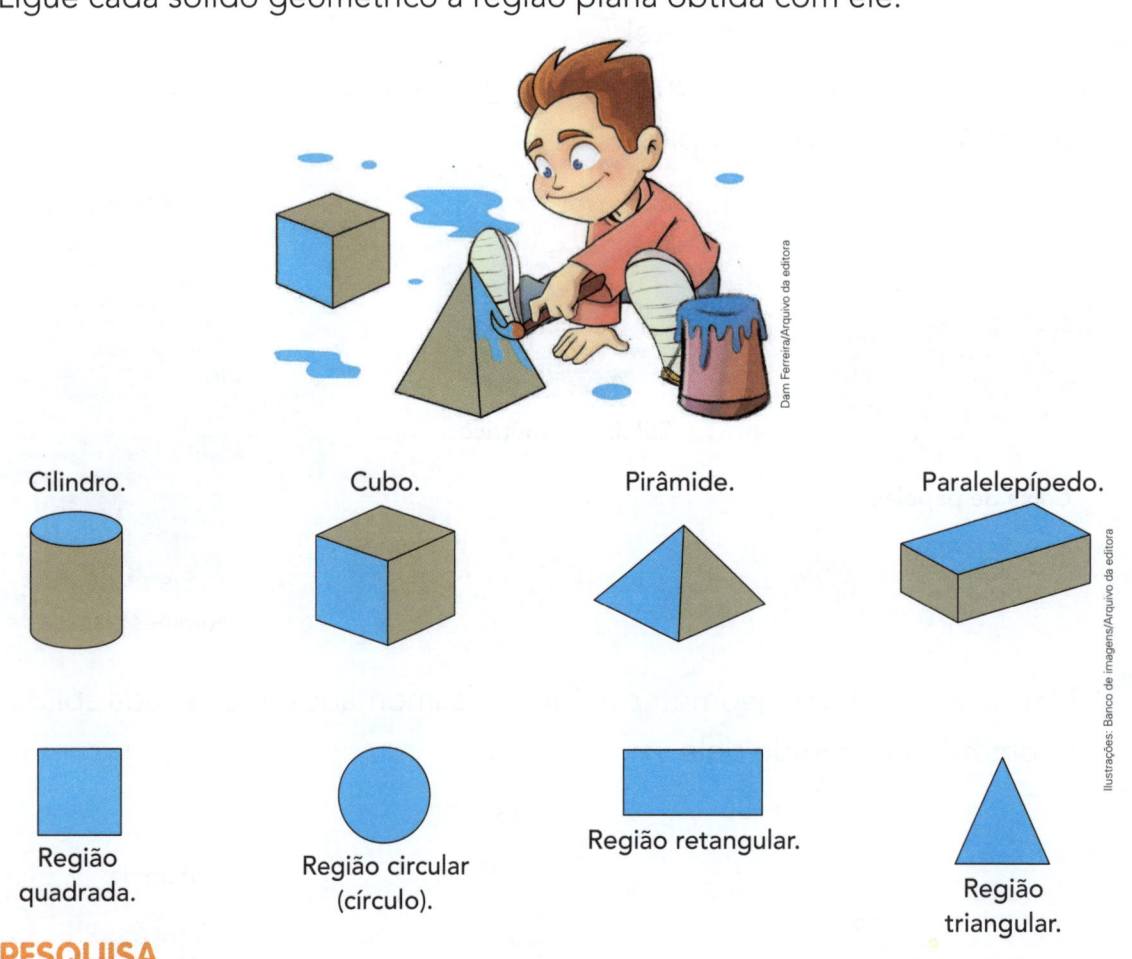

Cilindro.

Cubo.

Pirâmide.

Paralelepípedo.

Região quadrada.

Região circular (círculo).

Região retangular.

Região triangular.

3 **PESQUISA**

ATIVIDADE ORAL EM GRUPO Escreva qual é a forma de cada placa (quadrada, circular, retangular ou triangular). Depois, pequise e converse com os colegas sobre o significado destas placas.

As imagens não estão representadas em proporção.

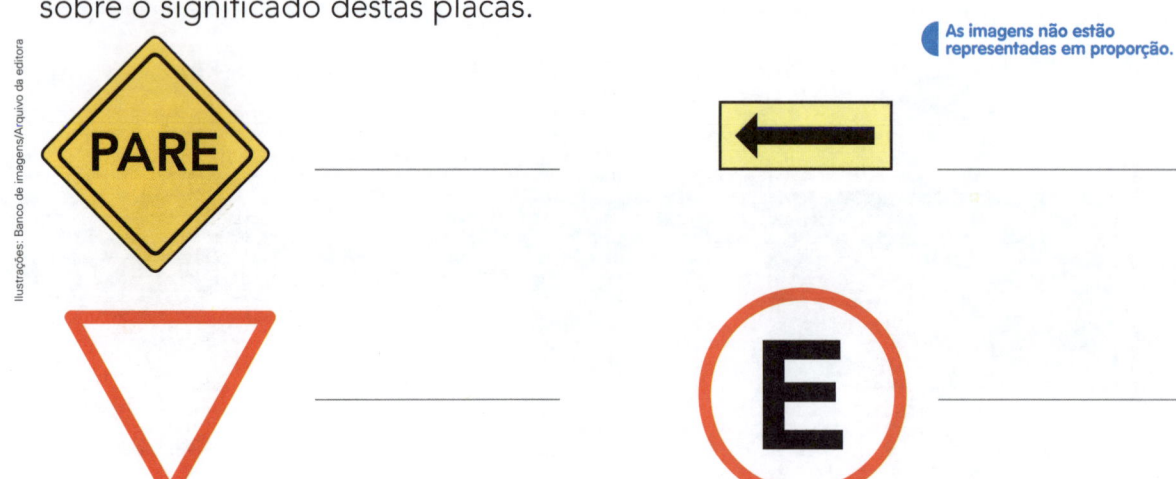

Mais atividades e problemas

Explorar e descobrir

- Zacarias recortou várias regiões planas como estas.

3 regiões
quadradas.

6 regiões
triangulares.

1 região retangular.

Em seguida ele cobriu a região retangular (amarela) usando 1 região quadrada (verde) e 4 regiões triangulares (azuis).

Destaque as regiões planas da página 31 do **Ápis divertido**. Depois, verifique todas as possibilidades de cobrir a região retangular (amarela) usando as demais figuras. Em seguida, registre essas possibilidades no quadro ao lado indicando a quantidade de regiões planas de cada tipo usadas em cada caso.

1	4

1 GEOMETRIA E ARTE

ATIVIDADE ORAL EM GRUPO O quadro ao lado, chamado **Pontas em arco**, foi pintado em 1927 pelo artista russo Wassily Kandinsky.
Que relação existe entre essa pintura e o assunto que está sendo tratado nesta Unidade? Troque ideias com os colegas e depois escreva o nome de 3 regiões planas estudadas que aparecem neste quadro.

_____

_____

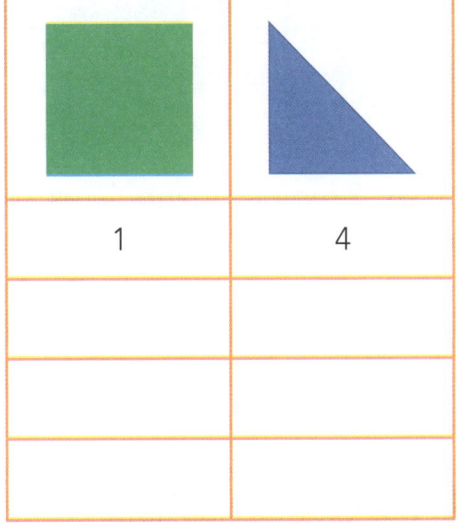

Pontas em arco. 1927. Wassily Kandinsky. Óleo sobre tela. 56 cm × 95 cm. Coleção privada.

2 A partir da região plana **P**, Sara fez 1 traço verde, usando a régua, e obteve 2 regiões triangulares.

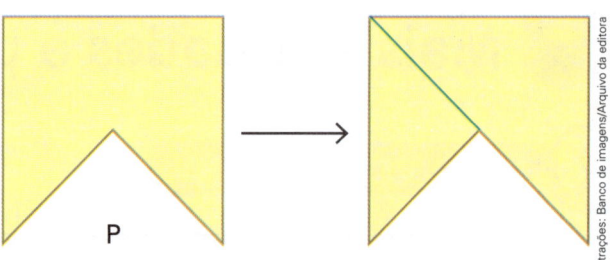

P

Faça o mesmo em cada região plana abaixo. Use a régua e, com apenas 1 traço, obtenha as regiões planas pedidas.

a) 1 região quadrada e 1 região retangular.

b) 2 regiões triangulares.

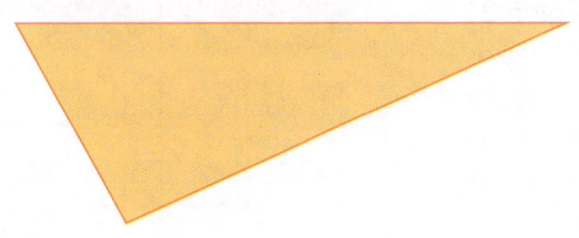

c) 2 regiões triangulares e 1 região retangular.

> **Atenção!**
> Esta é a mesma região plana **P** usada por Sara. Você deve fazer apenas 1 traço para obter as regiões planas pedidas.

3 Mário desenhou, pintou e recortou as regiões planas abaixo.

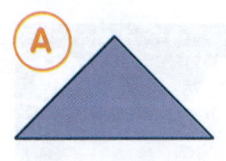

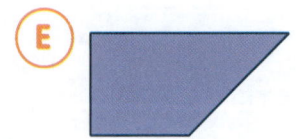

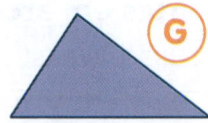

Destaque essas regiões planas da página 35 do **Ápis divertido**. Em seguida, juntando 2 ou 3 dessas regiões planas, forme 3 regiões quadradas iguais à região verde ao lado.
Depois, escreva a letra das regiões planas que foram usadas em cada construção.

_____ e _____.   _____ e _____.   _____, _____ e _____.

Dobraduras, recortes e figuras planas

Dobre e recorte 1 folha de papel sulfite para obter uma região quadrada e uma região retangular, conforme mostrado na sequência de imagens abaixo.

Material
- 2 folhas de papel sulfite
- tesoura com pontas arredondadas
- cola
- lápis para colorir

 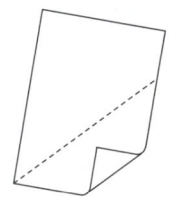 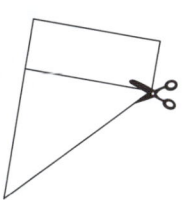 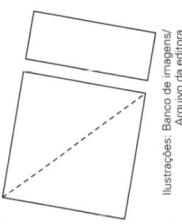

Ilustrações: Banco de imagens/ Arquivo da editora

Agora, recorte na dobra da região quadrada para obter 2 regiões triangulares.

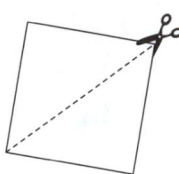 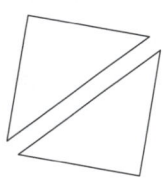

Com 1 região triangular você pode fazer uma flor e com a outra, um peixinho. Use a região retangular obtida para fazer a haste e as folhas da flor. Cole as figuras na outra folha de papel sulfite e pinte tudo como quiser. Veja como fazer.

Flor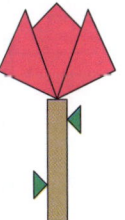

Peixe 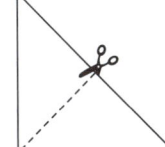 cole aqui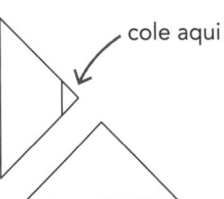

Banco de imagens/Arquivo da editora

© Jean Galvão/Acervo do cartunista

Jean Galvão. Revista **Recreio**. São Paulo, Abril, edição especial Tirinhas. mar. 2006. p. 63.

As regiões planas do tangram

As imagens não estão representadas em proporção.

- O tangram é um quebra-cabeça chinês que tem 7 regiões planas. Recorte as peças da página 37 do **Ápis divertido**.

- Construa as 2 figuras ao lado usando as peças que você destacou.

- Crie e construa outras figuras.

- Na malha quadriculada abaixo, a peça azul da esquerda representa a peça triangular maior. Ela pode ser coberta por outras 3 peças, como indica a figura da direita. Experimente! Depois, pinte as 3 peças com as respectivas cores do tangram.

Ilustrações: Banco de imagens/Arquivo da editora

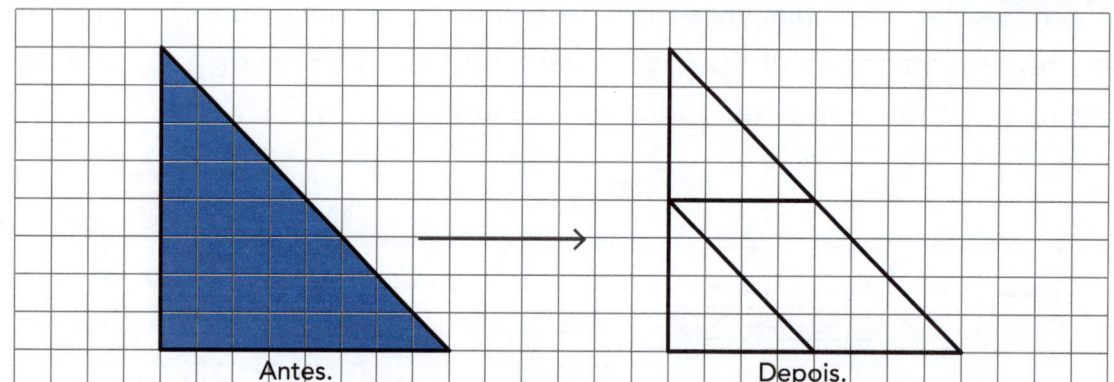

Antes. → Depois.

- Há mais 2 possibilidades de cobrir uma peça azul com 3 das demais peças. Experimente! Depois, registre as soluções nesta malha quadriculada.

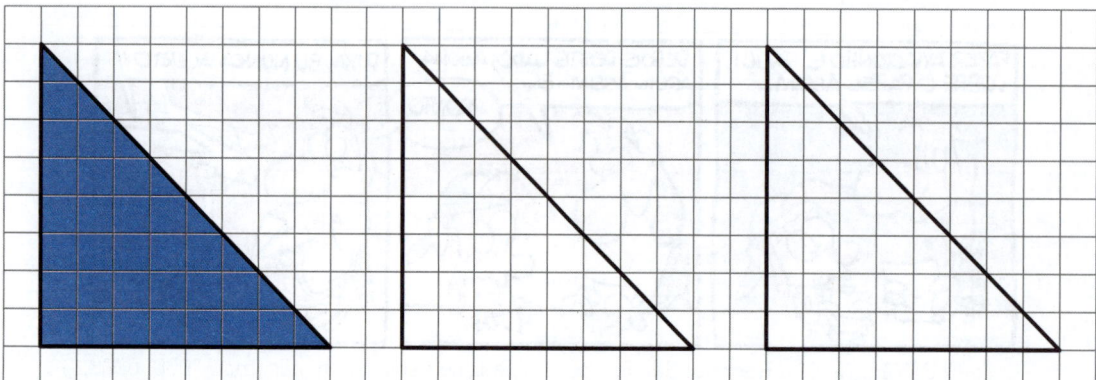

- Com as peças do tangram, construa cada figura e indique as peças como no exemplo.

  Uma região quadrada com 2 peças: 2 verdes ou 2 azuis.

  a) Uma região triangular com 2 peças: _____

  _____

  b) Uma região quadrada com 3 peças: _____

  _____

  c) Uma região retangular com 3 peças: _____

  _____

  d) Uma região triangular com 3 peças: _____

  _____

- ## ATIVIDADE EM DUPLA

  Desafio: Montem uma região quadrada usando as 7 peças do tangram.
  Depois, cada um desenha e pinta na malha quadriculada do seu livro (abaixo)
  a solução encontrada.

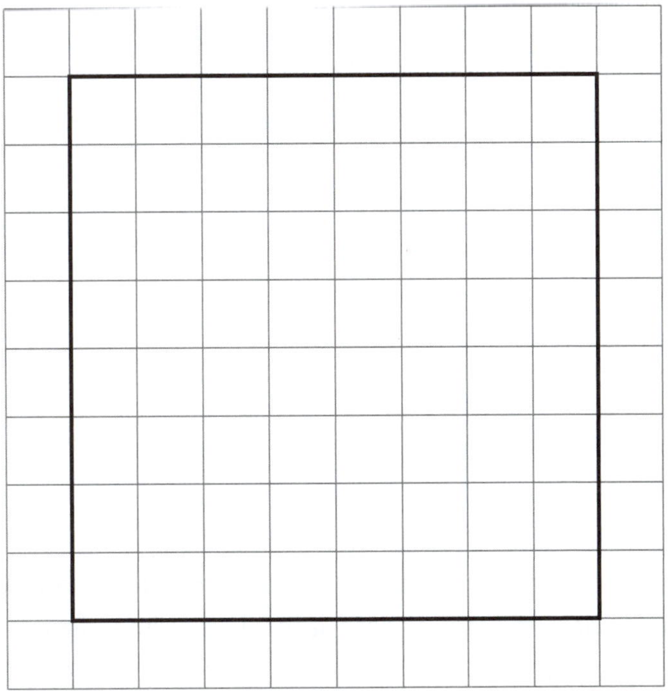

Banco de imagens/Arquivo da editora

Sugestão de...
Livro
Uma história da China.
Martins Rodrigues Teixeira.
São Paulo:
FTD, 1998. (Coleção Matemática em mil e uma histórias).

 # Vistas de um sólido geométrico

Sempre que olhamos para um objeto com a forma de um sólido geométrico, podemos usar uma região plana para registrar o que vemos. A região plana depende da posição de observação e dizemos que é uma **vista** do que foi observado.

- Pegue o prisma de base triangular que você montou e coloque-o sobre a carteira com uma face retangular virada para você, como indicado abaixo.

Podemos observar o prisma de diferentes pontos de vista!

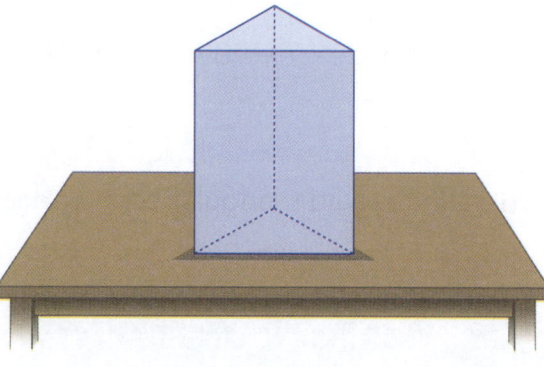

Observe o desenho de 2 vistas.

Vista da frente ou vista frontal (observando de frente).

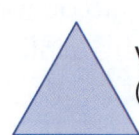

Vista de cima ou vista superior (observando de cima).

- Agora, pegue o prisma de base pentagonal e coloque-o com uma face retangular virada para você, como na representação ao lado. Marque com **VS** a vista superior desse prisma e com **VF** a vista frontal.

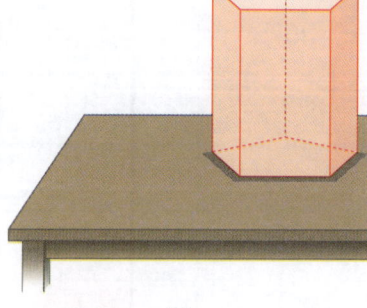

  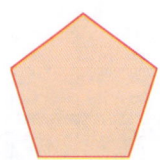 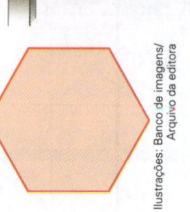

_____ _____ _____ _____

- Responda: Qual dos sólidos geométricos que você montou do **Ápis divertido** pode ter vista superior, vista frontal e vista lateral (ou vista de lado) idênticas?

_____

1 Observe o desenho de 3 vistas do sólido geométrico abaixo. Pinte cada uma de acordo com o desenho.

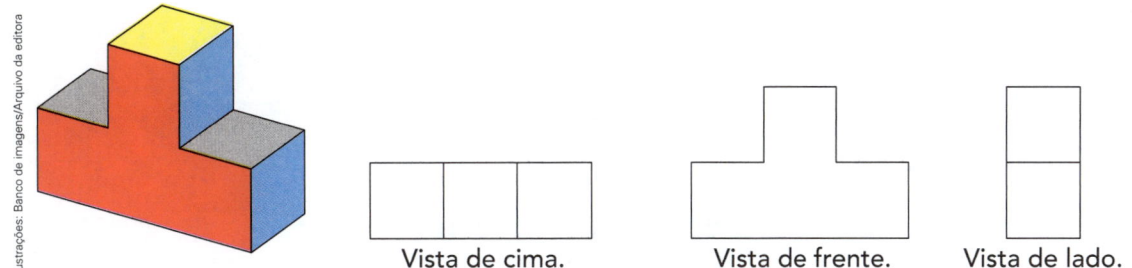

Vista de cima.   Vista de frente.   Vista de lado.

2 **ATIVIDADE ORAL EM GRUPO** Veja o desenho de uma pirâmide e o desenho de algumas de suas vistas.

Pegue a pirâmide de base quadrada, que você já montou, e observe-a de diferentes pontos de vista.

Converse com os colegas sobre a posição em que devemos estar para ter estas vistas. Depois, registre as respostas.

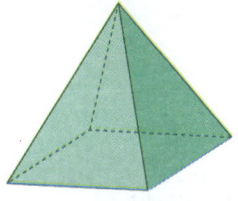

Pirâmide.

  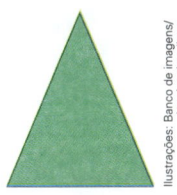

_____   _____   _____

_____   _____   _____

3 Marcos e seus colegas fizeram o arranjo abaixo com 4 cubos de mesmo tamanho e cores diferentes.

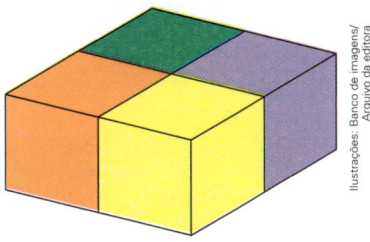

Observe o desenho das vistas e assinale a única que não pode ser uma vista de cima desse arranjo.

 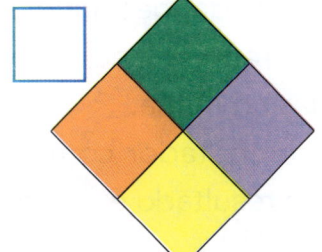 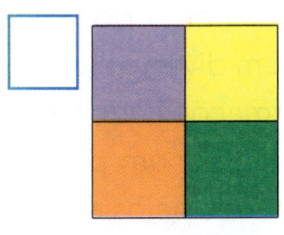

Tecendo saberes

Desenhando o Brasil

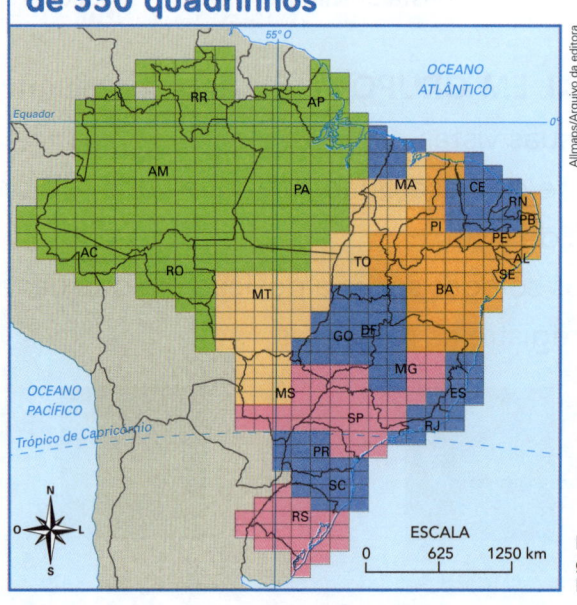

Mapa do Brasil composto de 550 quadrinhos

Fonte de consulta: IBGE. **Atlas geográfico escolar.** 8. ed. Rio de Janeiro, 2018. p. 90.

Você já consultou algum mapa para conferir o endereço da casa de um amigo ou localizar uma cidade, um estado ou um país? Os mapas estão presentes no dia a dia e são muito úteis.

O território nacional representado aqui é formado por 550 quadrinhos. Eles foram organizados em cima do mapa, como os azulejos em uma cozinha, e preencheram todo o mapa do Brasil.

É comum pesquisarmos mapas da cidade em que moramos ou de uma cidade que vamos visitar. Mas e se você precisar consultar um mapa que represente todo o Brasil? Quer saber como é possível produzir um mapa desses?

Para fazer um bom mapa, é preciso obter uma imagem aérea do local que será representado, obtida com imagens de satélite (feitas do espaço) ou com fotografias aéreas (feitas por aviões). Em seguida, geógrafos, cartógrafos e engenheiros percorrem diversos locais que serão representados no mapa e anotam no computador informações que serão inseridas no mapa.

Depois, um programa de computador combina as fotografias com os dados anotados pelos especialistas e o resultado é um mapa pronto para ser utilizado por todos nós.

1 Observe no desenho ao lado a posição de 3 casas que Marcelo e alguns amigos construíram com sólidos geométricos.

Ilustrações: Dam Ferreira/Arquivo da editora

a) Contorne a imagem abaixo que representa a vista de cima dessas casas.

 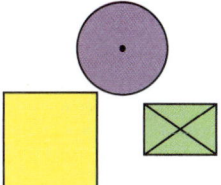

b) Complete com o nome dos sólidos geométricos.

● A casa amarela tem a forma que lembra um _____.

● A casa verde tem a forma que lembra um _____

e o teto dela lembra uma _____.

● A casa lilás tem a forma que lembra um _____ e o teto

dela lembra um _____.

As imagens não estão representadas em proporção.

2 Veja a planta ou o mapa de parte do bairro onde Manoel mora.

a) A casa de Manoel fica na esquina da rua dos Bois com a rua das Araras. Desenhe um ▲ nesse cruzamento.

b) A casa de Francisca, amiga de Manoel, fica na rua das Cabras, entre a rua das Abelhas e a rua das Onças. Pinte de marrom o trecho do mapa onde pode estar a casa de Francisca.

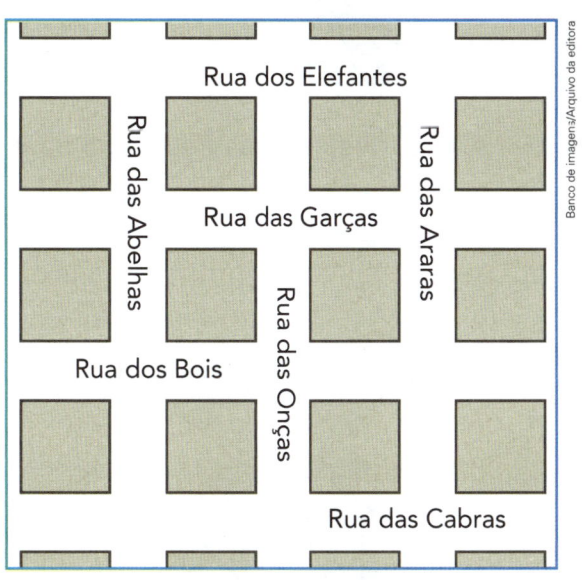

Banco de imagens/Arquivo da editora

c) A casa de Paula fica na rua das Onças, entre a rua dos Elefantes e a rua das Garças, bem no meio do quarteirão e mais próxima da rua das Abelhas do que da rua das Araras. Desenhe um ⬤ no lugar da casa de Paula.

d) **ATIVIDADE ORAL EM GRUPO (TODA A TURMA)** Descreva o trajeto que Manoel deve fazer da casa dele até a casa de Paula.

Figuras planas e simetria

Explorar e descobrir

- Nesta atividade você vai precisar de tesoura com pontas arredondadas, régua, lápis e uma folha de papel sulfite. Depois, é só seguir as instruções!

As imagens não estão representadas em proporção.

Dobre a folha desta maneira.

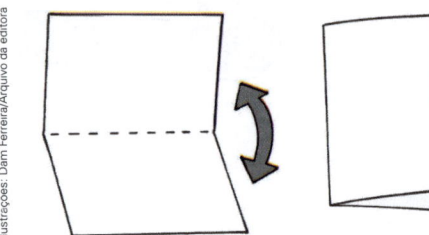
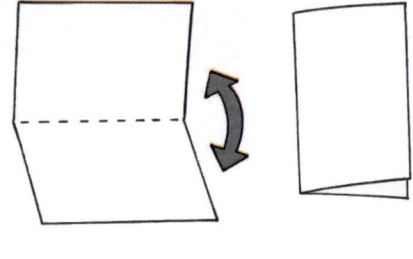

Desenhe uma linha igual a esta.

Recorte na linha desenhada.

Abra a figura recortada.

Faça uma linha sobre a dobra e pinte a figura como quiser.

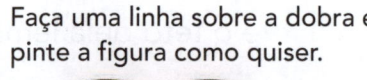

- Agora, destaque as figuras da página 41 do **Ápis divertido**. Dobre cada figura de modo que as 2 partes coincidam. Depois, trace nas figuras abaixo a linha correspondente à dobra.

> Quando é possível dobrar uma figura plana de modo que as 2 partes coincidam, dizemos que ela é uma **figura simétrica** ou que ela apresenta **simetria**. A linha correspondente à dobra é conhecida como **eixo de simetria**.

1 Assinale o desenho que apresenta simetria. Depois, trace nele o eixo de simetria.

☐ 　　☐

As imagens não estão representadas em proporção.

2 Veja as bandeiras de alguns países.

Nigéria.

Chile.

Canadá.

Quais dessas bandeiras apresentam simetria nos desenhos?

_____

3 **PESQUISA**

Recorte de jornais ou de revistas e cole abaixo uma figura plana que não apresenta simetria e uma que apresenta simetria.

Nesta última, trace o eixo de simetria.

Tudo igual nos dois lados do eixo de simetria.
Que figura você conhece que tem essa harmonia?

Unidade 4

 Contorno

- Escolha um objeto que tenha uma parte plana e contorne essa parte 2 vezes, uma em cada quadro abaixo, e faça o que se pede em cada um. Você também pode escolher um dos sólidos geométricos que montou do **Ápis divertido** e contornar uma parte plana (face).

Aqui, pinte o interior da figura para ter uma **região plana**.	Aqui, não pinte o interior, para ter o **contorno** da região plana ao lado.

- Faça o mesmo com outro objeto ou outro sólido geométrico que você montou. Procure variar a forma da parte pintada.

Região plana.	Contorno.

1 Veja as principais regiões planas, o contorno, o nome e os elementos de cada uma delas e responda.

Região plana	Contorno
Região quadrada vértice lado • Quantos lados? _____ • Quantos vértices? _____	**Quadrado** vértice lado • Quantos lados? _____ • Quantos vértices? _____
Região retangular • Quantos lados? _____ • Quantos vértices? _____	**Retângulo** • Quantos lados? _____ • Quantos vértices? _____
Região triangular • Quantos lados? _____ • Quantos vértices? _____	**Triângulo** • Quantos lados? _____ • Quantos vértices? _____
Região circular ou círculo • Quantos lados? _____ • Quantos vértices? _____	**Circunferência** • Quantos lados? _____ • Quantos vértices? _____

2 **ATIVIDADE ORAL** Dizem que uma pessoa antiquada, que não aceita ideias novas, é "quadrada". Você costuma conversar com os amigos sobre suas ideias e opiniões? E com sua família?

3 Qual é a figura "intrometida"? Por quê?

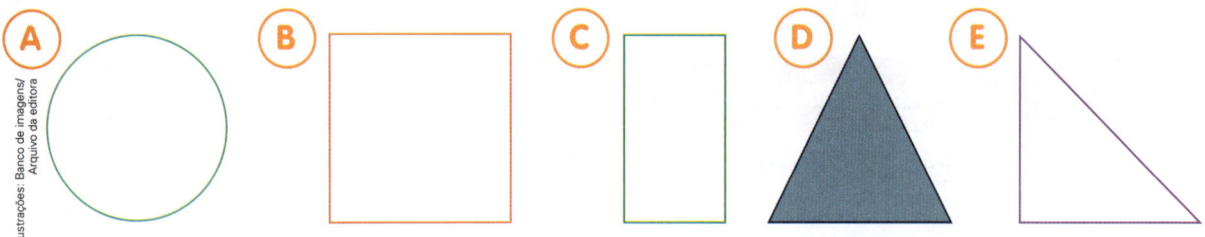

A **B** **C** **D** **E**

---

4 Use uma régua e trace os contornos indicados.

- Um retângulo que tenha 4 dos pontos abaixo como vértices.
- Um triângulo que tenha os outros 3 pontos como vértices.

5 TRAÇADO DA CIRCUNFERÊNCIA E DO CÍRCULO

ATIVIDADE EM GRUPO (TODA A TURMA) O jardineiro Caio está construindo um canteiro circular. Veja ao lado como ele faz para traçar a circunferência.

a) **ATIVIDADE ORAL** Converse com os colegas sobre outras maneiras de traçar uma circunferência.

b) Agora, use moedas e desenhe 3 circunferências de tamanhos diferentes.

c) Pense e responda: Como podemos fazer para desenhar um círculo?

---

d) No caderno ou em uma folha à parte, desenhe alguns círculos de tamanhos diferentes.

Explorar e descobrir

Para esta atividade você vai precisar de 12 palitos iguais.

- Use os 12 palitos e forme a figura ao lado.

- A figura que você montou será o ponto de partida de cada item. Faça o que se pede e, em seguida, pinte nas figuras apenas os palitos que ficaram após as retiradas.

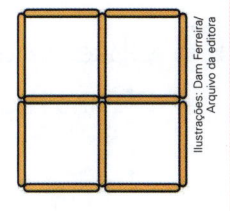

a) Retire 2 palitos, de modo que os restantes formem 3 quadrados.

b) Retire 4 palitos, de modo que os restantes formem 2 quadrados.

c) Retire 4 palitos, de modo que os restantes formem apenas 1 quadrado.

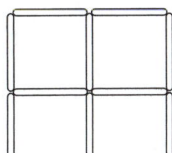

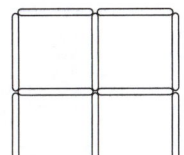

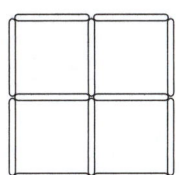

6 DESAFIO

Você já observou um favo de mel como o desta foto? Cada parte do favo de mel lembra um contorno como o desenhado ao lado.

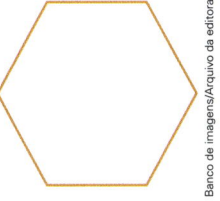

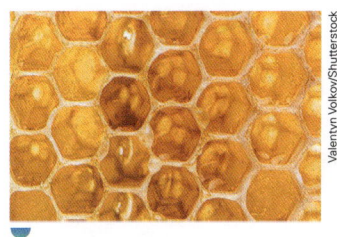

Favo de mel.

a) Quantos lados esse contorno tem? _____

b) Você sabe o nome que se dá a um contorno com esse número de lados? Descubra desenhando a trilha do quadro **1** no quadro **2**. Cada ponto destacado na trilha indicará, no quadro **2**, uma letra do nome desse contorno. Em seguida, registre o nome do contorno.

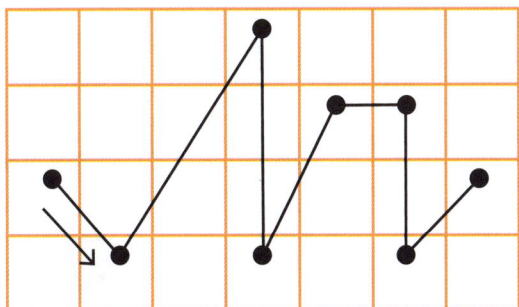

Quadro **1**.

P	B	O	X	R	V	A
R	I	S	V	G	O	E
H	M	N	P	I	C	O
A	E	U	Á	S	N	U

Quadro **2**.

Nome do contorno: _____

Mais atividades e problemas

1 Observe estas figuras geométricas e indique **SG** nos sólidos geométricos, **RP** nas regiões planas e **C** nos contornos.

a)

c)

e)

g)

i)

Ilustrações: Banco de imagens/ Arquivo da editora

_____ _____ _____ _____

b)

d)

f)

h)

j)

_____ _____ _____ _____

2 Observe as figuras da atividade anterior e indique o item correspondente.

- Retângulo: _____.
- Circunferência: _____.
- Cubo: _____.
- Região triangular: _____.
- Região retangular: _____.
- Cilindro: _____.

3 **DESLOCAMENTO**

Por qual time de futebol de campo Carlos torce em Pernambuco? Para descobrir, saia de uma das regiões planas da coluna próxima de Carlos e ande para a direita, para cima ou para baixo passando apenas por regiões planas de mesma forma. Trace o caminho e assinale com um **X** o time de Carlos.

Ilustrações: Dam Ferreira/Arquivo da editora

Carlos.

Santa Cruz

Náutico

Sport

Central

4 DESLOCAMENTO E LOCALIZAÇÃO

A figura ao lado representa o bairro em que Joana mora.

Para indicar trajetos de sua casa até alguns locais do bairro, usamos **pares ordenados** de números:

o 1º número indica quantos quadradinhos andar para a direita, partindo de sua casa; e o 2º número, quantos quadradinhos andar para cima.

Por exemplo, par ordenado $(5, 2)$: Joana sai de casa, anda 5 quadradinhos para a direita e depois 2 quadradinhos para cima. Ela chega ao cinema.

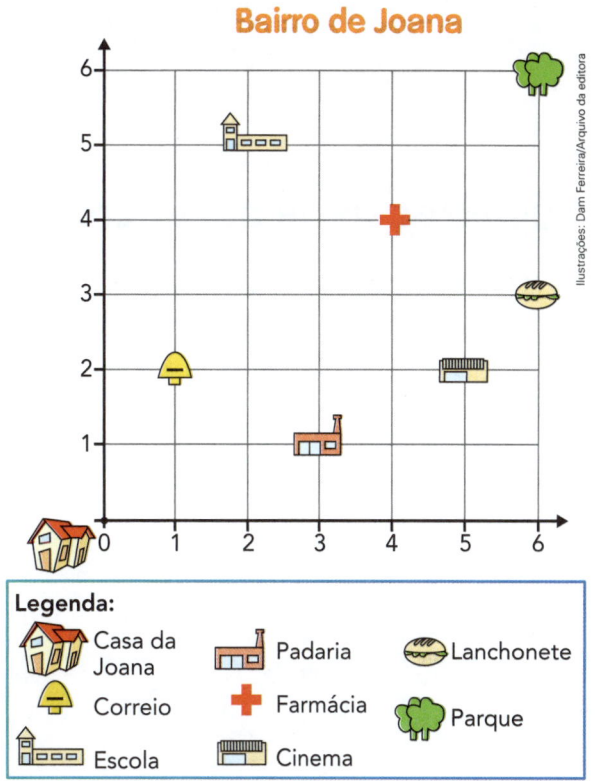

Bairro de Joana

Legenda:
- Casa da Joana
- Correio
- Escola
- Padaria
- Farmácia
- Cinema
- Lanchonete
- Parque

a) Indique o local a que Joana vai chegar, saindo de sua casa, em cada trajeto.

$(2, 5)$: _____ $(1, 2)$: _____ $(6, 6)$: _____

b) Escreva o par ordenado que indica o trajeto da casa de Joana a cada local.

Padaria: _____ Lanchonete: _____ Farmácia: _____

c) Desenhe na figura os símbolos dos locais indicados pelos pares ordenados abaixo.

Fórum: $(6, 1)$ Ⓕ Locadora: $(4, 6)$ Ⓛ Banca de revistas: $(2, 3)$ Ⓑ

5 Quantos cabem no contorno de cada letra abaixo? E quantos ⬜ cabem no interior de cada letra? Conte e registre os números.

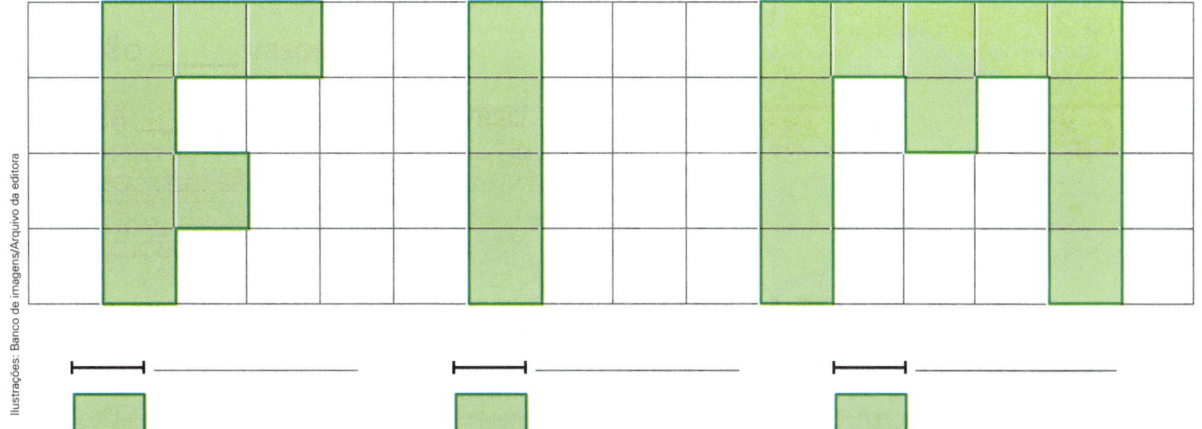

Matemática e tecnologia

Localização de pares ordenados

O GeoGebra é um *software* que possibilita a construção de muitas figuras geométricas. Vamos experimentar? Com a ajuda do professor, acesse a tela inicial do GeoGebra. Você verá uma tela como a reproduzida abaixo.

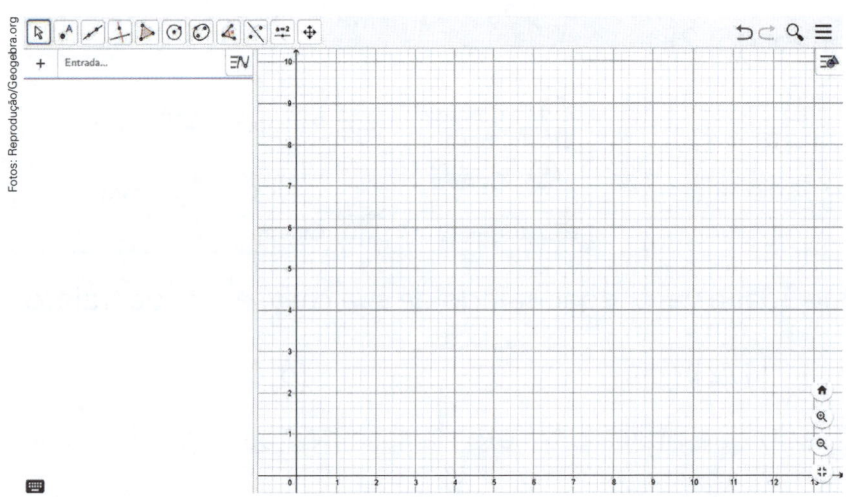

Você sabia que é possível identificar pontos e descrever deslocamentos através de pares ordenados também no computador, na internet e até mesmo em um *smartphone*?

Primeiro, vamos localizar alguns pares ordenados, como você fez na atividade 4 da página anterior. Para isso, clique no botão [•A] e selecione a opção [•A Ponto].

1º passo: Marque na malha quadriculada a posição (2, 2). Automaticamente, o programa vai indicar essa posição com a letra **A**, como indicado na **Figura 1**.

2º passo: Marque as localizações **B**, **C** e **D**, nessa ordem, conforme indicado na **Figura 2**.

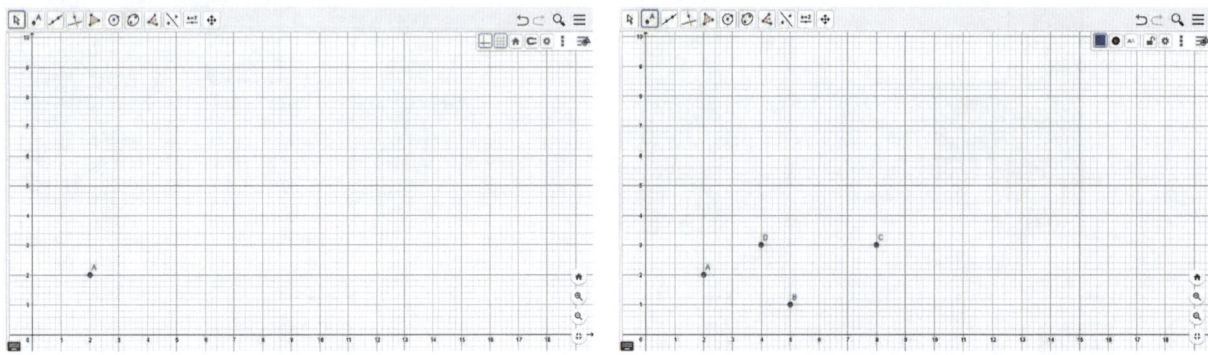

Figura 1.

Figura 2.

Agora é a sua vez de representar e reconhecer alguns pares ordenados.

1 Escreva o par ordenado que representa cada posição marcada no 2º passo.

$$B \rightarrow (\underline{\quad}, \underline{\quad}) \qquad C \rightarrow (\underline{\quad}, \underline{\quad}) \qquad D \rightarrow (\underline{\quad}, \underline{\quad})$$

2 Explore um pouco o GeoGebra, marcando algumas posições e verificando o par ordenado que representa essas posições. Depois, marque as posições dos pares ordenados indicados a seguir.

$$A \rightarrow (1, 4) \qquad B \rightarrow (2, 5) \qquad C \rightarrow (4, 6) \qquad D \rightarrow (7, 1) \qquad E \rightarrow (3, 3)$$

3 Observe a tela com a região triangular que o professor vai disponibilizar para você. Depois, escreva os pares ordenados que representam os vértices dessa região triangular.

$$A \rightarrow (\underline{\quad}, \underline{\quad}) \qquad B \rightarrow (\underline{\quad}, \underline{\quad}) \qquad C \rightarrow (\underline{\quad}, \underline{\quad})$$

4 Marque outra posição, fora da região triangular, e indique esse ponto na imagem abaixo.

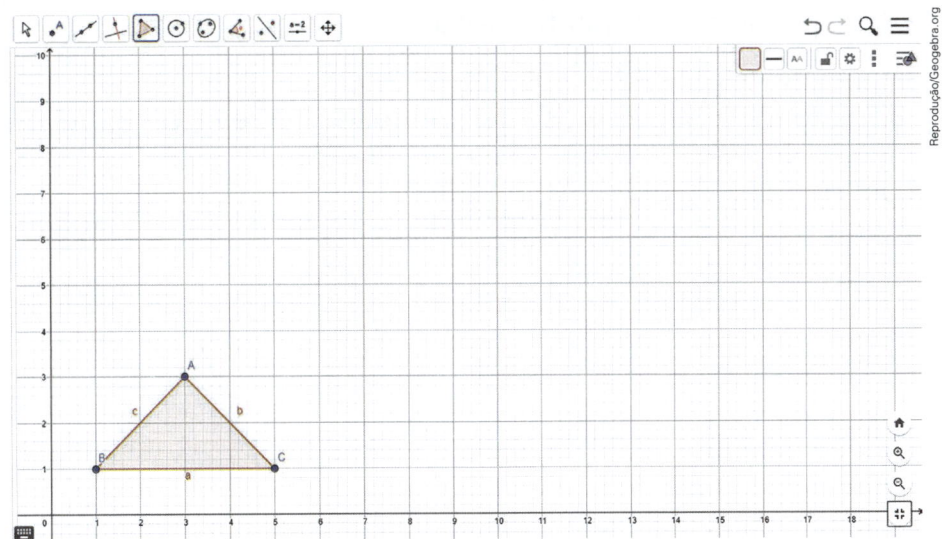

Agora, descreva um caminho, usando como referência o lado de cada quadrinho da malha, para ir do vértice **A** até a posição **D** que você marcou.

_____

_____

_____

_____

Quadriláteros

Observe o desenho dos painéis.

 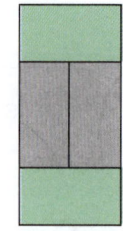 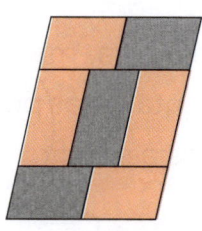 

Nas peças que formam os painéis podemos identificar estes contornos.

  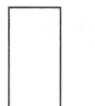 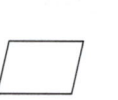 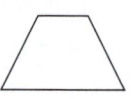

Todos esses contornos podem ser chamados de **quadriláteros**.

1  **ATIVIDADE ORAL EM GRUPO (TODA A TURMA)** Converse com os colegas sobre o porquê do nome **quadrilátero** para esses contornos.

2 Os quadriláteros a seguir você já conhece. Escreva o nome que é dado a cada um deles. _____

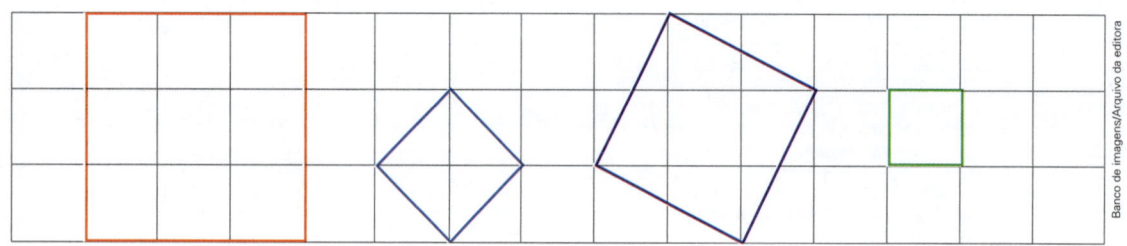

3 Estes quadriláteros você também já conhece. Escreva o nome que é dado a cada um deles. _____

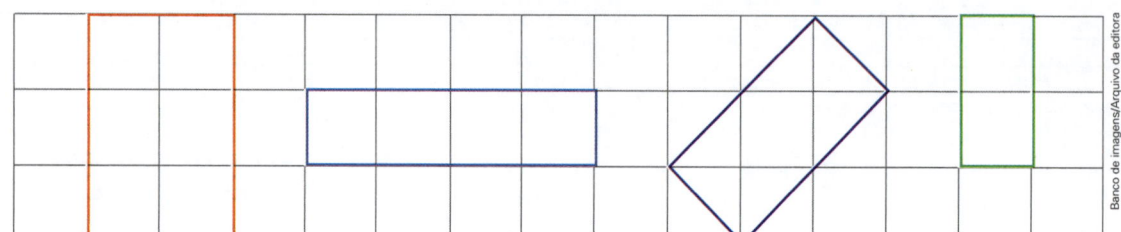

4 **ATIVIDADE ORAL EM GRUPO (TODA A TURMA)** Veja agora estes quadriláteros. Eles são chamados de **paralelogramos**.

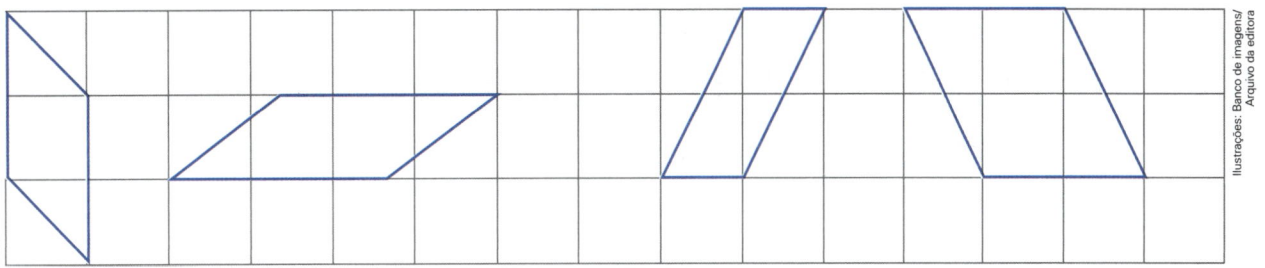

Observe mais estes quadriláteros. Eles são chamados de **trapézios**.

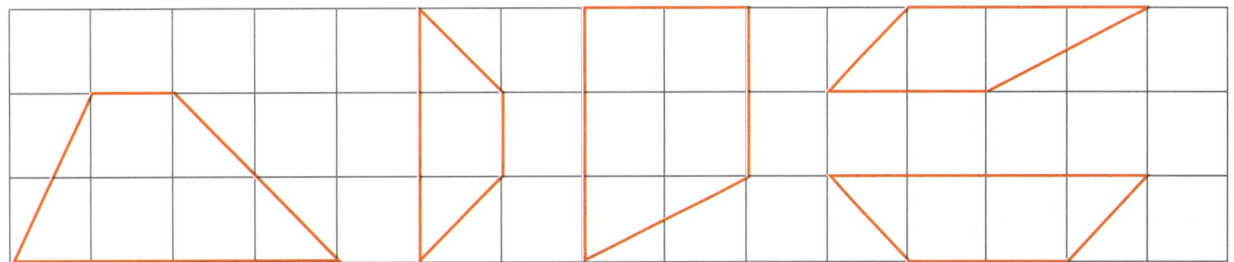

a) Converse com os colegas. Quais são as características comuns a todos os paralelogramos? E quais são as características comuns a todos os trapézios?

b) Interpretem esta frase.

> Dizemos que os paralelogramos têm 2 pares de lados paralelos e os trapézios têm um único par de lados paralelos.

5 Observe os contornos e complete as afirmações com as letras correspondentes.

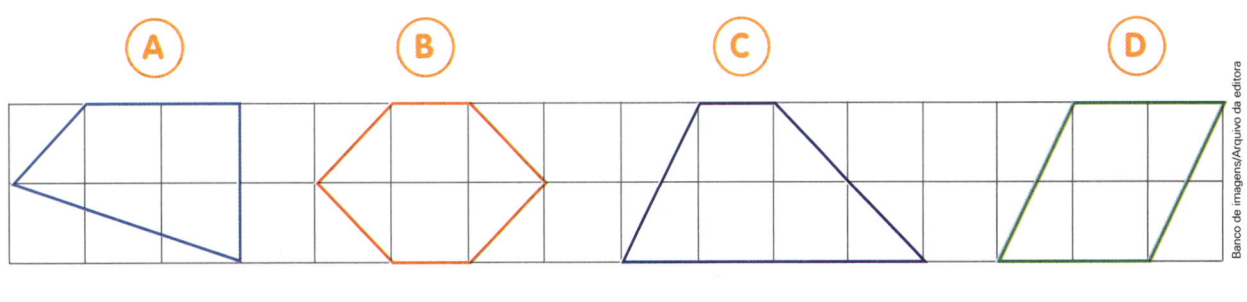

Os contornos _____, _____ e _____ são quadriláteros.

Desses 3 quadriláteros, o contorno _____ é um paralelogramo

e o contorno _____ é um trapézio.

Unidade 4

6 Complete cada item com as medidas que faltam e desenhe um quadrilátero correspondente.

a) Se um quadrado tem um dos lados com comprimento medindo 3 cm, então o comprimento dos outros lados mede _____, _____ e _____ .

b) Se um retângulo tem um lado com comprimento medindo 3 cm e outro lado com comprimento medindo 2 cm, então o comprimento dos outros 2 lados mede _____ e _____ .

7 ESTIMATIVA

a) ATIVIDADE ORAL EM GRUPO (TODA A TURMA)

Converse com os colegas sobre como são as medidas de comprimento dos lados em todos os paralelogramos.

b) Agora, use uma régua para medir o comprimento dos lados destes paralelogramos, registre as medidas e confirme a estimativa.

8 TRAPÉZIO E SEUS LADOS

Observe estes quadriláteros e indique as letras correspondentes.

A   B   C

a) O quadrilátero que não é trapézio. _____

b) O trapézio que tem 2 lados de medidas de comprimento iguais. _____

c) O trapézio que não tem lados de medidas de comprimento iguais. _____

Mais atividades e problemas

1 REGIÕES PLANAS, CONTORNOS E MEDIDAS

a) Marcelo vai cobrir a placa ao lado usando peças

como esta:

Faça as divisões necessárias na placa, pinte
e responda: Quantas peças ele vai usar?

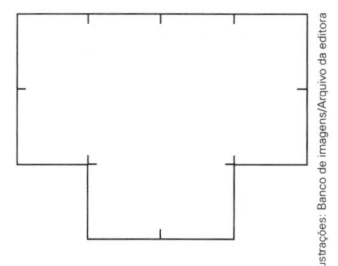

_____

b) ATIVIDADE ORAL EM GRUPO E se Marcelo cobrisse essa mesma placa
com peças como esta ao lado, então quantas peças seriam necessárias?

Converse com os colegas sobre como chegar a esse valor. _____

c) Mário mediu os lados dos contornos abaixo usando seu palmo e registrou
com tracinhos. Quantos palmos de Mário há em cada contorno?

Escreva o nome do contorno e o número de palmos.

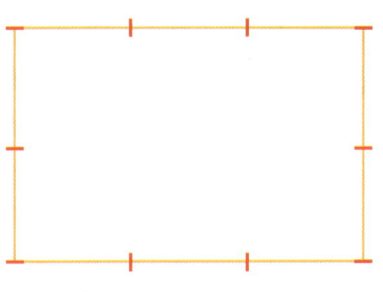

_____ _____ _____

_____ palmos.   _____ palmos.   _____ palmos.

2 A medida de comprimento de um contorno é conhecida como **perímetro**
do contorno ou da região plana correspondente.
Calcule e registre.

a) O perímetro desta região plana,

em centímetros. _____

b) O perímetro de um quadrado cujos

lados medem 17 cm. _____

3 Observe o desenho das letras e assinale cada desenho que apresenta simetria. Em seguida, trace o eixo de simetria.

4 Usando 2 conjuntos de peças do tangram, Caio construiu a figura abaixo.

Banco de imagens/Arquivo da editora

a) Calcule e responda: Quantas peças sobraram? _____

b) Que cores elas têm? _____

5 Observe os quadros na parede, a forma e o tamanho deles.

A B C D E

Ilustrações: Dam Ferreira/Arquivo da editora

Agora, indique com as letras.

a) Os 2 quadros com a mesma forma e o mesmo tamanho: _____ e _____.

b) Os 2 quadros com a mesma forma e tamanhos diferentes: _____ e _____.

6 Jean pintou os 3 sólidos geométricos a seguir com tinta guache e carimbou, em uma folha de papel, todas as faces de cada um deles.

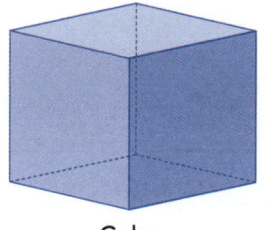
Cubo.

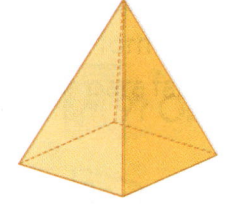
Pirâmide de base quadrada.

Paralelepípedo com 2 faces quadradas.

Ilustrações: Banco de imagens/Arquivo da editora

a) Calcule e responda: Quantas regiões planas Jean carimbou?

_____

b) Preencha a tabela abaixo registrando a quantidade de regiões planas carimbadas de acordo com a forma.

Regiões planas carimbadas

Forma da região plana	Quadrada	Retangular	Triangular
Quantidade de carimbos			

Tabela elaborada para fins didáticos.

c) **ATIVIDADE ORAL EM GRUPO** Converse com os colegas sobre como podemos chegar ao número da resposta do item **a** usando os números da tabela do item **b**.

7 Complete o desenho do avião para que apresente simetria em relação à linha verde. Atenção às cores!

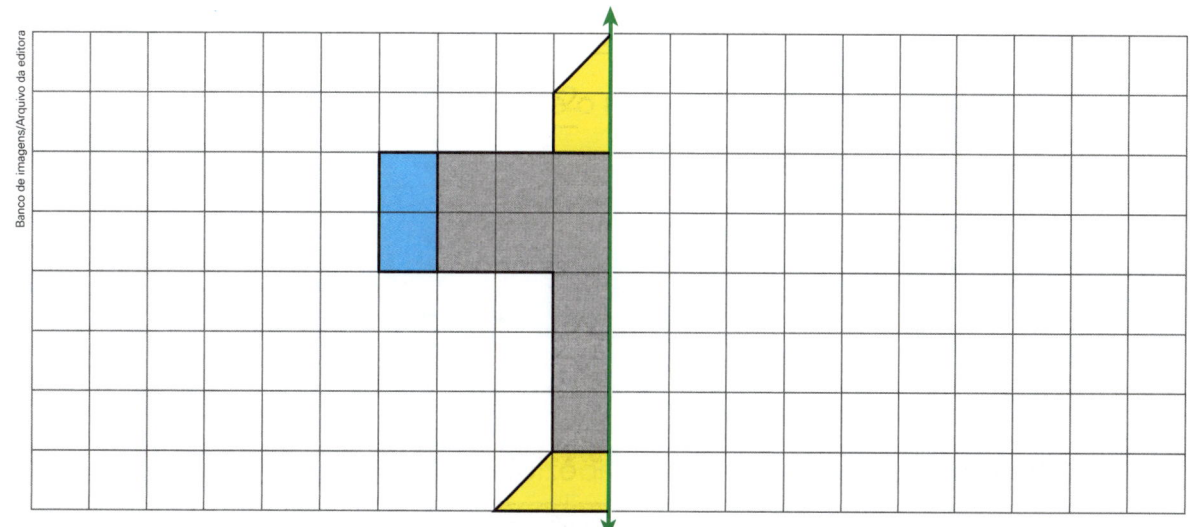

Banco de imagens/Arquivo da editora

8 Carla e seus colegas construíram fichas coloridas como estas. Depois eles colocaram uma ficha sobre a outra, de 2 em 2.

    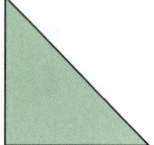

Ilustrações: Banco de imagens/ Arquivo da editora

a) Pinte o que falta em cada montagem que eles fizeram.

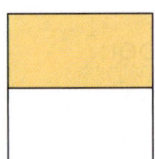 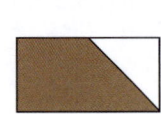 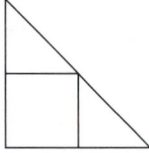 

b) Complete as frases, citando a cor das fichas.

- É possível colocar a ficha _____ e a ficha

  _____, uma sobre a outra, de modo que coincidam.

- Com 2 fichas iguais à vermelha é possível cobrir a ficha

  _____.

9 **DESAFIO**

Para traçar um contorno **ABCD** usamos uma régua e ligamos **A** com **B**, **B** com **C**, **C** com **D** e **D** com **A**, como na figura.

a) Trace os contornos **EFGH**, **IJKL** e **MNO**.

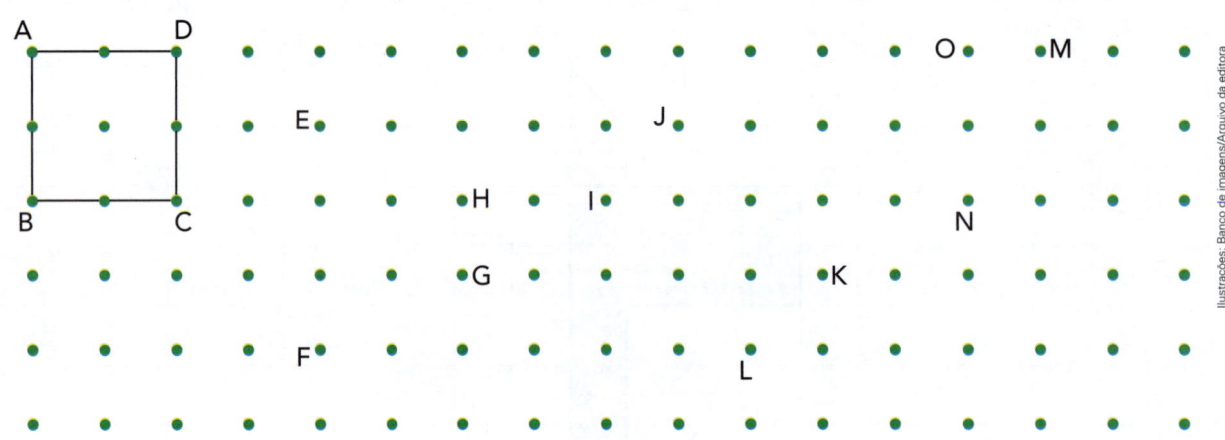

Ilustrações: Banco de imagens/Arquivo da editora

b) Qual destes contornos é um trapézio? _____

c) Agora, trace um paralelogramo **PQRS**.

10 Analise as regiões planas desenhadas em uma malha quadriculada, suas formas, a quantidade de quadradinhos de cada uma e seus perímetros.

(A) (B) (C) (D) (E) (F)

Complete cada espaço do quadro com **sim** ou **não**.

Regiões planas	Têm a mesma forma?	Têm a mesma quantidade de quadradinhos?	Têm o mesmo perímetro?
A e **C**			
A e **B**			
D e **E**			
B e **D**			
E e **F**			

11 **ATIVIDADE ORAL EM GRUPO** Os dados de 6 faces lembram o sólido geométrico chamado cubo.

Manuseie um dado, converse com os colegas e responda.

Dado.

Como são as faces de um cubo, quanto a suas formas e seus tamanhos?

_____

12 Estas figuras mostram um paralelepípedo e sua planificação.
Termine de pintar as faces na planificação, de modo que faces de mesmo tamanho tenham a mesma cor.

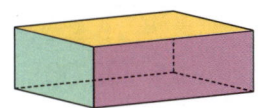

Vamos ver de novo?

1 Paulo é mais velho do que Rafa. A soma das idades deles é 41 anos, e a diferença entre elas é 17 anos. Assinale a alternativa que representa as idades corretas.

☐ Paulo: 41 anos.
Rafa: 17 anos.

☐ Paulo: 31 anos.
Rafa: 10 anos.

☐ Paulo: 29 anos.
Rafa: 12 anos.

☐ Paulo: 27 anos.
Rafa: 14 anos.

2 Três meninas apostaram uma corrida de sacos em uma gincana. Marina gastou mais tempo do que Paula, e Lúcia gastou menos tempo do que Paula.

Complete a ordem de chegada delas.

1ª: _____   2ª: _____   3ª: _____

3 Lucas construiu este paralelepípedo com cubinhos de mesmo tamanho. Qual é o número mínimo de cubinhos que devem ser retirados para que os restantes formem um cubo? _____

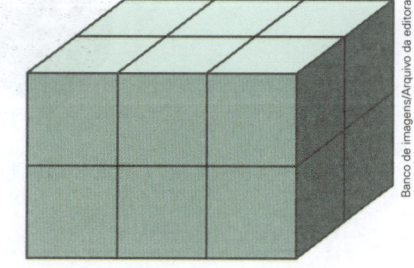

4 Calcule e complete.

a) Se Pedro ganhar R$ 45,00, então vai ficar com R$ 283,00.

Pedro tem R$ _____.

b) Se Mara gastar R$ 45,00, então vai ficar com R$ 283,00.

Mara tem R$ _____.

O que estudamos

Vimos que, ao planificar ou desmontar "a casca" de alguns sólidos geométricos, obtemos **regiões planas**.

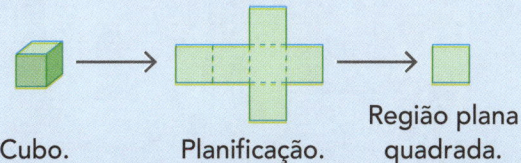

Cubo.　　Planificação.　　Região plana quadrada.

Reconhecemos as vistas de um objeto.

Objeto.

Vista de cima.

Trabalhamos a ideia de simetria e de eixo de simetria com recortes e desenhos.

Eixo de simetria

Eixo de simetria

Vimos que a linha em volta de uma região plana é seu **contorno**.

Região quadrada.

Seu contorno: quadrado.

Além do quadrado, conhecemos outros contornos.

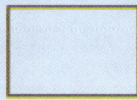

Retângulo.

Triângulo.

Circunferência.

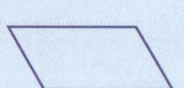

Paralelogramo.

Trapézio.

Desenvolvemos atividades com regiões planas e contornos envolvendo recortes, dobraduras, medidas, deslocamento, localização e outras.

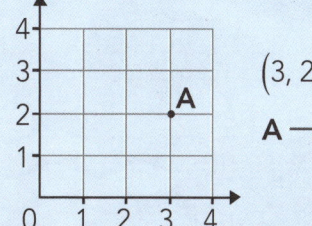

$(3, 2) \rightarrow A$

$A \rightarrow (3, 2)$

- Em atividades em dupla ou com toda a turma, você tem respeitado o momento de seus colegas falarem?

- E você tem respeitado as respostas e opiniões dos colegas?
Lembre-se: quem respeita é respeitado.

Rodrigo ICO/Arquivo da editora

- O que você vê nesta cena?
- Você já brincou e conhece as regras do jogo que aparece nesta cena? Converse com os colegas.
- Quantos jogadores são necessários para uma partida desse jogo?
- O que diferencia as peças dos jogadores?

Para iniciar

Os jogos vão começar!

Na cena de abertura, podemos calcular vários números usando a operação de **multiplicação**. Por exemplo, o número de crianças jogando, de pessoas assistindo, de casas (quadradinhos) em cada tabuleiro, de peças em cada tabuleiro, entre outros.

O estudo da multiplicação será retomado e aprofundado nesta Unidade.

● Analise a cena das páginas de abertura desta Unidade. Converse com os colegas e respondam às questões a seguir.

Há quantas crianças jogando em cada mesa? E nas 3 mesas juntas?

Há quantas pessoas assistindo em cada mesa? E nas 3 mesas juntas?

Que multiplicação indica o número de casas (quadradinhos) em cada tabuleiro?

O número de peças em cada tabuleiro é obtido por 4 × 2, 4 × 6 ou 3 × 8?

● Converse com os colegas sobre mais estas questões.

a) Qual é a quantia total em cada grupo de notas? E qual é a multiplicação que corresponde a esse total?

As imagens não estão representadas em proporção.

b) O resultado de 3 × 7 nos dá o número de meses em 3 anos, o número de dias em 3 semanas ou o número de minutos em 3 horas?

As ideias da multiplicação

1 **ADIÇÃO DE QUANTIDADES IGUAIS**

Para montar uma biblioteca itinerante, os alunos de uma escola organizaram os livros por assunto, em várias pilhas. Observe.

Você sabe o que é uma biblioteca itinerante?
É uma biblioteca que é levada até as pessoas dentro de um caminhão ou uma *van*, por exemplo.
Essa é uma boa iniciativa que facilita o acesso à leitura.

a) Há quantas pilhas de livros? _____

b) Há quantos livros em cada pilha? _____

c) Há quantos livros no total? _____

d) Indique a multiplicação, a adição e o total de livros correspondentes a essa situação.

_____ × _____ = _____ + _____ + _____ + _____ + _____ = _____

2 Gina fez arranjos de flores em vasos para a festa de aniversário dela. Observe e complete.

As imagens não estão representadas em proporção.

- São _____ vasos.

- Há _____ flores em cada vaso.

- No total são _____ flores.

- Adição correspondente:

  _____ + _____ + _____ = _____

- Multiplicação correspondente:

  _____

Vasos com flores para a festa de Gina.

Unidade 5

3 DISPOSIÇÃO RETANGULAR

Veja as figurinhas que Luciano colou em uma página do álbum dele. Elas estão em disposição retangular, organizadas em linhas e colunas.

coluna

linha

Dam Ferreira/Arquivo da editora

a) Conte quantas são e escreva aqui o número total de figurinhas nessa página:

_____ figurinhas.

b) Agora, complete com números para indicar como podemos chegar ao número total de figurinhas fazendo multiplicações.

- São _____ colunas com _____ figurinhas em cada uma. (_____)

- São _____ linhas com _____ figurinhas em cada uma. (_____)

c) Se fossem 3 linhas e 6 colunas de figurinhas, então quantas seriam ao todo nessa página?

Indique a multiplicação e a adição mais convenientes e descubra o número total de figurinhas nesse caso.

_____ = _____ = _____

Explorar e descobrir

Escolha e separe 12 objetos iguais. Podem ser tampinhas de garrafa PET, bolinhas, feijões, etc.

Coloque esses objetos em disposição retangular de todas as maneiras possíveis. Desenhe abaixo cada maneira que você conseguir dispor e registre a multiplicação correspondente. Depois, compare com os desenhos feitos pelos colegas.

4 COMBINAR POSSIBILIDADES

Para representar a turma do 3º ano **A** será escolhida 1 dupla de alunos, formada por 1 menino e 1 menina. Veja os candidatos.

Viviane.　　Augusto.　　Mara.　　Lurdes.　　Carlos.　　Júlia.

a) Para saber todas as possibilidades de duplas, podemos usar uma **árvore de possibilidades**. Observe e complete.

Augusto

Viviane · ⬜ · ⬜ · ⬜

Carlos

⬜ · ⬜ · ⬜ · ⬜

b) Agora, responda: Quantos meninos são candidatos? _____

c) E quantas meninas? _____

d) Quantas duplas é possível formar com esses candidatos? _____

e) Como podemos indicar o total de duplas? Complete.

_____ × _____ = _____　ou　_____ × _____ = _____

◀ As imagens não estão representadas em proporção.

5

Marcelo foi à pizzaria e escolheu suco de laranja e *pizza* portuguesa.

a) Qual é o número total de escolhas de 1 suco e 1 *pizza*? _____

b) Faça uma lista no caderno com todas as possibilidades de escolha de 1 suco e 1 *pizza* e confira a resposta dada no item **a**.

SUCOS	PIZZAS
Laranja Abacaxi	Mozarela Calabresa Portuguesa

_____

_____

c) Se a pizzaria oferecesse 15 sabores de *pizza* e 6 tipos de suco, então quantas escolhas de 1 suco e 1 *pizza* Marcelo teria? _____

Estratégias para efetuar uma multiplicação

1 DESENHANDO

Veja como Nina efetuou as multiplicações 3 × 6 e 2 × 7.

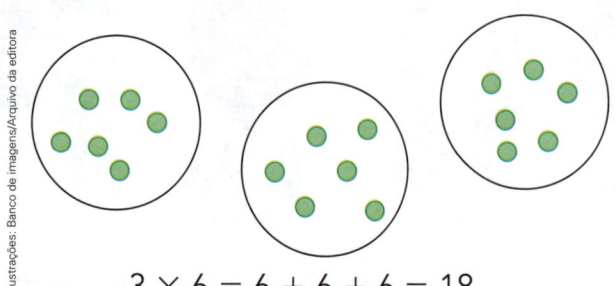
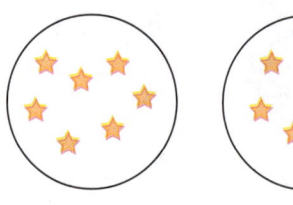

$$3 \times 6 = 6 + 6 + 6 = 18 \qquad 2 \times 7 = 7 + 7 = 14$$

Faça como Nina e descubra o resultado das multiplicações usando desenhos.

a) 6 × 2 = _____

b) 2 × 9 = _____

2 USANDO PAPEL QUADRICULADO

Agora foi a vez de Mariana. Ela usou papel quadriculado para efetuar 4 × 5 e 2 × 7.

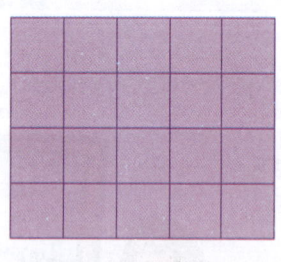
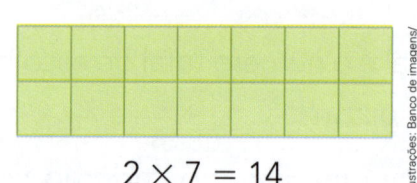

$$4 \times 5 = 20 \qquad 2 \times 7 = 14$$

Nesta malha quadriculada, pinte os quadradinhos correspondentes a cada multiplicação e determine os resultados.

a) 2 × 5 = _____ **b)** 4 × 4 = _____ **c)** 3 × 5 = _____

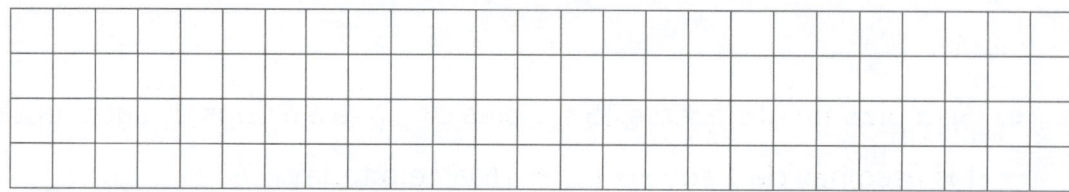

3 "ANDANDO" NA RETA NUMERADA

Veja como Paulo efetuou 2 × 4 e 5 × 2.

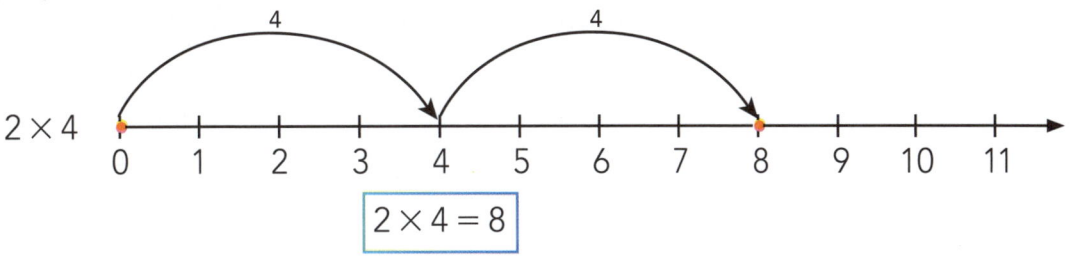

$$2 \times 4 = 8$$

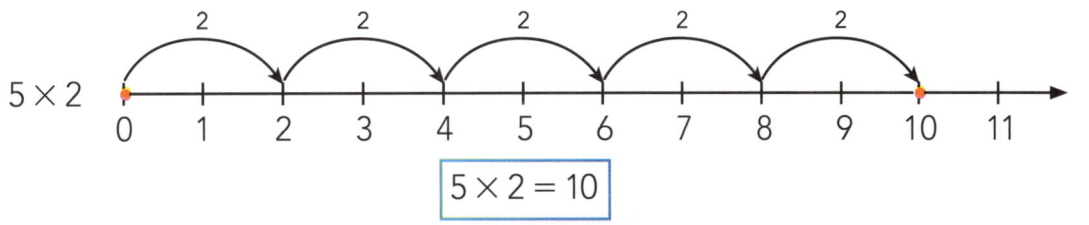

$$5 \times 2 = 10$$

Agora é com você! Use as retas numeradas e efetue as multiplicações.

a) 2 × 5

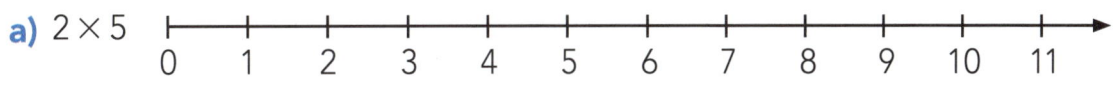

_____

b) 3 × 3

_____

4 Leia a tirinha.

Charles M. Schulz. **Que saudade, Snoopy!** São Paulo: Conrad, 2004. p. 92.

E você, consegue descobrir o resultado de 6 × 2?

Escolha uma estratégia, descubra o resultado e registre aqui. _____

Tabuada do 2 e tabuada do 3

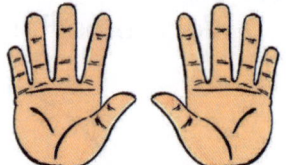

1 Complete e indique a multiplicação correspondente.

a) Em cada mão há _____ dedos. Nas 2 mãos

há _____ dedos. (_____ × _____ = _____)

b) Em 1 cartela há _____ botões. Em 3 cartelas há

_____ botões. (_____ × _____ = _____)

2 Complete as tabuadas do 2 e do 3.

a) 2 × 0 = _____   2 × 4 = _____   2 × 8 = _____

2 × 1 = _____   2 × 5 = _____   2 × 9 = _____

2 × 2 = _____   2 × 6 = _____   2 × 10 = _____

2 × 3 = _____   2 × 7 = _____   2 × 11 = _____

b) 3 × 0 = _____   3 × 4 = _____   3 × 8 = _____

3 × 1 = _____   3 × 5 = _____   3 × 9 = _____

3 × 2 = _____   3 × 6 = _____   3 × 10 = _____

3 × 3 = _____   3 × 7 = _____   3 × 11 = _____

3 Descubra como começou cada sequência e continue. Com estas sequências você vai obter os resultados das tabuadas do 2 e do 3.

a) | 0 | 2 | 4 | 6 | | | | | | | | ...

b) (0) (3) (6) (9) ( ) ( ) ( ) ( ) ( ) ( ) ( ) ...

4 As amigas Lurdes e Mara compraram adesivos para enfeitar os cadernos delas. Lurdes comprou 2 cartelas com 9 adesivos em cada uma delas e Mara comprou 3 cartelas com 7 adesivos em cada uma delas.

Quem comprou mais adesivos? _____

a) Observe que a letra **F** desenhada na malha quadriculada teve o tamanho de suas linhas dobrado, ou seja, todas as **medidas de comprimento da letra F foram multiplicadas por 2**. Faça o mesmo dobrando o tamanho das linhas da letra **H**.

Dobro:
duas vezes.

$2 \times 2 = 4$

$2 \times 1 = 2$

$2 \times 3 = 6$

$2 \times 5 = 10$

b) Agora, **triplique** o tamanho das linhas das letras **M** e **U**, ou seja, **multiplique as medidas de comprimento por 3**.

Triplo:
três vezes.

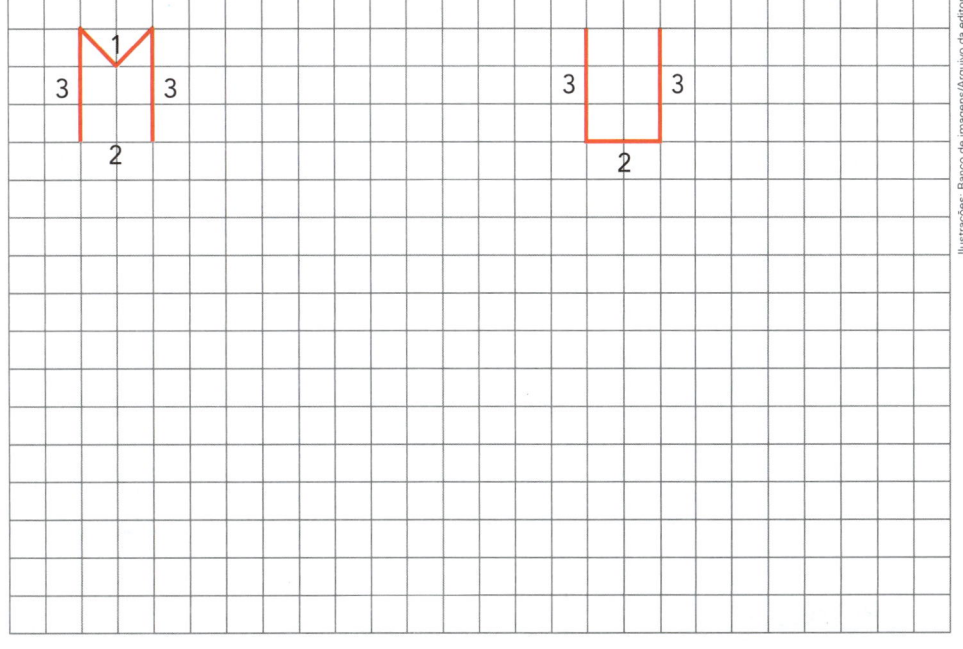

Tabuada do 4 e tabuada do 5

1 Complete.

a) Em 1 bicicleta há _____ rodas. Em 5 bicicletas há _____ rodas.

(_____ × _____ = _____)

b) Há 8 furos em algumas ferraduras de cavalo.

Em 4 dessas ferraduras há _____ furos.

(_____ × _____ = _____)

Ferradura com 8 furos.

c) Há _____ jogadores em uma equipe de vôlei. Em 5 equipes de vôlei há _____ jogadores. (_____)

d) Em 1 semana há _____ dias. Em 4 semanas há _____ dias.

(_____)

2 Complete a tabela, como no exemplo: $4 \times 2 = 8$

Tabuadas do 4 e do 5

×	0	1	2	3	4	5	6	7	8	9	10
4			8								
5											

Tabela elaborada para fins didáticos.

3 **PROBLEMA**

Olívia e Nina compraram pares de meias e cadernos como estes. Olívia comprou 5 pares de meias e Nina comprou 4 cadernos. Qual delas gastou mais?

As imagens não estão representadas em proporção.

Caderno.

R$ 5,00

R$ 4,00

Par de meias.

Resposta: _____

Tabuada do 6

1 Observe as imagens dos dados.

a) Complete.

São _____ dados.

Cada dado está marcando _____ pontos na face de cima.

No total são _____ pontos.

b) Indique a multiplicação correspondente: _____

 ## Explorar e descobrir

- Observe os desenhos abaixo. Que multiplicação representa o total de bolinhas?

Complete: _____ × _____ = _____

- Veja agora a disposição retangular no quadriculado e complete a multiplicação que representa o total de quadradinhos verdes.

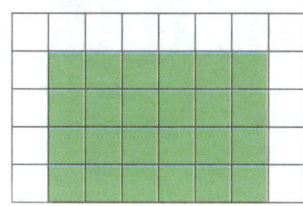

$6 \times$ _____ = _____

- Descubra os resultados e complete. Para isso, faça desenhos no item **a** e use a disposição retangular no item **b**.

a) $6 \times 5 =$ _____

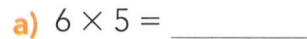

b) $6 \times 2 =$ _____

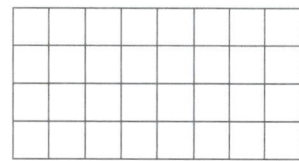

- Lúcio desenhou 6 estrelas de 6 pontas.

a) Quantas pontas ele desenhou no total? _____

b) Indique a multiplicação correspondente: _____

Unidade 5

2 Complete.

a) 1 semana tem _____ dias.

6 semanas têm _____ dias.

(_____ × _____ = _____)

b) 1 aranha tem _____ pernas.

6 aranhas têm _____ pernas.

(_____ × _____ = _____)

Cada aranha tem 8 pernas.

3 No álbum de Carla cabem 9 fotos em cada página. Ela acabou de completar 6 páginas. Quantas fotos ela já colocou? _____

4 Cada criança está mostrando 10 dedos. Efetue, responda e indique a multiplicação correspondente: Quantos dedos as crianças estão mostrando no total? _____

As imagens não estão representadas em proporção.

5 **ATIVIDADE ORAL EM DUPLA** Descubra um padrão no começo da sequência, conte a um colega e, depois, complete-a.

(0) (6) (12) (18) ( ) ( ) ( ) ( ) ( ) ( ) ( ) ( )

6 Complete a tabuada do 6.

6 × 0 = _____	6 × 4 = _____	6 × 8 = _____
6 × 1 = _____	6 × 5 = _____	6 × 9 = _____
6 × 2 = _____	6 × 6 = _____	6 × 10 = _____
6 × 3 = _____	6 × 7 = _____	6 × 11 = _____

Tabuada do 7

1 Observe as imagens em cada item e complete.

As imagens não estão representadas em proporção.

a)

Reprodução/Casa da Moeda do Brasil/Ministério da Fazenda

_____ reais.

$7 \times 1 =$ _____

b)

nevodka/Shutterstock

_____ talheres.

$7 \times 2 =$ _____

c)

Martin Kucera/Shutterstoc

_____ luzes nos semáforos.

_____ $\times$ _____ = _____

d)

songyudh/Shutterstock

_____ pés dos banquinhos.

_____ $\times$ _____ = _____

e)

tr3gin/Shutterstock

_____ pétalas de flores.

_____ = _____

f)

Aaron Amat/Shutterstock

_____ ovos.

_____ = _____

2 Considerando estes objetos, calcule e escreva o preço em cada item.

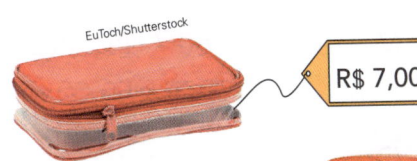

EuToch/Shutterstock

R$ 7,00

Estojo.

a) De 7 estojos. _____

b) De 7 grampeadores. _____

R$ 8,00

aarows/Shutterstock

Grampeador.

3 Calcule o número de latas em cada item e indique a multiplicação correspondente.

a)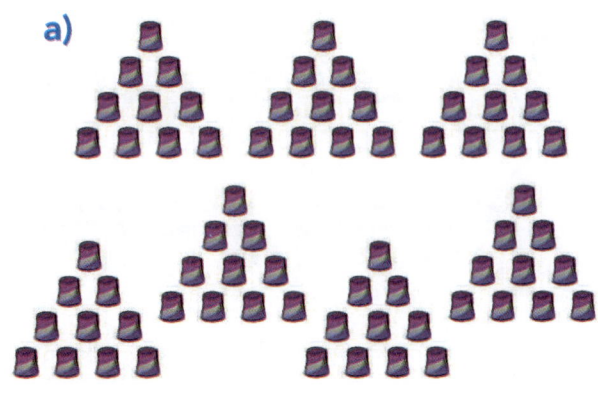

b)

_____

_____

_____

_____

4 Complete com o **produto** (resultado da multiplicação) da tabuada do 7.

$7 \times 0 =$ _____ $7 \times 4 =$ _____ $7 \times 8 \ =$ _____

$7 \times 1 =$ _____ $7 \times 5 =$ _____ $7 \times 9 \ =$ _____

$7 \times 2 =$ _____ $7 \times 6 =$ _____ $7 \times 10 =$ _____

$7 \times 3 =$ _____ $7 \times 7 =$ _____ $7 \times 11 =$ _____

5 Leia o trava-língua e responda à pergunta.

▸ As imagens não estão representadas em proporção.

> Um ninho de mafagafos tem sete mafagafinhos.
> Cada mafagafinho tem sete mafagafos.
> Quem conseguir contar os mafagafos,
> bom desmafagafizador será.
>
> Trava-língua popular.

Quantos mafagafos há no ninho? _____

6 Marta comprou 7 garrafas de suco como esta e pagou com 1 nota de R$ 50,00.

Quanto ela recebeu de troco? _____

R$ 4,00

Garrafa de suco natural.

Tabuada do 8

1 Antes de construir a tabuada do 8, vamos efetuar algumas multiplicações.

a) Você já sabe! Complete.

$2 \times 3 =$ _____ e $3 \times 2 =$ _____ $6 \times 2 =$ _____ e $2 \times 6 =$ _____

$4 \times 5 =$ _____ e $5 \times 4 =$ _____ $3 \times 7 =$ _____ e $7 \times 3 =$ _____

b) ATIVIDADE ORAL EM GRUPO O que você percebeu nessas multiplicações? Troque ideias com os colegas.

Explorar e descobrir

- Preencha o primeiro quadro com as tabuadas que você já estudou.
  Veja que interessante: Com os resultados obtidos você pode começar a tabuada do 8! Complete o segundo quadro.

Você já sabe	Você quer saber
$1 \times 8 =$ _____	$8 \times 1 =$ _____
$2 \times 8 =$ _____	$8 \times 2 =$ _____
$3 \times 8 =$ _____	$8 \times 3 =$ _____
$4 \times 8 =$ _____	$8 \times 4 =$ _____
$5 \times 8 =$ _____	$8 \times 5 =$ _____
$6 \times 8 =$ _____	$8 \times 6 =$ _____
$7 \times 8 =$ _____	$8 \times 7 =$ _____

- **ATIVIDADE EM GRUPO (TODA A TURMA)**

a) ATIVIDADE ORAL Analisem os resultados do segundo quadro, de cima para baixo. Troquem ideias com os colegas e descubram uma regularidade.

b) Completem: Com essa regularidade vocês podem calcular $8 \times 8 =$ _____

e $8 \times 9 =$ _____ .

2 Este é o dinheiro de Paulinho. Quantos reais ele tem? Complete.

_____ $\times$ _____ = _____

Resposta: _____

3 Com os resultados obtidos na página anterior, complete a tabuada do 8.

$8 \times 0 =$ _____ $8 \times 3 =$ _____   _____   _____

$8 \times 1 =$ _____ $8 \times 4 =$ _____   _____   _____

$8 \times 2 =$ _____   _____   _____   _____

4 Leia com atenção e responda às questões.

a) Na casa de Fábio há 8 janelas como esta. Quantas placas de vidro há em todas as janelas juntas?

b) Esta tábua ficou bem presa na parede. Quantos parafusos são necessários para prender 8 tábuas como esta?

Ilustrações: Dam Ferreira/ Arquivo da editora

_____   _____

5 Você já sabe: o resultado de uma multiplicação é chamado **produto**. E os números que são multiplicados são chamados **fatores**.

Sabendo disso, complete.

a) Em $2 \times 8 =$ _____, os fatores são _____ e _____ e o produto é _____.

b) **Desafio**. Se os fatores são 8 e 100, então o produto é _____.

Saiba mais

Algumas pessoas praticam salto de paraquedas para formar figuras no ar enquanto caem em queda livre.

Nesta foto vemos uma equipe de paraquedistas saltando e formando uma figura.

Rick Neves/Acervo do fotógrafo

Paraquedistas saltando em Campinas, São Paulo. Foto de 2003.

6 Observe a disposição dos paraquedistas na fotografia do **Saiba mais**. Quantos paraquedistas participaram dessa formação? _____

Tabuada do 9

1 Observe as cartelas de botões e complete.

   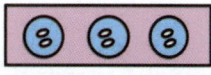 

Dam Ferreira/Arquivo da editora

- Há _____ cartelas e _____ botões em cada cartela.
- Número total de botões: _____ × _____ = _____

2 Em um jogo de perguntas e respostas, Renata fez marquinhas para cada ponto que ganhou. Veja ao lado.

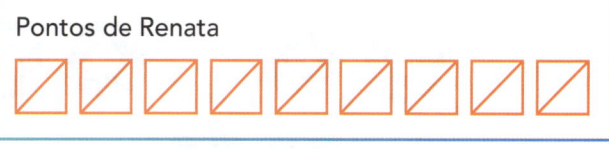

Pontos de Renata

a) Quantos pontos Renata anotou? _____

b) Indique a multiplicação correspondente: _____

3 Complete a tabuada do 9, lembrando o que você já viu. Por exemplo, você já viu que $2 \times 9 = 18$. Então, $9 \times 2 = 18$.

$9 \times 0 =$ _____ $9 \times 4 =$ _____ $9 \times 8 =$ _____

$9 \times 1 =$ _____ $9 \times 5 =$ _____ $9 \times 9 =$ _____

$9 \times 2 =$ _____ $9 \times 6 =$ _____ $9 \times 10 =$ _____

$9 \times 3 =$ _____ $9 \times 7 =$ _____ $9 \times 11 =$ _____

4 Danilo tem 3 notas de R$ 10,00, 9 notas de R$ 2,00 e 6 moedas de R$ 1,00.

Qual é a quantia total que ele tem? _____

Um padeiro encheu uma bandeja com os biscoitos e as rosquinhas que preparou, da seguinte forma.

- Na primeira linha ele colocou 2 rosquinhas, 1 biscoito, 2 rosquinhas, 1 biscoito, e assim por diante.
- Na segunda linha ele colocou 1 biscoito, 2 rosquinhas, 1 biscoito, 2 rosquinhas, e assim por diante.
- Assim ele continuou, sempre alternando as linhas, até a oitava linha.

Na manhã seguinte, alguns biscoitos e algumas rosquinhas foram vendidos, e a bandeja ficou como mostra a figura abaixo.

a) Quantos doces havia na bandeja quando ela estava cheia? _____

b) Quantas rosquinhas havia na bandeja cheia? _____

c) Quantos biscoitos havia na bandeja cheia? _____

d) Quantas rosquinhas ficaram na bandeja? _____

e) Quantos biscoitos foram vendidos naquela manhã? _____

Dominó de multiplicações

Rubinho e Carla estão jogando dominó de multiplicações.

Veja 6 peças que foram usadas.

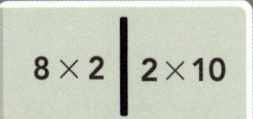

8 × 2 | 2 × 10

5 × 8 | 3 × 6

3 × 10 | 4 × 4

3 × 7 | 6 × 5

6 × 6 | 4 × 5

9 × 2 | 7 × 3

Agora você tem um desafio: colocar essas 6 peças nas posições corretas.

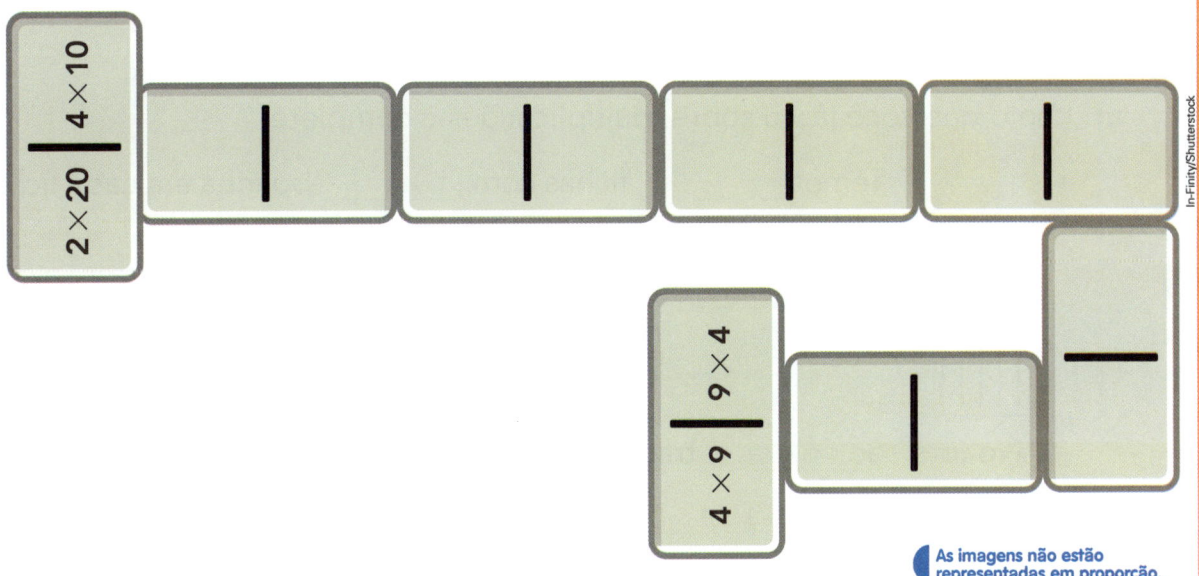

2 × 20 | 4 × 10

4 × 9 | 9 × 4

As imagens não estão representadas em proporção.

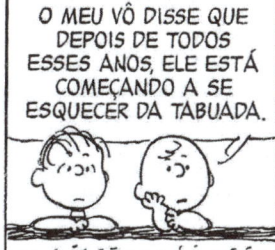
O MEU VÔ DISSE QUE DEPOIS DE TODOS ESSES ANOS, ELE ESTÁ COMEÇANDO A SE ESQUECER DA TABUADA.

A DO NOVE FOI PRIMEIRO... AGORA SÃO A DO OITO E A DO SETE...

É MUITO TRISTE... QUERIA PODER DIZER ALGUMA COISA A ELE...

SEIS VEZES SEIS É TRINTA E SEIS.

Charles M. Schulz. **Snoopy – Posso fazer uma pergunta, professora?** Porto Alegre: L&PM, 2009. p. 69.

Multiplicação com 0, com 1 e com 10

1 **UM DOS FATORES É 0 (ZERO)**

a) Analise o exemplo com atenção e complete.

- $3 \times 0 = 0 + 0 + 0 = 0$. Como $0 \times 3 = 3 \times 0$, então $0 \times 3 = 0$.
- $2 \times 0 =$ _____ + _____ = _____. Como $0 \times 2 = 2 \times 0$, então $0 \times 2 =$ _____.

b) **ATIVIDADE ORAL EM GRUPO (TODA A TURMA)** Converse com os colegas e responda: Qual é o produto quando um dos fatores é 0?

_____

c) Use a conclusão a que você e os colegas chegaram e efetue mais estas multiplicações, em que um dos fatores é 0.

$9 \times 0 =$ _____ $0 \times 15 =$ _____ $136 \times 0 =$ _____ $0 \times 50 =$ _____

2 **UM DOS FATORES É 1 (UM)**

a) Use o que você já viu sobre multiplicações e complete.

Ilustrações: Banco de imagens/Arquivo da editora

- Temos _____ fichas com _____ bolinha em cada ficha.

  No total são _____ bolinhas. Logo, _____ × _____ = _____

- Temos _____ grupo com _____ tracinhos.

  No total são _____ tracinhos. Logo, _____ × _____ = _____

- $3 \times 1 = 1 + 1 + 1 =$ _____. Como $1 \times 3 = 3 \times 1$, então $1 \times 3 =$ _____.

b) **ATIVIDADE ORAL EM GRUPO (TODA A TURMA)** Converse com os colegas e responda: Qual é o produto quando um dos fatores é 1?

_____

c) Use a conclusão a que você e os colegas chegaram e efetue mais estas multiplicações, em que um dos fatores é 1.

$7 \times 1 =$ _____ $1 \times 22 =$ _____ $340 \times 1 =$ _____ $1 \times 9 =$ _____

MULTIPLICAÇÃO EM QUE UM DOS FATORES É 10 (DEZ)

- As bolinhas de gude estão colocadas em disposição retangular. Complete como pode ser calculado o número total de bolinhas.

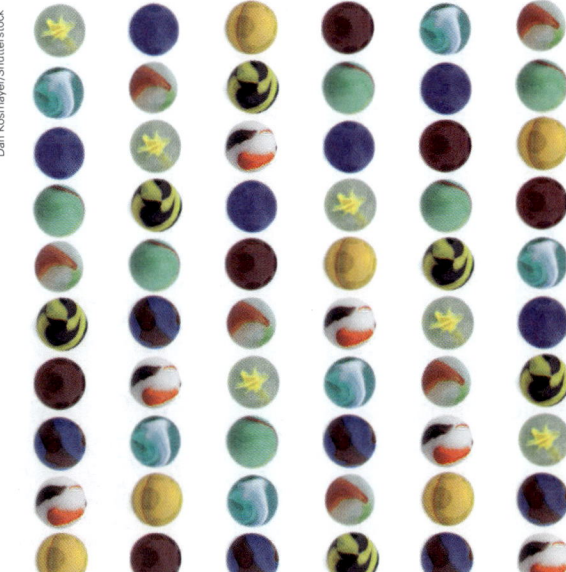

Dan Kosmayer/Shutterstock

Bolinhas de gude.

_____ × _____ = _____

ou

_____ × _____ = _____

- Com base nas tabuadas já estudadas, você pode descobrir o resultado de outras multiplicações, como aqui: $10 \times 7 = 70$, pois $7 \times 10 = 70$. Pense nisso e complete as multiplicações.

$10 \times 1 =$ _____ $10 \times 4 =$ _____ $10 \times 7 =$ _____

$10 \times 2 =$ _____ $10 \times 5 =$ _____ $10 \times 8 =$ _____

$10 \times 3 =$ _____ $10 \times 6 =$ _____ $10 \times 9 =$ _____

- Analise a sequência dos resultados acima e complete mais estas multiplicações.

$10 \times 10 =$ _____ $10 \times 12 =$ _____ $10 \times 14 =$ _____

$10 \times 11 =$ _____ $10 \times 13 =$ _____ $10 \times 15 =$ _____

- **ATIVIDADE ORAL EM GRUPO (TODA A TURMA)** Converse com os colegas sobre as multiplicações em que um dos fatores é 10, descubram uma regularidade e completem mais estas.

$10 \times 23 =$ _____ $66 \times 10 =$ _____ $85 \times 10 =$ _____

$41 \times 10 =$ _____ $10 \times 90 =$ _____ $10 \times 34 =$ _____

3 Registre o resultado de cada multiplicação.

a) 3 × 1 = _____   **d)** 1 × 29 = _____

b) 19 × 10 = _____   **e)** 0 × 33 = _____

c) 7 × 0 = _____   **f)** 10 × 40 = _____

4 CÁLCULO MENTAL

Veja como é fácil efetuar algumas multiplicações "de cabeça".

- 2 × 30 ⟶ 2 × 3 dezenas = 6 dezenas

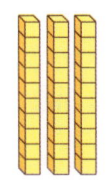 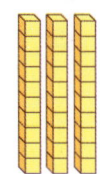

$$2 \times 30 = 60$$
$$2 \times 3$$

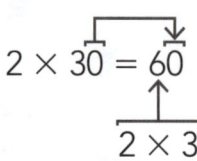

2 × 30 = ?

- 4 × 200 ⟶ 4 × 2 centenas = 8 centenas

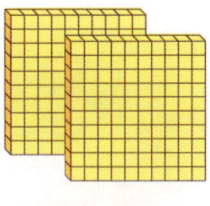 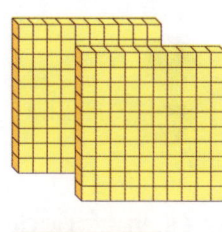

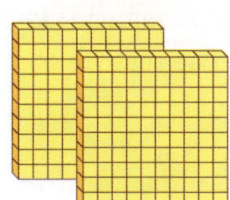 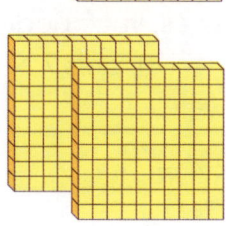

$$4 \times 200 = 800$$
$$4 \times 2$$

Agora, sem o material dourado, calcule mentalmente e complete.

a) 3 × 30 = _____ × _____ _____ = _____ _____ = _____

b) 2 × 400 = _____ × _____ _____ = _____ _____ = _____

c) 4 × 20 = _____   **d)** 3 × 200 = _____   **e)** 3 × 50 = _____

5 CÁLCULO MENTAL

Com 1 quilograma de farinha de trigo Fabiano faz 30 pastéis na lanchonete dele. Calcule mentalmente e complete.

a) Com 2 quilogramas de farinha ele faz _____ pastéis, pois _____ × _____ = _____.

b) Com 3 quilogramas de farinha ele faz _____ pastéis, pois _____ × _____ = _____.

Pastéis.

6 ARREDONDAMENTO, CÁLCULO MENTAL, RESULTADO APROXIMADO E CALCULADORA

Fernanda viu o preço do vidro de palmito e fez um arredondamento para calcular mentalmente quanto vai gastar, aproximadamente, na compra de 3 vidros de palmito.

18 está próximo de 20 e 3 vezes 20 é igual a 60. Então vou gastar aproximadamente 60 reais.

R$ 18,00

Vidro de palmito.

Observe agora o preço de outros produtos. Arredonde, faça os cálculos mentalmente e registre na tabela os valores aproximados. Em seguida, use uma calculadora e descubra os valores exatos.

A primeira linha da tabela já está feita.

As imagens não estão representadas em proporção.

Azeite.
R$ 31,00 o vidro.

Caixa de sabonetes.
R$ 29,00 a caixa.

Uva.
R$ 12,00 o quilograma.

Jogo de toalhas.
R$ 48,00 o jogo.

Mercadoria	Valor aproximado e multiplicação efetuada	Valor exato e multiplicação efetuada com calculadora
4 vidros de palmito	R$ 80,00 (4 × 20 = 80)	R$ 72,00 (4 × 18 = 72)
3 vidros de azeite		
2 caixas de sabonetes		
3 kg de uva		
2 jogos de toalhas		

Tabela elaborada para fins didáticos.

Brincando também aprendo

Fixando as tabuadas

Os participantes, um de cada vez, fazem girar 2 clipes na roleta, como mostra a figura. Quem tirar a maior soma inicia a partida e escolhe um lápis de cor.

O outro participante fica com o lápis de outra cor.

Na sua vez, cada jogador gira os 2 clipes na roleta ao mesmo tempo. Os clipes poderão cair em casas com números diferentes ou na mesma casa, indicando, portanto, 2 números iguais.

Em seguida, o jogador deve multiplicar os números indicados pelos clipes. Se ele acertar o resultado, então deve pintar no quadro abaixo o quadrinho que tem o produto obtido.

Ele deixa de pintar se o quadrinho já estiver pintado, se errar a multiplicação ou se o produto não estiver no quadro.

O vencedor será o jogador que pintar 8 quadrinhos primeiro.

Material

- 2 clipes
- 1 lápis preto
- 2 lápis de cores diferentes
- roleta da página 43 do **Ápis divertido**

Dam Ferreira/Arquivo da editora

0	1	2	3	4	5
6	7	8	9	10	12
14	15	16	18	20	21
24	25	27	30	32	35
36	40	42	45	48	49
50	54	56	60	63	64
70	72	80	81	90	100

Multiplicação sem reagrupamento

1 Esta caixa tem 1 dúzia de lápis de cor. Quantos lápis há em 2 caixas iguais a ela?

◄ As imagens não estão representadas em proporção.

Caixa de lápis de cor.

Sergio Stakhnyk/Shutterstock

Compreender

A caixa tem 1 dúzia de lápis, ou seja, 12 lápis.

Você quer saber quantos lápis há em 2 dessas caixas.

Planejar

Você poderá efetuar a adição 12 + 12 ou a multiplicação 2 × 12.

Executar

Veja como a multiplicação foi feita com desenhos de fichas. Depois, copie e complete no caderno a multiplicação feita com a decomposição do 12.

- Com desenhos de fichas.

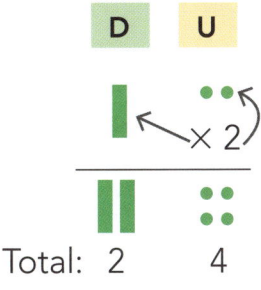

Total: 2   4

- Pela decomposição do 12.

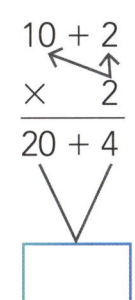

$$\begin{array}{r} 10 + 2 \\ \times \quad 2 \\ \hline 20 + 4 \end{array}$$

Como 12 = 10 + 2, faço 2 × 2, faço 2 × 10 e depois adiciono os produtos.

Dam Ferreira/Arquivo da editora

Agora, veja a mesma operação feita pelo **algoritmo usual da multiplicação**. Complete com o que falta.

D	U
1	2
×	2
2	4

Unidades:
2 × 2 unidades = 4 unidades

Dezenas:
2 × 1 dezena = 2 dezenas

ou

$$\begin{array}{r} 1\,2 \\ \times \quad 2 \\ \hline \quad \end{array}$$

Verificar

Podemos conferir o resultado de 2 × 12, pela adição, calculando 12 + 12. Complete.

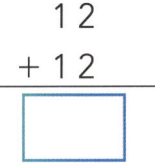

$$\begin{array}{r} 1\,2 \\ +\,1\,2 \\ \hline \quad \end{array}$$

Responder

Complete: Há _____ lápis em 2 caixas iguais a ela.

- Faça estas multiplicações concretamente com as fichas do **Ápis divertido** e, depois, registre.

a) 2×23

D U

Total:

$2 \times 23 =$ _____

b) 3×13

D U

Total:

$3 \times 13 =$ _____

- Agora, confira o resultado das 2 multiplicações com o algoritmo da decomposição e com o algoritmo usual.

2 Complete as multiplicações feitas pelo algoritmo usual.

a)

D	U
1	2
×	4
□	□

b)
$$\begin{array}{r} 3\,2 \\ \times\ 3 \\ \hline \boxed{} \end{array}$$

c)
$$\begin{array}{r} 4\,2 \\ \times\ 2 \\ \hline \boxed{} \end{array}$$

3 Raul está arrumando seus livros em 3 prateleiras: na de cima ele vai deixar 8 livros, na do meio vai colocar o triplo de livros da prateleira de cima e na de baixo vai colocar o dobro de livros da prateleira do meio Quantos livros ele arrumará no total?

_____

Dam Ferreira/Arquivo da editora

Saiba mais

Algumas empresas reaproveitam garrafas PET para fabricar camisetas. Para isso, elas trituram e derretem o plástico, moldando-o na forma de fios.

Bastam 2 garrafas PET de 2 litros para fazer uma camiseta.

Fonte de consulta: ASSOCIAÇÃO BRASILEIRA DA INDÚSTRIA DO PET (Abipet).
Disponível em: <www.abipet.org.br/index.html?method=mostrarConteudo&id=108>.
Acesso em: 5 ago. 2019.

4 Uma empresa produziu 213 camisetas com garrafas PET recicladas. Sabemos que são necessárias 2 garrafas PET para fazer 1 camiseta. Então quantas garrafas foram utilizadas? Complete com o que está faltando.

• Com desenhos de fichas.

Fichas quadradas	Fichas retangulares	Fichas circulares

213 ⟶

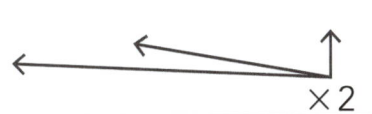

$\times 2$

426 ⟶

• Pela adição.

$2 \times 213 \longrightarrow$ ____ ____ ____

$+$ ____ ____ ____

____ ____ ____

• Pelo algoritmo usual.

Multiplique as unidades, depois as dezenas e, finalmente, as centenas.

C	D	U
$\times$		2

• Pelo algoritmo da decomposição.

213 ⟶ _____ + _____ + _____

$\times 2$

_____ + _____ + _____ = _____

Resposta: _____

5 Use o algoritmo indicado e efetue mais estas multiplicações.

a)

C	D	U
2	0	4
$\times$		2

b) $3 \times 331 =$ _____

$300 + 30 + 1$

$\times \qquad 3$

c) $3\ 2\ 1$

$\times \quad 2$

d) $1\ 1\ 2$

$\times \quad 4$

Unidade 5

Multiplicação com reagrupamento

1 Um carro percorre 13 quilômetros com 1 litro de gasolina. Quantos quilômetros ele percorrerá com 4 litros de gasolina?

Compreender

Você sabe que, com 1 litro de gasolina, o carro percorre 13 quilômetros. Quer saber quantos quilômetros ele percorrerá com 4 litros de gasolina.

Planejar

Você deve fazer a multiplicação 4 × 13.

Executar

- Com o material dourado.

$$4 \times 13 \longrightarrow 4 \text{ grupos de } 13$$

Troco 10 unidades por 1 dezena.

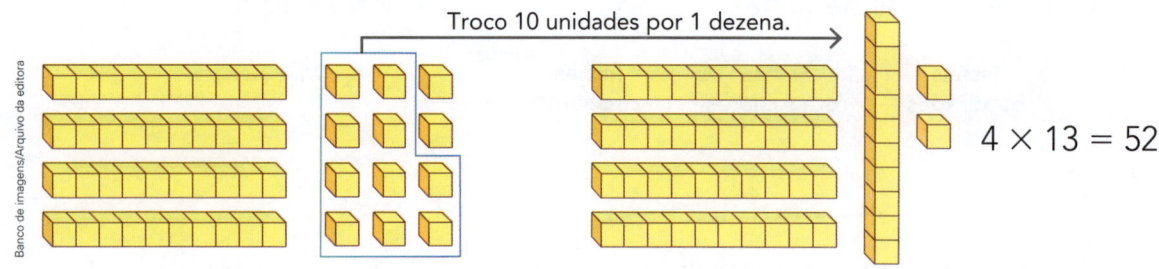

$$4 \times 13 = 52$$

- Pelo algoritmo usual.

4 × 3 unidades = 12 unidades

Das 12 unidades obtidas posso trocar 10 delas por 1 dezena, ou seja, 12 unidades = 1 dezena + 2 unidades.

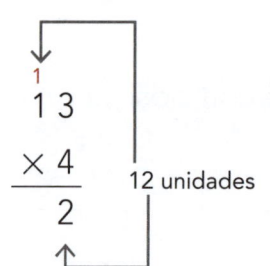

12 unidades

4 × 1 dezena = 4 dezenas

4 dezenas + 1 dezena = 5 dezenas

$$\begin{array}{r} \overset{1}{1}3 \\ \times\ 4 \\ \hline 5\,2 \end{array}$$

Verificar

Podemos fazer 4 × 13 efetuando a adição

13 + 13 + 13 + 13.

Resolva no espaço ao lado.

Responder

Complete: O carro percorrerá _____ quilômetros com 4 litros de gasolina.

2 Resolva as multiplicações decompondo o 2º fator e observe como elas são efetuadas pelo algoritmo usual.

a) $4 \times 15 =$ _____

$$10 + 5$$
$$\times \quad\quad 4$$
_____

____ + ____ = ____

$$\overset{2}{15}$$
$$\times \;\; 4$$
_____
$$60$$

b) $6 \times 13 =$ _____

____ + ____
$$\times$$ _____

____ + ____ = ____

$$\overset{1}{1}3$$
$$\times \;\; 6$$
_____
$$78$$

3 Veja mais um exemplo e, depois, efetue as multiplicações pelo algoritmo usual.

D	U
$\overset{1}{1}$	4
$\times$	3
4	2

a)

D	U
1	8
$\times$	4
___	___

b) 3 5
$\times$ 2
_____

c) 2 7
$\times$ 3
_____

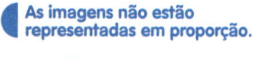

As imagens não estão representadas em proporção.

4 Calcule e complete.

a) 3 moedas de 25 centavos totalizam _____ centavos.

b) 7 dúzias de laranjas correspondem a _____ laranjas.

c) Em 6 quinzenas há _____ dias.

5 **MULTIPLICAÇÃO E MEDIDA DE MASSA ("PESO")**

Todas as latas nas balanças têm o mesmo "peso".
Escreva quanto deve registrar a segunda balança.

6 Os pais de Carla compraram um televisor e pagaram em 3 prestações de R$ 272,00. Qual foi o preço do aparelho?

AlexandrBognat/Shutterstock

Televisor.

Para responder, você precisa efetuar a multiplicação 3 × 272. Complete com o que estiver faltando.

● Com desenhos de fichas.

Centenas	Dezenas	Unidades
		× 3

> **Atenção:**
> Quando um dos fatores tem 3 algarismos, pode ser necessário fazer a troca de 10 unidades por 1 dezena e de 10 dezenas por 1 centena.

● Pelo algoritmo usual.

C	D	U
2	7	2
×		3
8	1	6

3 × 2 unidades = 6 unidades
3 × 7 dezenas = 21 dezenas
Deixo 1 dezena e transformo 20 dezenas em 2 centenas.
3 × 2 centenas = 6 centenas
6 centenas com mais 2 centenas são 8 centenas.
Produto: 8 centenas, 1 dezena e 6 unidades (816).

Algoritmo usual simplificado:

$$
\begin{array}{r}
2\ 7\ 2 \\
\times \quad 3 \\
\hline
\end{array}
$$

Resposta: O preço do aparelho foi _____.

7 Veja outro exemplo de multiplicação com reagrupamento, efetuada pelo algoritmo usual. Em seguida, efetue as demais multiplicações.

$$\begin{array}{r} \overset{1}{2}\,\overset{3}{3}\,8 \\ \times \qquad 4 \\ \hline 9\,5\,2 \end{array}$$

4 × 8 unidades = 32 unidades
Deixo 2 unidades e transformo 30 unidades em 3 dezenas.
4 × 3 dezenas = 12 dezenas
12 dezenas com 3 dezenas são 15 dezenas.
Deixo 5 dezenas e transformo 10 dezenas em 1 centena.
4 × 2 centenas = 8 centenas
8 centenas com 1 centena são 9 centenas.
Produto: 9 centenas, 5 dezenas e 2 unidades (952).

a)
$$\begin{array}{r} 1\,1\,2 \\ \times \quad 5 \\ \hline \end{array}$$

d)
$$\begin{array}{r} 2\,2\,5 \\ \times \quad 4 \\ \hline \end{array}$$

As imagens não estão representadas em proporção.

b)
$$\begin{array}{r} 1\,6\,4 \\ \times \quad 6 \\ \hline \end{array}$$

e)
$$\begin{array}{r} 3\,3 \\ \times\,7 \\ \hline \end{array}$$

c)
$$\begin{array}{r} 1\,3\,1 \\ \times \quad 5 \\ \hline \end{array}$$

f)
$$\begin{array}{r} 1\,0\,2 \\ \times \quad 9 \\ \hline \end{array}$$

8 Uma máquina fotocopiadora tira 150 cópias por minuto.

a) Quantas cópias ela tira em 5 minutos? _____

b) E em 6 minutos? Calcule de 2 maneiras diferentes.

_____

Máquina fotocopiadora.

9 Na volta às aulas, Augusto vendeu 3 caixas com 225 canetas cada uma e mais 1 caixa com 150 canetas.

Quantas canetas foram vendidas? _____

Mais atividades e problemas

1 **OUTRA ESTRATÉGIA PARA EFETUAR UMA MULTIPLICAÇÃO** Veja como podemos efetuar a multiplicação com o papel quadriculado.

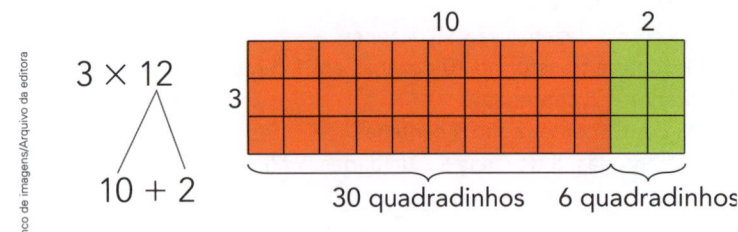
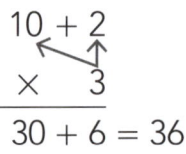

3×12

$10 + 2$

10   2

3

30 quadradinhos   6 quadradinhos

$10 + 2$

$\times \quad 3$

$30 + 6 = 36$

Efetue mais estas multiplicações na malha quadriculada abaixo.

a) $2 \times 13 =$ _____

b) $4 \times 11 =$ _____

2 Analise com atenção a atividade anterior e efetue as multiplicações abaixo, agora sem o uso de figuras.

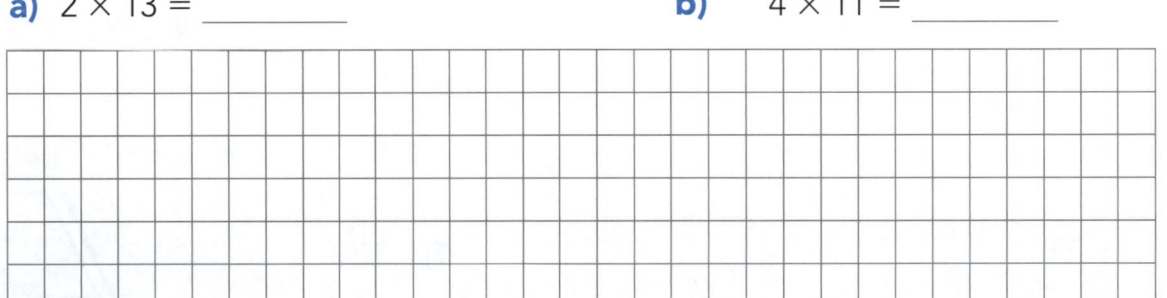

a) $5 \times 23 = ?$

$20 + 3$

$\times \quad 5$

___ + ___ = ___

Logo, $5 \times 23 =$ ___.

b) $4 \times 125 = ?$

$100 + 20 + 5$

$\times \qquad 4$

___ + ___ + ___ = ___

Logo, $4 \times 125 =$ ___.

c) $6 \times 17 = ?$

$10 + 7$

$\times \quad 6$

___ + ___ = ___

Logo, _____.

3 **DESAFIO**

Efetue cada multiplicação de 2 maneiras diferentes: usando adição de quantidades iguais e usando a multiplicação com a decomposição do número que tem mais de 1 algarismo.

a) $2 \times 345 =$ _____

b) $3 \times 28 =$ _____

4 Observe os números deste quadro.

Caio usou uma seta para indicar **é o dobro de**. Veja 2 exemplos.

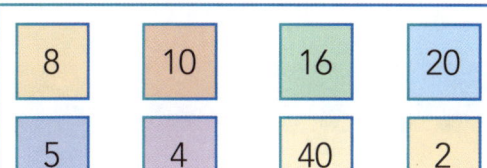

Registre todas as outras possibilidades usando os números do quadro.

☐ → ☐   ☐ → ☐   ☐ → ☐   ☐ → ☐

5 **ATIVIDADE ORAL** Quando um time é 2 vezes campeão, dizemos que ele é bicampeão. Como dizemos quando ele é 3 vezes, 4 vezes, 5 vezes e 6 vezes campeão?

6 **FAÇA DO SEU JEITO!**

Descubra os resultados das adições e, depois, veja como os colegas fizeram.

a) 13 + 13 + 13 + 13 + 13 + 13 + 13 = _____

b) 192 + 192 + 192 + 192 + 192 = _____

7 **DESAFIO**

Veja abaixo a quantia que Jairo, Rafaela e Maura têm. Quem tem a quantia maior? _____

| Jairo: 5 moedas de 25 centavos. | Rafaela: 22 moedas de 5 centavos. |

| Maura: 9 moedas de 10 centavos. |

8 Um pacote de papel sulfite tem 108 folhas. A professora Renata separou 4 desses pacotes e já distribuiu 5 folhas para cada um de seus 33 alunos.

Quantas folhas ela ainda tem? _____

9 Veja os preços dos produtos.

30 reais   7 reais   13 reais

Dam Ferreira/Arquivo da editora

a) Em cada item complete as informações com números adequados e depois justifique a resposta com uma multiplicação.

- José comprou _____ camisetas e gastou _____ reais.

  Multiplicação: _____ × _____ = _____

- Mara comprou _____ sorvetes e gastou _____ reais.

  Multiplicação: _____ × _____ = _____

- Ari comprou _____ cadernos e gastou _____ reais.

  Multiplicação: _____ × _____ = _____

b) Agora você cria tudo, sem usar preços, pessoas e números que já apareceram acima.

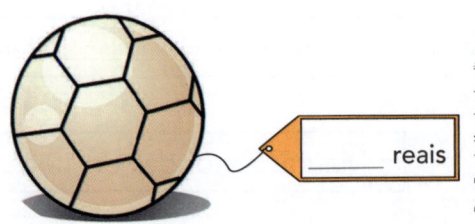

_____ reais

Dam Ferreira/Arquivo da editora

_____ comprou _____ e gastou _____.

Multiplicação: _____ × _____ = _____

Vamos ver de novo?

1 Para cada item, escreva o que mudou na região plana da direita em relação à da esquerda: a posição, a cor, o tamanho ou a forma.

a)

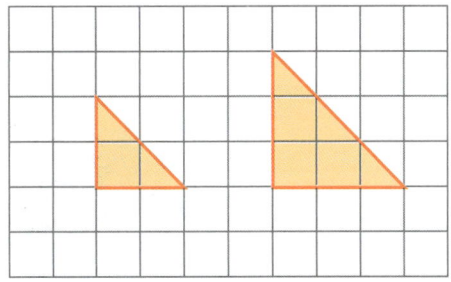

_____

b)

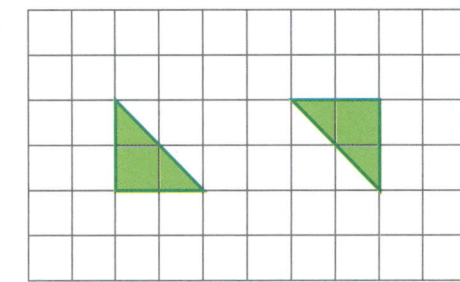

_____

c)

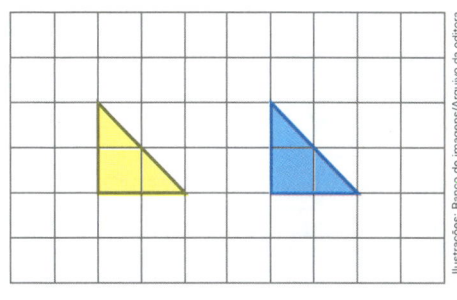

_____

d)

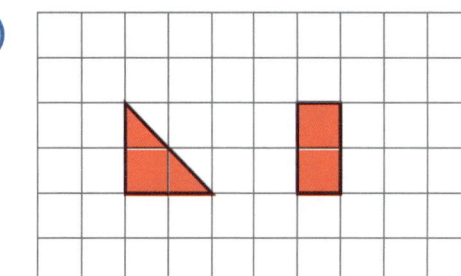

_____

2 Se você escrever o número sessenta e oito e depois trocar a posição dos algarismos, então o valor do novo número será maior ou menor? Quantas unidades a mais ou a menos? _____

3 Mariana construiu a figura ao lado com 3 regiões planas: 1 região retangular amarela, de 2 cm por 1 cm; 1 região quadrada verde, de 2 cm por 2 cm; e 1 região azul.

Desenhe e pinte as 3 regiões planas na figura e escreva a forma e as medidas de comprimento dos lados da região plana azul.

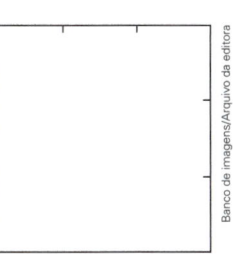

_____

4 Na turma de Laura há 24 alunos e não há nomes repetidos.

Neste mês eles vão participar dos jogos escolares de basquete e vôlei. Quem não jogar ficará na torcida organizada.

Veja no quadro o nome dos alunos que vão jogar em cada modalidade.

Basquete		Vôlei	
Marcos	Laura	Taís	Telma
Roberto	Luísa	Cláudio	Roberto
Sara	Róger	Luísa	Carla
Taís	Vera	Tânia	Sônia
Jorge		Ênio	Marcos

a) Quantos alunos vão participar do basquete? _____

b) Quantos alunos vão participar do vôlei? _____

c) Quantos alunos vão participar do basquete e do vôlei? _____

d) Quantos alunos vão participar só do basquete? _____

e) Quantos alunos vão participar só do vôlei? _____

f) Quantos alunos vão participar da torcida organizada? _____

g) Complete no gráfico de barras quantos alunos vão participar só do basquete (**B**), só do vôlei (**V**), das 2 modalidades (**BV**) e da torcida organizada (**TO**).

Gráfico elaborado para fins didáticos.

O que estudamos

Vimos as ideias associadas à multiplicação.

- Adição de quantidades iguais.
- Disposição retangular.
- Cálculo do número de possibilidades.

Retomamos as tabuadas do 2, do 3, do 4 e do 5.
Depois, construímos as tabuadas do 6, do 7, do 8 e do 9.

Vimos algoritmos da multiplicação sem reagrupamento e com reagrupamento.

- Algoritmo usual.

$$
\begin{array}{r}
2\,4 \\
\times\ 2 \\
\hline
4\,8
\end{array}
\qquad
\begin{array}{r}
1\,\overset{2}{1}\,4 \\
\times\ \ 5 \\
\hline
5\,7\,0
\end{array}
$$

- Algoritmo da decomposição.

$$
\begin{array}{r}
20 + 4 \\
\times\ \ \ 2 \\
\hline
40 + 8 = 48
\end{array}
\qquad
\begin{array}{r}
100 + 10 + 4 \\
\times\ \ \ \ \ \ \ \ \ 5 \\
\hline
500 + 50 + 20 = 570
\end{array}
$$

Resolvemos problemas envolvendo a multiplicação e as outras operações já estudadas.

Regina comprou 3 tigelas e 1 jarra. Cada tigela custou R$ 38,00, e a jarra custou R$ 27,00. Ela pagou com 3 notas de R$ 50,00. Quanto ela recebeu de troco? R$ 9,00

$$
\begin{array}{r}
\overset{2}{3}\,8 \\
\times\ \ 3 \\
\hline
1\,1\,4
\end{array}
\qquad
\begin{array}{r}
1\,\overset{1}{1}\,4 \\
+\ \ 2\,7 \\
\hline
1\,4\,1
\end{array}
\qquad
\begin{array}{r}
5\,0 \\
\times\ \ 3 \\
\hline
1\,5\,0
\end{array}
\qquad
\begin{array}{r}
1\,\overset{4}{5}\,\overset{1}{0} \\
-\,1\,4\,1 \\
\hline
0\,0\,9
\end{array}
$$

- Depois de resolver um problema de Matemática, você procura reler o enunciado e a resolução para verificar se resolveu o que foi pedido? Faça isso sempre!

- Você costuma comparar sua resolução com a de um colega? Essa também é uma boa maneira de revisar sua resolução e de compartilhar ideias e estratégias com os colegas.

AIC-1302

ESTACIONAMENTO

1ª HORA —— R$ **4,00**

DEMAIS HORAS —— R$ **2,00** CADA

- O que você vê nesta cena?
- Você já foi a um local como esse com alguém?
- Você acha que essa cena se passa em uma cidade grande ou pequena? Por quê? Converse com os colegas.

Para iniciar

São muitas as situações do dia a dia que envolvem conhecimentos sobre medidas das grandezas intervalo de tempo e dinheiro, assunto desta Unidade.

Na cena de abertura, por exemplo, aparecem exemplos dessas grandezas.

- Analise a cena das páginas de abertura desta Unidade. Converse com os colegas e respondam às questões a seguir.

As imagens não estão representadas em proporção.

Se uma pessoa usou o estacionamento das 10 horas às 14 horas, então quanto ela pagou?

Se uma pessoa estacionou o carro por 3 horas e pagou com 1 nota de 20 reais, então quanto ela recebeu de troco?

Se a cena se passa no período da tarde, então como um relógio digital marcaria o horário indicado?

Em que situação uma pessoa vai pagar R$ 6,00 para usar esse estacionamento?

- Converse com os colegas sobre mais estas questões.

a) Quais unidades de medida de intervalo de tempo você conhece? Cite 3 delas.

b) Quais destas quantias é possível obter usando apenas notas de 2 reais?

R$ 7,00	R$ 15,00
R$ 12,00	R$ 32,00
R$ 18,00	R$ 41,00

c) Quantos minutos tem 1 hora? E meia hora?

d) Quais são as possíveis maneiras de se obter R$ 10,00 só com notas?

Medida de intervalo de tempo

Um pouco de história

Os primeiros seres humanos que sentiram a necessidade de medir o tempo usavam maneiras diferentes das usadas atualmente.

Eles observavam, por exemplo, a posição do Sol ou a posição e o tamanho da sombra que uma vareta (chamada gnômon) fazia no chão. Observavam também as mudanças da Lua.

Aos poucos, os seres humanos foram criando outros instrumentos para medir o tempo, como o relógio de areia (ampulheta) e o relógio de sol.

Ampulheta.

Relógio de sol.

As imagens não estão representadas em proporção.

Hoje, com as novas tecnologias, existem calendários digitais e diversos tipos de relógios que informam a medida do tempo com precisão.

Calendário na tela de um *tablet*.

Relógio de rua em Nova York, Estados Unidos. Foto de 2019.

Relógio digital de pulso.

PESQUISA

ATIVIDADE ORAL

a) Pesquise sobre como funcionam a ampulheta e o relógio de sol. Troque ideias com os colegas sobre suas descobertas.

b) Você tem algum jogo que use uma ampulheta?

A hora e a meia hora

1 Os 2 relógios estão marcando a mesma hora exata de antes do meio-dia: 9 horas.

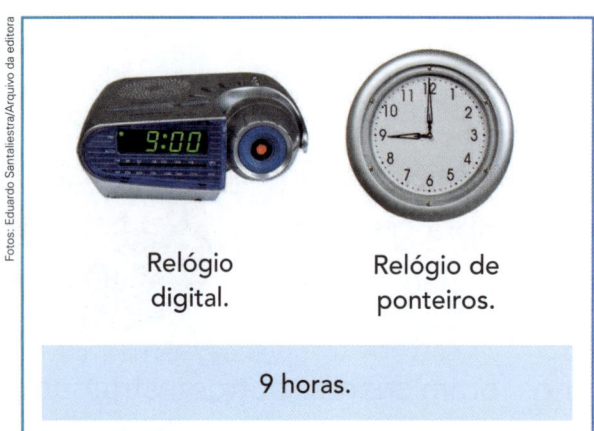

Relógio digital.

Relógio de ponteiros.

9 horas.

As imagens não estão representadas em proporção.

Para lembrar: em um relógio de ponteiros, o ponteiro pequeno marca as horas e o ponteiro grande marca os minutos.
Em um relógio digital, os números que vêm antes dos dois-pontos (:) indicam as horas, e os números que vêm depois indicam os minutos.

a) No relógio de ponteiros, em que número fica o ponteiro grande exatamente às 9 horas? _____

b) E nas demais horas exatas? _____

c) No relógio digital, o que indica que são 9 horas "em ponto" ou qualquer outra hora exata? _____

2 Agora, observe que os 2 relógios marcam 9 horas e meia da manhã, ou seja, 9 horas mais meia hora.

a) Que número representa meia hora no relógio digital? _____

b) Que número indica meia hora no relógio de ponteiros? _____

Relógio digital.

Relógio de ponteiros.

9 horas e meia ou 9 e meia.

Meia hora, uma hora, uma hora e meia, duas horas. Como marcam os relógios de ponteiros e digital? Eles marcam diferente, mas o horário é igual.

Atenção, não perca a hora! Veja se está tudo pronto. Saia meia hora antes para poder chegar em ponto!

3 Ligue os relógios de ponteiros aos relógios digitais que estão marcando o mesmo horário, todos de antes do meio-dia.

As imagens não estão representadas em proporção.

4 Que horas são? Escreva, usando números e palavras, o horário, de antes do meio-dia, mostrado em cada relógio.

a)

_____

_____

c)

_____

_____

e)

_____

_____

b)

_____

_____

d)

_____

_____

f)

_____

_____

Destaque o relógio e os ponteiros da página 45 do **Ápis divertido**. Monte o relógio com a ajuda de um adulto.

Você vai usar esse relógio em algumas atividades desta Unidade.

- Marque os seguintes horários no relógio e confira com um colega.

  a) 7 horas.

  b) 7 e meia.

  c) Meio-dia.

  d) Meio-dia e meia.

- Resolva esta situação: Em um domingo de sol, Pedrinho foi passear de bicicleta e brincar no parque do bairro onde mora. Ele saiu de casa às 9 e meia da manhã e retornou ao meio-dia. Quanto tempo ele permaneceu fora de casa? _____

_____

5 **ATIVIDADE ORAL EM GRUPO (TODA A TURMA)** Se o relógio de ponteiros tem apenas 12 números, então como são indicadas as 24 horas do dia?

6 Complete este relógio. Você vai usá-lo nas próximas atividades.

As imagens não estão representadas em proporção.

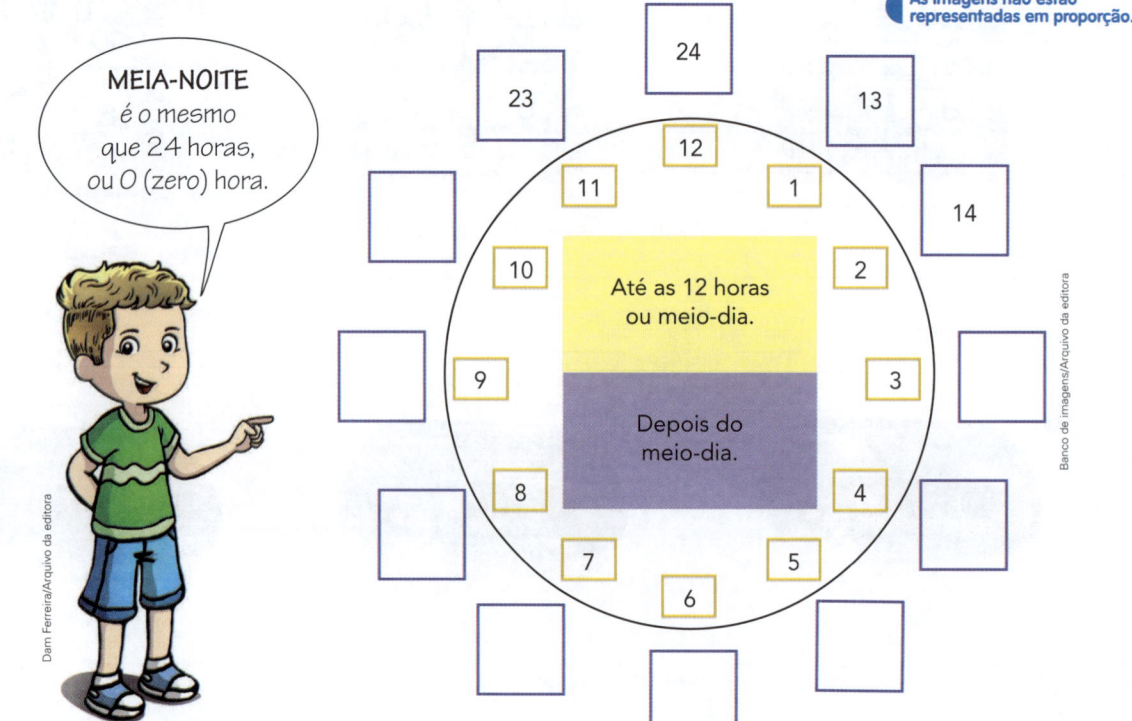

MEIA-NOITE
é o mesmo
que 24 horas,
ou 0 (zero) hora.

Até as 12 horas
ou meio-dia.

Depois do
meio-dia.

7 Veja algumas maneiras de dizer os horários do período da tarde, ou seja, **das 12 horas (meio-dia) às 18 horas**.

> Como 12 + 3 = 15, dizemos:
> 15 horas ou 3 horas da tarde ou 3 da tarde.

Agora, complete consultando o relógio da página anterior.

a) 6 horas da tarde é o mesmo que 18 horas, porque 12 + _____ = _____.

b) 17 horas é o mesmo que _____ horas da tarde ou _____ da tarde.

c) 2 horas da tarde é o mesmo que _____ horas.

d) 13 horas é o mesmo que _____.

e) 4 da tarde é o mesmo que _____.

8 Veja algumas maneiras de dizer os horários do período da noite, ou seja, **das 18 horas às 24 horas (meia-noite)**.

> Como 12 + 11 = 23, dizemos:
> 23 horas ou 11 horas da noite ou 11 da noite.

Agora, complete.

a) 21 horas é o mesmo que _____.

b) 10 horas da noite é o mesmo que _____.

c) 19 horas é o mesmo que _____.

d) 8 da noite é o mesmo que _____.

Charles M. Schulz. **Peanuts completo – diárias e dominicais:** 1950 a 1952. Porto Alegre: L&PM, 2009. p. 143.

9 ATIVIDADE ORAL EM DUPLA

a) Por que será que para as 12 horas dizemos **meio-dia**?

b) O que significa **meia-noite**?

c) Como um relógio digital marca meio-dia? E meia-noite?

Eduardo Santaliestra/Arquivo da editora

10 Rubens e seus amigos foram ao circo e se divertiram muito.

a) Veja os horários do início e do fim da sessão e desenhe os ponteiros nos relógios.

Início	Fim
18 horas.	20:30

◀ As imagens não estão representadas em proporção.

Ilustrações: Dam Ferreira/ Arquivo da editora

b) Complete: A sessão do circo durou _____.

11 Rodolfo vai almoçar.

a) Veja o que o relógio está marcando e responda: O certo é dizer **meio-dia e meio** ou **meio-dia e meia**?

_____

b) **ATIVIDADE ORAL EM GRUPO** Converse com os colegas e, juntos, justifiquem a resposta.

aaron stein/Shutterstock

Horário do almoço de Rodolfo.

12 DESAFIO

O sino de uma igreja bate nas horas exatas e nas "meias horas". Nas horas exatas, ele bate o número correspondente à hora (de 1 a 12). Nas "meias horas", ele bate 1 vez.

Responda: Quantas vezes esse sino bate das 10 horas da manhã até as 2 horas da tarde de um mesmo dia?

_____

Relógio da igreja de Notre-Dame de l'Esperance, em Cannes, França. Foto de 2015.

Nick Hawkes/Shutterstock

A hora e o minuto

1 Quer ver como os minutos são contados no relógio de ponteiros?

   a) Responda: Entre o número 12 e o número 1 do relógio há 5 intervalos.

     E entre o 1 e o 2? _____

   b) Então, quantos intervalos há entre o 12 e o 2? _____

   c) Complete os quadrinhos deste relógio com os números que faltam.

   d) Quantos intervalos há na volta toda? _____

   e) Cada intervalo do relógio representa 1 minuto. Então, 1 hora corresponde a quantos minutos? _____

   f) E meia hora? _____

Banco de imagens/Arquivo da editora

2 Vamos ler os horários. Veja o exemplo e complete os demais horários. Se precisar, consulte o relógio da atividade anterior.

As imagens não estão representadas em proporção.

9 horas e
5 minutos.

9:05

a)

_____ horas e

_____ minutos.

_____

b)

_____ horas e

_____ minutos.

_____

Fotos: Eduardo Santaliestra/Arquivo da editora

3 DESAFIO

Dois irmãos de mesmo nome vão marchando com afinco, mas um dá 60 passos enquanto o outro dá 5.

Quem são eles? _____

Dam Ferreira/Arquivo da editora

4 Escreva os horários pedidos em cada item.

a) Você entra na escola.   **b)** Você sai da escola.   **c)** Você vai jantar.

_____ : _____   _____ : _____   _____ : _____

5 Que tal aprender mais um modo de dizer os horários?

> O ponteiro pequeno, que marca as horas, ainda não chegou ao número 3, pois **faltam 25 minutos para as 3 horas!**

> Faltam 10 minutos para as 3 horas.

Fotos: Eduardo Santaliestra/Arquivo da editora

Veja mais um exemplo e escreva os horários e a maneira de ler.

a)   **b)**

Fotos: Eduardo Santaliestra/Arquivo da editora

3:40

3 h 40 min

ou

20 minutos para as

4 horas.

_____   _____

_____   _____

_____   _____

_____   _____

6 **PROBLEMA**

Uma partida de futebol começou às 16 horas.

O primeiro tempo teve 5 minutos de acréscimo além dos 45 minutos normais. O intervalo durou 20 minutos. O segundo tempo durou 45 minutos mais 3 minutos de acréscimo.

Complete com os horários e as medidas de tempo.

16:00			
Início da partida.	Fim do 1º tempo.	Início do 2º tempo.	Fim da partida.

+ _____ minutos   + _____ minutos   + _____ minutos

7 Lúcio vai à escola no período da manhã.

Estes relógios estão marcando o horário de alguns momentos de um dia de aula.

a) Registre o horário de cada momento do dia.

- Lúcio se levanta. _____

- Início das aulas. _____

- Intervalo das aulas. _____

- Fim das aulas. _____

b) Agora, marque o horário desses momentos de um de seus dias de aula.

| Você se levanta. | Início das aulas. | Intervalo das aulas. | Fim das aulas. |

8 Enquanto Pedrinho e seus colegas faziam um trabalho da escola, o pai dele resolveu fazer um bolo. Ele começou às 14 h 20 min, demorou 20 minutos para preparar a massa, 30 minutos para assar o bolo e serviu o bolo para as crianças 1 h e 15 min depois de ele estar pronto.

Identifique nas cenas o horário e quanto tempo ele demorou entre cada um desses momentos.

As imagens não estão representadas em proporção.

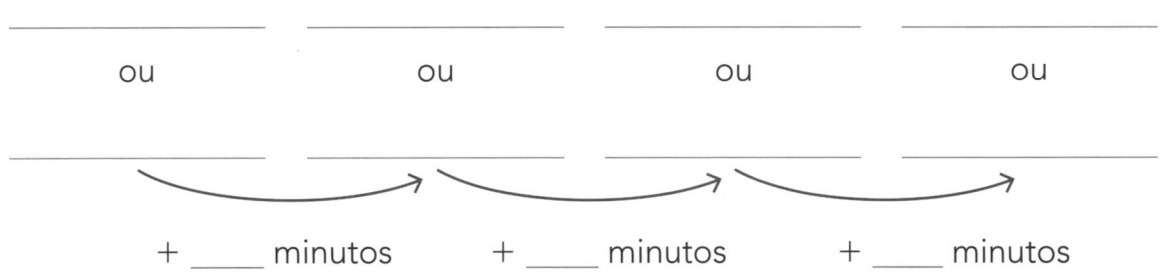

| Começou a fazer o bolo. | Colocou o bolo para assar. | Tirou o bolo do forno. | Serviu o bolo para as crianças. |

_____ ou _____

_____ ou _____

_____ ou _____

_____ ou _____

+ ____ minutos   + ____ minutos   + ____ minutos

Unidade 6

A hora, o minuto e o segundo

Pense nas respostas a estas questões.

Quanto tempo você gasta para dar 3 passos?

Quanto tempo você gasta para apertar uma campainha?

As respostas são intervalos de tempo bem menores do que 1 minuto, não é mesmo? Por isso, além da hora e do minuto, que você já viu, em algumas situações precisamos da unidade de medida de intervalo de tempo **segundo (s)**.

Para apertar uma campainha, por exemplo, você gasta 1 segundo. Para dar 3 passos você gasta cerca de 3 segundos.

▸ **As imagens não estão representadas em proporção.**

1 **LEITURA DE HORÁRIOS EM HORAS, MINUTOS E SEGUNDOS**

Veja o relógio ao lado, com 3 ponteiros: das horas (em preto), dos minutos (em azul) e dos segundos (em vermelho).

Analise-o com atenção. Ele está marcando 4 horas, 30 minutos e 10 segundos, ou 4 h 30 min 10 s.

Veja esse mesmo horário no relógio digital ao lado.

Agora, registre o horário do relógio de ponteiros de cada item.

a) De manhã.

_____ horas, _____ minutos

e _____ segundos.

_____ h _____ min _____ s

b) À noite.

_____

_____

_____

2 Agora, faça o caminho contrário. Desenhe os ponteiros marcando 20 h 5 min 30 s no relógio ao lado. Use nos ponteiros as mesmas cores dos outros relógios da página anterior.

Ilustrações: Jótah Ilustrações/Arquivo da editora

As imagens não estão representadas em proporção.

3 Você já viu que:

| 1 hora tem 60 minutos. | ou | 1 h = 60 min |

Veja agora mais uma relação e, depois, complete os itens.

| 1 minuto tem 60 segundos. | ou | 1 min = 60 s |

a) Meia hora tem _____ minutos, e meio minuto tem _____ segundos.

b) Em 2 minutos há _____ segundos, e em 1 minuto e meio há _____ segundos.

4 **ATIVIDADE ORAL EM GRUPO (TODA A TURMA)** Verifique se o instrumento de medida indicado em cada caso é adequado para a situação apresentada. Justifique sua resposta.

a) Marcela pretende usar uma **ampulheta** para saber quantos minutos ela demora para ir de casa até a escola.

b) Cassiane pegou um **relógio digital** para saber quantos batimentos o seu coração dá em 30 segundos.

c) Tadeu quer saber quantos dias faltam para seu aniversário olhando um **relógio de ponteiros**.

Saiba mais

O corredor jamaicano Usain Bolt corre a distância de 100 metros em um tempo entre 9 e 10 segundos. Imagine essas medidas de distância e de tempo para ter ideia da velocidade dele!

Shaun Botterill/Getty Images

Fonte de consulta: **Bolt sobra na semifinal dos 100 m e está a um passo de fazer história no Rio 2016**. Disponível em: <http://www.espn.com.br/noticia/622442_bolt-sobra-na-semifinal-dos-100m-e-esta-a-um-passo-de-fazer-historia-no-rio-2016>. Acesso em: 12 maio 2020.

Usain Bolt na prova dos 100 metros rasos, nos Jogos Olímpicos de 2016, no Rio de Janeiro. Foto de 2016.

O dia e a semana

Representação artística em cores fantasia.

1 Complete. Depois, confira com um colega.

a) O dia e a semana são unidades de medida de intervalo

_____ .

b) 1 dia tem _____ horas. É a medida do intervalo de tempo que a Terra demora para dar um giro completo ao redor de si mesma (movimento de **rotação** da Terra).

c) 1 semana tem _____ dias. De 7 em 7 dias, a Lua muda de fase. As 4 fases da Lua são:

Nova. \qquad Crescente. \qquad _____ \qquad _____

As imagens não estão representadas em proporção.

2 Complete.

A semana	
1º dia	Domingo
2º dia	Segunda-feira

DOMINGO

1º dia da semana

3 Complete com o dia da semana.

a) Hoje é _____ , então ontem foi _____

e amanhã será _____ .

b) Se hoje fosse domingo, então depois de amanhã seria _____

e antes de ontem teria sido _____ .

O mês e o ano

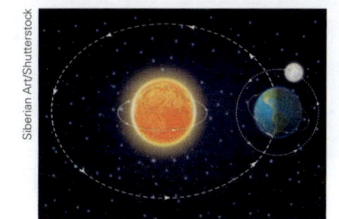

Representação artística sem escala e em cores fantasia.

1 Complete.

a) O mês e o ano são unidades de medida de intervalo _____.

b) 1 ano tem _____ meses.

c) 1 mês pode ter _____, _____, _____ ou _____ dias.

d) 1 ano é aproximadamente a medida do intervalo de tempo que a Terra gasta para dar uma volta ao redor do Sol (movimento de _____ da Terra).

2 **ATIVIDADE ORAL** O mês de fevereiro tem 28 dias, mas de 4 em 4 anos ele tem 1 dia a mais, o dia 29. O ano em que isso acontece é chamado **ano bissexto**.

a) Você conhece alguém que nasceu no dia 29 de fevereiro? Em que dia essa pessoa comemora o aniversário nos anos que não são bissextos?

b) Quantos dias tem um ano que não é bissexto? E um ano bissexto?

3 Complete. Consulte um calendário, se necessário.

Número do mês	Nome do mês	Número de dias do mês
1	Janeiro	31
2	Fevereiro	28 ou 29
3	Março	31

4 Observe o exemplo e complete.

$$\boxed{\text{5 de outubro de 2009} \longrightarrow \text{5/10/2009}}$$

a) 25 de novembro de 2010 ⟶ _____ /_____ /_____

b) 19 de setembro de 2016 ⟶ _____ /_____ /_____

c) 27 de fevereiro de 2021 ⟶ _____ /_____ /_____

5 **ATIVIDADE ORAL** O dia 25 de dezembro de 2020 caiu em uma sexta-feira.

a) Em qual dia da semana caiu o dia 20 de dezembro de 2020? E o dia 1º de janeiro de 2021?

b) Por que o dia 25 de dezembro de qualquer ano e o primeiro dia do ano seguinte caem no mesmo dia da semana?

6 O alimento que compramos deve sempre trazer informações que permitam saber a data em que foi fabricado e o prazo de validade ou a data de vencimento dele.

Veja alguns exemplos. Suponha que todas as datas que aparecem se refiram ao mesmo ano.

As imagens não estão representadas em proporção.

Queijo.

Andrea Raia/Shutterstock

Fabricado em 12/4.
Válido até 12/10.

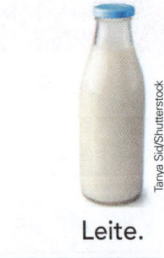

Leite.

Tanya Sid/Shutterstock

Fabricado em 21/11.
Validade: 2 dias.

Suco natural.

Malosee Dolo/Shutterstock

Fabricado em 29/9.
Consumir em 4 dias.

a) A validade do queijo é de quantos meses? _____

b) No dia 4/10, o suco estará com a data de validade vencida? _____

c) Qual é a data de vencimento do leite? _____

d) Se o queijo fosse fabricado em 20/6, então qual seria a data de vencimento dele? _____

e) **ATIVIDADE ORAL** Por que é importante verificar a data de validade dos alimentos que compramos? Como devemos agir quando verificamos que a data de validade está vencida em um produto que queremos comprar?

Dinheiro

Um pouco de história

Na história da humanidade, as compras e as vendas nem sempre foram feitas como atualmente. Antes de o dinheiro ser inventado, as pessoas trocavam coisas, por exemplo, uma saca de sal por uma galinha.

Dam Ferreira/Arquivo da editora

Mas as trocas entre os povos mudaram. O metal começou a ser usado como moeda. Além de não estragar, ele era fácil de carregar.

Atualmente, cada país ou conjunto de países tem uma unidade monetária. Por exemplo: em vários países da Europa, usa-se o **euro**; nos Estados Unidos, usa-se o **dólar**; na Argentina, usa-se o **peso**.

No Brasil, a unidade monetária é o **real**. Veja as notas e moedas que usamos.

◖ **As imagens não estão representadas em proporção.**

Reprodução/Casa da Moeda do Brasil/Ministério da Fazenda

100 reais.

50 reais.

20 reais.

10 reais.

5 reais.

2 reais.

1 real.

50 centavos.

25 centavos.

10 centavos.

5 centavos.

1 centavo.

PESQUISA

ATIVIDADE ORAL Pesquise para responder às questões e, depois, converse com os colegas.

a) A unidade monetária do Brasil sempre foi o real?

b) Que outras unidades monetárias já foram usadas?

c) Como fazemos para indicar o preço de produtos que custam menos de 1 real?

d) Que produtos custam menos de 1 real?

Atividades e problemas que envolvem dinheiro

1 Veja como representamos com símbolos as quantias correspondentes às notas e às moedas abaixo.

100 reais.
R$ 100,00

5 reais.
R$ 5,00

10 centavos.
R$ 0,10

5 centavos.
R$ 0,05

Represente dessa maneira as quantias referentes às notas e às moedas que usamos atualmente no Brasil, vistas na página anterior.

100 reais: R$ _____   5 reais: _____   25 centavos: _____

50 reais: R$ _____   2 reais: _____   10 centavos: _____

20 reais: _____   1 real: _____   5 centavos: _____

10 reais: _____   50 centavos: _____   1 centavo: _____

2 Renata está contando as moedas dela.

a) Veja e complete como ela faz: começa com a moeda de valor maior e vai adicionando, até chegar à de valor menor.

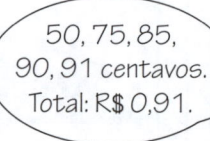
50, 75, 85, 90, 91 centavos. Total: R$ 0,91.

50 + 25 = _____   _____ + 5 = _____

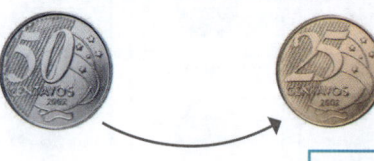

_____ + 10 = _____   _____ + 1 = _____

b) Agora, conte as moedas de cada quadro, como Renata fez, e escreva o valor total.

_____

_____

Explorar e descobrir

Em um saquinho há 3 moedas como estas. Retirando 2 delas sem olhar, há maior chance de retirar um valor maior ou menor do que 50 centavos? Use as moedas do **Ápis divertido** para representar todas as possibilidades.

3 Agora, Renata está contando notas e moedas.

As imagens não estão representadas em proporção.

5 reais, 7 reais,
7 reais e 50, 7 reais e 60,
7 reais e 65,
7 reais e 66 centavos.
Total: R$ 7,66.

Conte do mesmo modo que Renata e escreva o valor total.

_____ , _____ , _____ , _____ ,

_____ , _____ , _____ , _____ ,

_____ .

Total: _____ .

4 Conte mais estas quantias e registre o valor total.

a)

b)

_____ _____

ATIVIDADE ORAL EM GRUPO Troque ideias com os colegas sobre como obter R$ 1,00 nas seguintes situações. Use as moedas do **Ápis divertido** e, depois, registre aqui.

a) Com 2 moedas. _____

b) Com 3 moedas. _____

c) Com 4 moedas. _____

d) Com moedas de R$ 0,10. _____

5 GRÁFICO, DINHEIRO E CALCULADORA

a) Calcule quanto cada criança tem e indique a quantia. Uma já está feita. Se quiser, pode usar uma calculadora!

- Rafael tem 2 notas de R$ 10,00 e 2 notas de R$ 5,00. **R$ 30,00**

- Antônio tinha R$ 19,00 e ganhou R$ 16,00. R$ _____

- Mara tinha R$ 42,00 e gastou R$ 17,00. R$ _____

b) Agora, complete o gráfico ao lado com a quantia que cada criança tem. Em seguida, escreva abaixo as 3 quantias, em ordem decrescente.

_____,

_____,

_____.

Quantia das crianças

Valor em reais

30

10
5
0

R A M Criança

Gráfico elaborado para fins didáticos.

6 Augusto deu 2 das notas ao lado para Marina e 4 notas para Rute. As duas receberam a mesma quantia de Augusto. Indique como foi feita a distribuição das notas.

Marina: _____ e _____.

Rute: _____, _____, _____ e _____.

Compras na Lojinha Ápis

Inicialmente os participantes devem destacar os materiais indicados no quadro ao lado. Em seguida, devem montar os peões e o dado com a ajuda de um adulto. Depois, devem colocar os peões na entrada da lojinha e separar as cartas dos produtos em um montinho, ao lado do tabuleiro.

Material

Todos os materiais estão no **Ápis divertido**.

- tabuleiro da lojinha na página 47
- cartas dos produtos da lojinha nas páginas 49 e 51
- peões e dado na página 53
- fichas de compra na página 55

A cada rodada, um jogador lança o dado e avança o número de casas indicado. Se ele chegar a uma casa que indica um produto, então deve pegar a carta correspondente do montinho. Se chegar a uma casa em que não haja nenhum produto ou a uma casa cujo produto indicado já tenha acabado, então deve passar a vez.

Em seguida, os jogadores devem registrar suas compras nas fichas de compra, adicionando os valores que cada um gastou.

As imagens não estão representadas em proporção.

A partida termina quando todos os jogadores tiverem chegado à saída.

Vence quem tiver gastado menos na **Lojinha Ápis**.

Ilustrações: Estúdio 22/Arquivo da editora

Mais atividades e problemas

1 **CÁLCULO MENTAL**

No domingo, Caio e Amanda foram ao cinema. Cada um gastou R$ 10,00 com o ingresso e R$ 5,00 com a pipoca.

A sessão começou às 17 horas e durou 1 hora e 45 minutos.

a) Quanto cada um gastou? _____

b) Quanto os dois gastaram juntos? _____

c) Em que horário terminou a sessão? _____

2 **ATIVIDADE EM DUPLA** Marcelo tem 2 notas de R$ 20,00. Paula tem 1 nota de R$ 50,00. Invente em uma folha de papel sulfite uma pergunta usando essas informações e dê para um colega responder. Você responde à pergunta dele.

3 **ATIVIDADE ORAL EM GRUPO (TODA A TURMA)** A eletricidade chegou ao Brasil há mais de 100 anos. Com ela, os brinquedos e a maneira de as crianças se divertirem mudaram. Atualmente, a televisão e os jogos eletrônicos, por exemplo, passaram a ser uma forma de lazer.

a) Deem exemplos de brinquedos que usam bateria ou energia elétrica.

b) Vocês costumam assistir à televisão ou brincar com jogos eletrônicos durante quantas horas diariamente?

c) Conversem com os colegas e proponham uma brincadeira divertida para substituir algumas horas em que vocês assistem à televisão ou brincam com jogos eletrônicos. Depois, em uma folha de papel sulfite, faça um desenho que mostre você e um colega brincando.

4 Leonardo chegou da escola ao **meio-dia e meia**. Ele almoçou e descansou até as **2 horas e 20 minutos da tarde**. Depois ele estudou durante 1 hora e 20 minutos e, em seguida, fez uma pausa para o lanche.

a) Escreva os horários que estão em destaque no texto.

_____ _____

b) Em que horário Leonardo lanchou?

_____

5 VIAJANDO PELO BRASIL

a) Karina embarcou em um avião que saiu às 15 horas de Teresina (Piauí) e chegou a São Paulo (São Paulo) 3 horas depois.

Desenhe os ponteiros nos relógios analógicos e escreva os números nos relógios digitais para indicar os horários de saída e chegada de Karina.

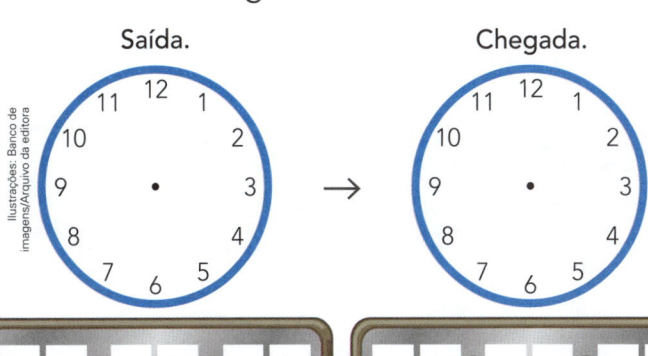

Mapa do Brasil

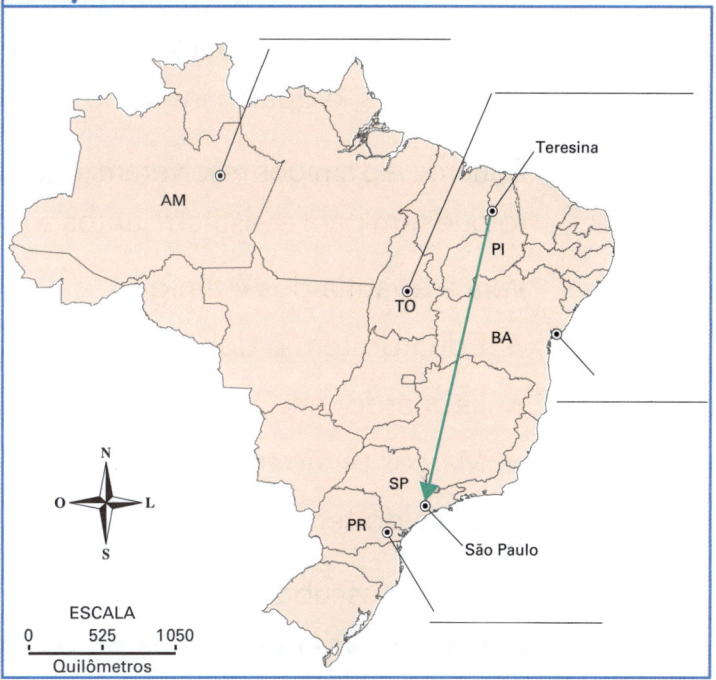

ESCALA
0 — 525 — 1050
Quilômetros

Fonte de consulta: **Atlas geográfico escolar**. 7. ed. Rio de Janeiro: IBGE, 2016.

As imagens não estão representadas em proporção.

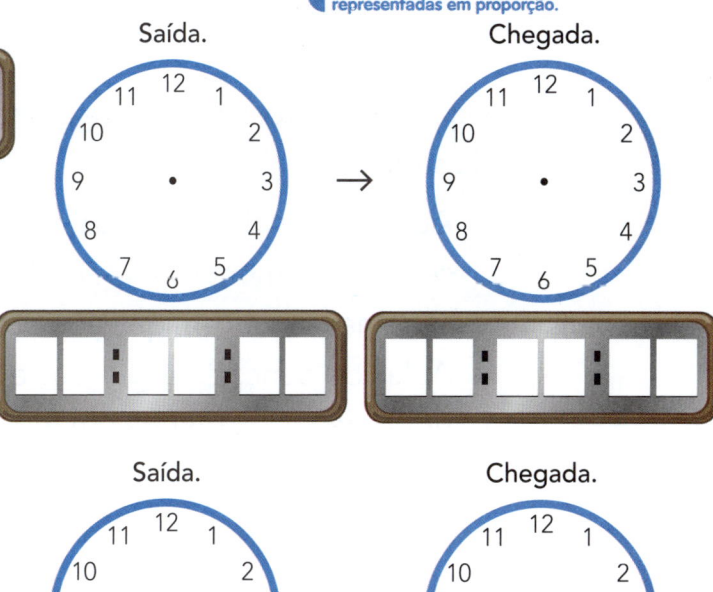

b) Marcos saiu de Palmas (Tocantins) e chegou às 8 e meia em Salvador (Bahia). A viagem durou 1 hora.

Registre nos relógios ao lado este caso.

c) Pedro saiu de Curitiba (Paraná) às 11 horas e chegou a Manaus (Amazonas) às 15 horas.

Registre nos relógios ao lado e complete:

A viagem de Pedro durou

_____.

d) Observe no mapa acima a indicação do roteiro de Karina, em verde. Localize as outras 4 capitais citadas nesta atividade, escreva o nome delas e trace os roteiros de Marcos (em azul) e de Pedro (em marrom).

6 O ingresso de uma peça teatral custa 25 reais por pessoa, mas, para cada 3 ingressos comprados, o quarto ingresso é gratuito.

Eduardo e 3 amigos resolveram juntar o dinheiro que têm para assistirem juntos a essa peça.

Veja a quantia dos 4 amigos.

- Eduardo tem o dobro da quantia de Leonardo.
- Leonardo tem 3 reais a menos que Osvaldo.
- Marcos tem o triplo da quantia de Osvaldo.
- Osvaldo tem 12 reais.

Calcule, descubra e responda: Eles têm dinheiro suficiente para pagar os ingressos?

_____

_____

7 Veja como Carolina organiza algumas de suas atividades da semana.

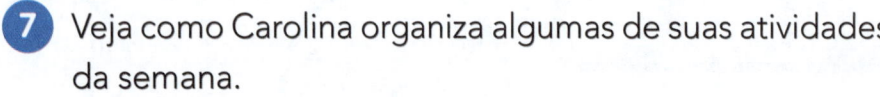

OUTUBRO						
D	S	T	Q	Q	S	S
				1	2	3
4	5	6	7	8	9	10
11	12	13	14	15	16	17
18	19	20	21	22	23	24
25	26	27	28	29	30	31

- Aulas na escola no período da manhã, de segunda a sexta-feira, menos nos feriados.
- Cinema com as amigas aos domingos.
- Aulas de dança às segundas e quintas-feiras, no período da tarde, menos em feriados.

Observe o calendário do mês de outubro e responda, considerando que ela não faltou a nenhum dos compromissos citados.

a) Quantas vezes Carolina foi ao cinema com as amigas nesse mês?

_____

b) E em quantos dias ela foi à escola? _____

c) Em quantos dias ela foi à aula de dança? _____

d) Em quais das 3 atividades citadas ela foi no dia 19? _____

e) Em quais dias desse mês ela não foi a nenhuma das 3 atividades citadas?

_____

8 Preencha a folha de calendário ao lado de acordo com o mês e o ano em que estamos e, depois, responda.

a) Em que dia cai o 2º domingo?

_____

b) Quantos dias de aula você tem neste mês? Lembre-se de verificar os feriados. _____

c) Quantas quartas-feiras há neste mês? _____

d) Que número representa este mês? Ele é par ou ímpar? _____

D	S	T	Q	Q	S	S

9 PESQUISA

Procure em um dicionário e escreva o significado das seguintes palavras.

a) Década: _____.

b) Bimestre: _____.

c) Quinzena: _____.

d) Biênio: _____.

e) Trimestre: _____.

f) Semestre: _____.

10 Responda.

a) Quais são os meses do 3º trimestre do ano? _____

b) Quantos dias há em 3 quinzenas? _____

c) Quantas décadas há em 50 anos? _____

d) Qual é o 1º mês do 2º semestre do ano? _____

e) Quantos segundos há em 3 minutos? _____

11 DESAFIO

A gincana de Matemática acontecerá em setembro. Neste ano, esse dia cai antes do 2º domingo do mês, depois do Dia da Independência, e é uma terça-feira.

Qual é o dia da gincana? _____

12 **ATIVIDADE EM DUPLA** Usem o relógio e as notas e moedas que vocês destacaram do **Ápis divertido**.

As imagens não estão representadas em proporção.

a) Desenhem como estava este relógio 1 hora e meia antes do horário marcado.

b) Se este brinquedo for pago com 1 nota de R$ 10,00, então como dar o troco com 1 nota e 2 moedas?

Brinquedo.

R$ 7,00

c) Desenhem como ficará este relógio após 3 horas e 15 minutos do horário marcado.

d) Como obter esta mesma quantia com 3 notas?

_____

e) Como obter esta mesma quantia com 5 notas, de 3 maneiras diferentes?

_____

_____

_____

_____

f) Como ficará este relógio daqui a 12 horas?

_____

_____

Vamos ver de novo?

1 LOCALIZAÇÃO

Na imagem ao lado, a região quadrada está em $(1, 5)$. O triângulo está em $(3, 1)$.

a) Indique a localização de cada figura.

- Quadrado: _____

- Círculo: _____

- Circunferência: _____

- Região triangular: _____

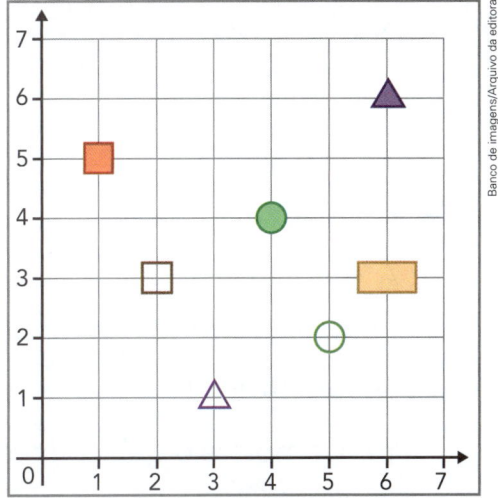

b) Como podemos localizar a figura que está em $(6, 3)$? Qual figura está nessa localização? _____

_____

2 Complete a igualdade de cada item para que os resultados sejam iguais.

a) $3 + 7 =$ _____ $+ 1$

b) $4 - 1 = 12 -$ _____

c) $8 + 11 = 20 -$ _____

d) $48 + 33 = 70 +$ _____

e) $50 - 12 = 40 -$ _____

f) _____ $+$ _____ $=$ _____ $-$ _____

3 Responda a cada pergunta com **sim** ou **não**.

a) Podemos formar um paralelepípedo usando 2 paralelepípedos iguais? _____

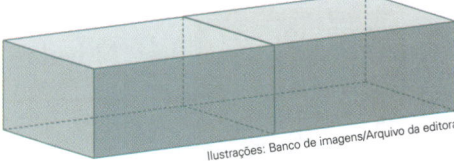

Ilustrações: Banco de imagens/Arquivo da editora

b) Podemos formar um cubo usando 2 cubos iguais? _____

c) Podemos formar um paralelepípedo usando 2 cubos iguais? _____

d) Podemos formar um cilindro usando 2 cilindros iguais? _____

e) Podemos formar um cone usando 2 cones iguais? _____

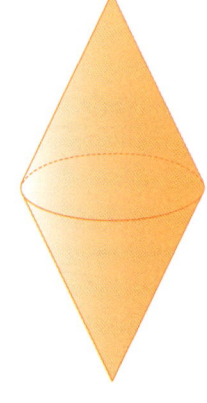

4 Desembaralhe as letras e você vai descobrir uma frase referente a uma figura geométrica. Escreva a frase e faça ao lado um desenho dessa figura.

D O O T

C E N O

O E D P

L R R O A

_____

5 **ESTATÍSTICA**

A escola de Joana promoveu uma pesquisa sobre o tipo de programa de televisão favorito das turmas do 3º ano. O resultado da pesquisa foi registrado em um gráfico.

a) Complete o gráfico com os números que faltam e depois preencha a tabela.

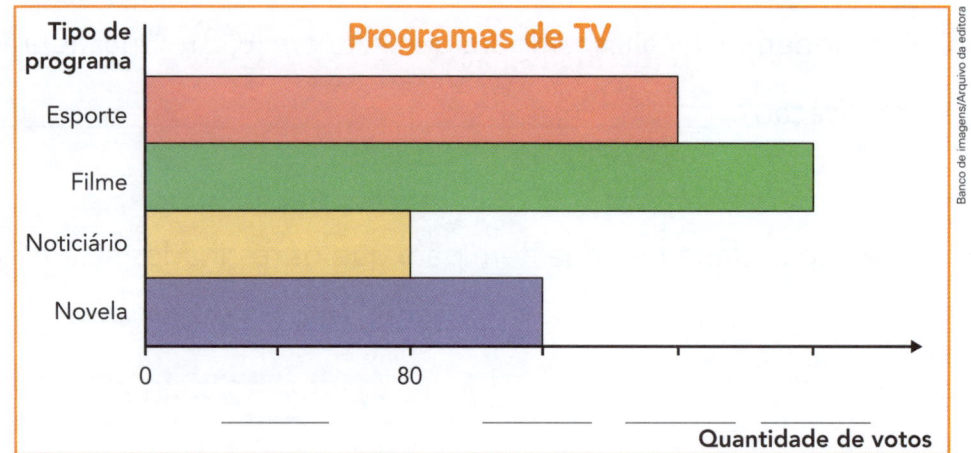

Banco de imagens/Arquivo da editora

Programas de TV

Tipo de programa	Novela	Noticiário	Filme	Esporte
Quantidade de votos				

Gráfico e tabela elaborados para fins didáticos.

b) Agora, responda: Qual foi a quantidade total de votos nessa pesquisa?

_____

c) Qual foi a diferença entre a quantidade de votos do tipo de programa citado com maior frequência e o citado com menor frequência?

_____

O que estudamos

As imagens não estão representadas em proporção.

Contamos um pouco da história de como o tempo era medido antigamente até chegar aos dias atuais.

Relógio de sol.

Relógio de ponteiros.

Vimos como ler as horas exatas e as horas, os minutos e os segundos antes e depois do meio-dia.

10 h 30 min

10 e meia da manhã.

10:30

15 h

15 horas ou

3 horas da tarde

$(15 = 12 + 3)$.

15:00

Trabalhamos com o calendário, identificando dias, semanas, meses e anos.

Neste calendário vemos que:

Dezembro 2020						
D	S	T	Q	Q	S	S
		1	2	3	4	5
6	7	8	9	10	11	12
13	14	15	16	17	18	19
20	21	22	23	24	**25**	26
27	28	29	30	31		

- o ano é 2020;
- o mês é dezembro;
- o dia 12 é sábado;
- esse mês tem 31 dias.

Contamos quantias com notas e moedas do dinheiro brasileiro.

5 reais, 6 reais, 6 reais e 25,

6 reais e 30 centavos.

Total: R$ 6,30.

Resolvemos situações envolvendo as grandezas intervalo de tempo e dinheiro.

- Se uma atividade da escola começou às 9 h 40 min e durou 50 minutos, então em que horário ela terminou? Às 10 h 30 min.

- Como podemos obter R$ 2,00 com 3 moedas? Usando 1 moeda de R$ 1,00 e 2 moedas de R$ 0,50.

- Você tem feito a lição de casa quando está bem disposto? Não deixe para fazê-la quando estiver cansado ou com sono!

- Você reserva um horário para revisar em casa o que aprendeu na escola?

- O que mostram os 3 quadrinhos desta cena?
- Por que você acha que Carla colocou as flores nos vasos?
- Com um colega, desenhem 3 quadrinhos que contem uma história. Depois, mostrem para a turma.

Para iniciar

Observe como Carla organizou as flores nos vasos. Situações como esta, em que uma quantidade é repartida em partes iguais, são resolvidas com a operação de **divisão**.

Nesta Unidade vamos estudar a divisão.

● Analise a cena das páginas de abertura desta Unidade. Converse com os colegas e respondam às questões a seguir.

> Quantas eram as flores que Carla segurava no primeiro quadrinho?

> E quantos eram os vasos no segundo quadrinho?

> Quantas flores ela colocou em cada vaso no terceiro quadrinho?

> Quantas flores Carla colocaria em cada vaso se ela fosse repartir igualmente em 4 vasos?

> O que aconteceria se Carla quisesse repartir igualmente 11 flores em 3 vasos?

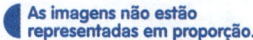
Ilustrações: Dam Ferreira/Arquivo da editora

◗ As imagens não estão representadas em proporção.

● Converse com os colegas sobre mais estas questões.

Birgit Reitz-Hofmann/ Shutterstock
Cadernos.

a) Observe o preço de cada caderno. Quantos destes cadernos podemos comprar com R$ 16,00?

R$ 8,00

b) Você sabe o significado da palavra **metade**? Cite uma situação em que ela é usada.

c) Você sabe dizer 3 divisões cujo resultado é 10?

? ÷ **?** = 10

As ideias da divisão

1 A IDEIA DE REPARTIR IGUALMENTE

Paula comprou 15 acerolas.

Ela vai reparti-las igualmente entre seus 3 sobrinhos.

Quantas acerolas cada sobrinho receberá?

Fotos: Rachel Guedes/Pulsar Imagens

Compreender

Paula tem 15 acerolas. Ela vai repartir igualmente as 15 acerolas entre seus 3 sobrinhos. A pergunta é: quantas acerolas cada um receberá?

Planejar

Você precisa repartir igualmente 15 por 3, ou seja, efetuar a divisão $15 \div 3$.

Executar

Podemos distribuir as acerolas para as crianças, de 1 em 1, até acabarem.

Responda.

a) Quantas acerolas serão distribuídas? _____

b) Entre quantos sobrinhos? _____

c) Quantas acerolas cada sobrinho receberá? _____

d) Sobrarão acerolas? _____

> Divisão correspondente: $15 \div 3 = 5$
> 15 dividido por 3 é igual a 5.

Verificar

Para conferir se a divisão está correta, fazemos uma multiplicação.

> 3 crianças com 5 acerolas cada uma.
> São 15 acerolas e não sobram acerolas.

O cálculo de $15 \div 3 = 5$ está correto, pois $3 \times 5 = 15$.

Responder

Escreva a resposta. _____

2 Considere a situação da atividade anterior.

- Quantas acerolas cada sobrinho receberia se fossem 18 acerolas para repartir igualmente entre eles? Responda.

   a) Quantas acerolas seriam distribuídas?

   _____

   b) Entre quantos sobrinhos? _____

   c) Quantas acerolas cada sobrinho receberia? _____

   d) Qual é a divisão correspondente? _____

- E quantas acerolas cada sobrinho receberia se fossem 22 acerolas? Sobrariam acerolas? Quantas? Complete.

   _____ ÷ _____ = _____ e resta _____ acerola.

   Cada sobrinho receberia _____ acerolas e sobraria _____ acerola.

Explorar e descobrir

Joana fez desenhos para descobrir o resultado de 8 ÷ 4 usando a ideia de repartir igualmente. Ela desenhou 4 quadros e foi desenhando 1 bolinha em cada quadro, até ter 8 bolinhas ao todo.

No final, ficaram 2 bolinhas em cada quadro, ou seja, 8 ÷ 4 = 2.

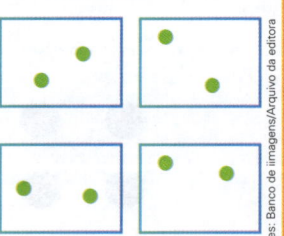

- Faça as divisões abaixo concretamente usando a ideia de repartir igualmente. Depois, faça desenhos para representar as divisões e registre-as.

   a) 9 ÷ 3 = _____   **b)** 12 ÷ 2 = _____   **c)** 20 ÷ 4 = _____

3 **A IDEIA DE MEDIDA: "QUANTOS GRUPOS PODEM SER FORMADOS?" OU "QUANTOS CABEM?"** No 2º ano **C** da escola de Marta há 20 meninos.

Eles vão formar times de basquete para um torneio, sendo cada time formado por 5 jogadores. Quantos times serão formados?

Jótah Ilustrações/Arquivo da editora

Compreender

O que você sabe: são 20 meninos e cada time é formado por 5 jogadores.

O que você quer saber: quantos times é possível formar com os 20 meninos, ou seja, **quantos grupos de 5 cabem em 20**.

◀ As imagens não estão representadas em proporção.

Planejar

Para resolver essa situação, precisamos efetuar a divisão 20 ÷ 5.

Executar

Formamos um time de 5 jogadores, depois outro time de 5, e assim por diante, até distribuir os 20 meninos nos times.

 5    5

 5    5

Complete: 20 meninos em grupos de 5 formam 4 grupos.

Então, 20 ÷ 5 = _____.

Verificar

Para verificar se acertamos a divisão, fazemos uma multiplicação.

Complete: Como 4 × 5 = _____, o cálculo está correto.

Responder

Complete: Serão formados _____ times de basquete.

Com 8 bolinhas, formando grupos de 4, obtemos 2 grupos. Logo, 8 dividido por 4 é igual a 2.

Rafael fez desenhos para efetuar $8 \div 4$ usando a ideia de medida ("Quantos cabem?").

Ele desenhou 8 bolinhas e formou grupos de 4 bolinhas.

- Faça as divisões abaixo concretamente usando a ideia de medida. Depois, desenhe para representar essas divisões e registre-as.

   a) $9 \div 3 =$ _____

   b) $12 \div 2 =$ _____

   c) $20 \div 4 =$ _____

4 **ATIVIDADE ORAL EM GRUPO** Compare a resolução das divisões do **Explorar e descobrir** desta página com a resolução da página 220.

O que elas têm de diferente?

5 Efetue a divisão $15 \div 3$ usando desenhos, de 2 maneiras diferentes.

   a) Usando a ideia de repartir igualmente.

   b) Usando a ideia de medida ("Quantos cabem?").

6 DIVISÃO USANDO A RETA NUMERADA

Podemos encontrar o resultado de uma divisão fazendo subtrações sucessivas em uma reta numerada.

a) $9 \div 3$

Quantas vezes o 3 cabe em 9? Observe a figura e complete.

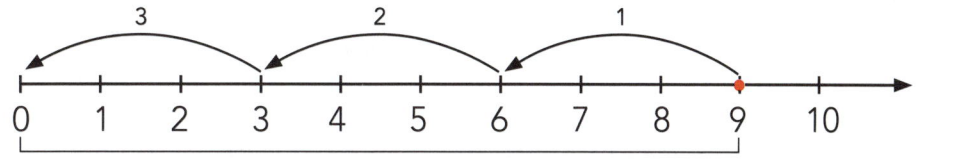

Começamos no 9 e contamos "para trás" de 3 em 3, até chegar ao 0.

Depois contamos quantas vezes subtraímos o 3: subtraímos 3 vezes o 3.

Logo, o 3 cabe _____ vezes em 9, ou seja, $9 \div 3 =$ _____.

b) $20 \div 4$

Quantos 4 cabem em 20? Faça a divisão usando a reta numerada, como no item **a**.

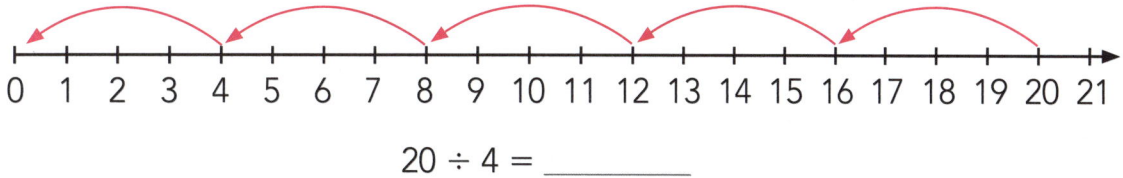

$$20 \div 4 = \underline{\qquad}$$

c) $12 \div 6$

Quantas vezes o 6 cabe no 12? Faça na reta numerada e complete a divisão.

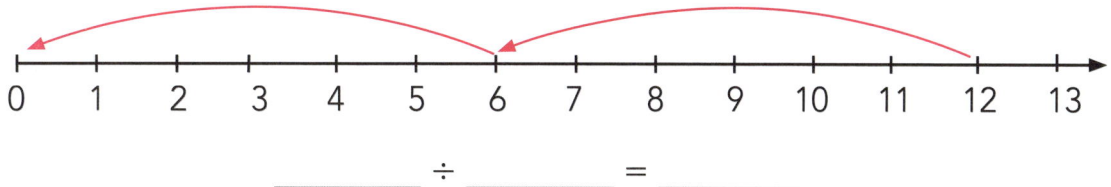

$$\underline{\qquad} \div \underline{\qquad} = \underline{\qquad}$$

d) Use a reta numerada e encontre o resultado de mais estas divisões.

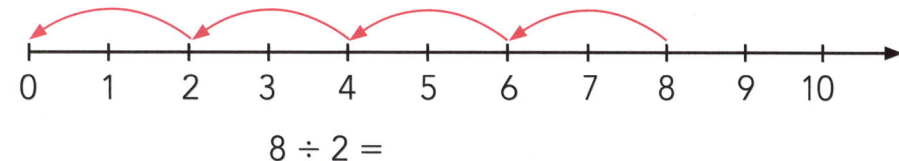

$$8 \div 2 = \underline{\qquad}$$

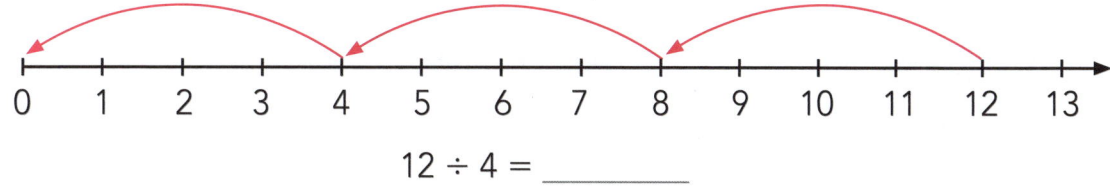

$$12 \div 4 = \underline{\qquad}$$

7 Observe os grupos de bolinhas e a reta numerada. Complete cada item e indique a divisão correspondente.

As imagens não estão representadas em proporção.

a) Com _____ bolinhas repartidas igualmente

em _____ grupos, temos _____ bolinhas

em cada grupo.

_____ ÷ _____ = _____

b) Com _____ bolinhas separadas em grupos com _____ bolinhas,

foram formados _____ grupos.

_____ ÷ _____ = _____

c) _____ cabe _____ vezes em _____ .

0 1 2 3 4 5 6 7 8 9 10 11 12 13 14 15 16 17 18 19 20 21

_____ ÷ _____ = _____

8 Rosa vendeu 18 garrafas de água e vai enviar ao comprador em embalagens como esta ao lado.

a) Quantas garrafas Rosa vendeu ao todo? _____

b) Quantas garrafas cada embalagem terá? _____

c) Quantas embalagens serão completadas? _____

d) Quantas garrafas não estarão nessas embalagens? _____

Embalagem com garrafas de água.

9 Veja o dinheiro que Lúcia tem, em notas de R$ 10,00 e moedas de R$ 1,00. Ela quer trocar tudo por notas de R$ 5,00.

Reprodução/Casa da Moeda do Brasil/Ministério da Fazenda

a) Que quantia Lúcia tem?

_____

b) Quantas notas de R$ 5,00 ela terá após a troca? _____

c) Indique a divisão: _____

10 Marta vai cortar 40 centímetros de barbante em pedaços de 5 centímetros cada um.

a) Quantos pedaços serão obtidos? _____

b) Indique a divisão correspondente: _____

11 **PROBLEMAS**

a) Repartindo igualmente R$ 21,00 entre 3 pessoas, quanto cada uma receberá? Resolva com desenhos, indique a divisão e responda.

_____

b) Carlos comprou 18 flores e montou arranjos como este ao lado. Quantos arranjos ele montou? Resolva com desenhos, indique a divisão e responda.

Arranjo de flores.

_____

c) Quantas notas de 2 reais são necessárias para se ter 14 reais? Resolva com a reta numerada, indique a divisão e responda.

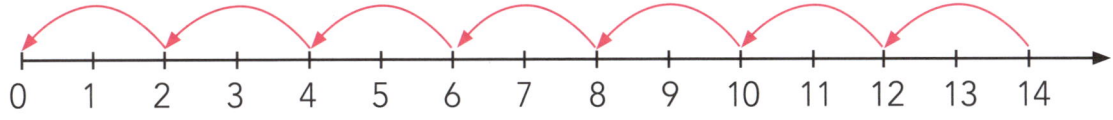

_____

Meg Curfman. Revista **Recreio**, n. 97, Abril, 17 jan. 2002. p. 42.

Unidade 7

Tecendo saberes

Economia de água

Será que prestamos atenção em nossas ações cotidianas ou, às vezes, fazemos as coisas por **hábito**, sem perceber o que estamos realizando?

Vamos analisar algumas ações cotidianas que envolvem o uso de água, como escovar os dentes. Para isso, anote no quadro abaixo as ações que você realiza todos os dias e a quantidade de vezes que essa ação é realizada.

hábito: maneira permanente ou frequente de comportar-se.

Ação realizada	Ilustração da ação	Quantidade de vezes em um dia	Estimativa do gasto de água em litros

1. Compare seu relatório com o de um colega e anote semelhanças e diferenças.

_____

_____

2. Juntos, vocês estimam gastar quantos litros de água por dia?

_____

_____

3. Você acha importante economizar água? Por quê?

_____

_____

Dicas de economia

Leia as informações abaixo e, a partir delas, descubra se suas estimativas estão próximas ou distantes do valor informado pela Sabesp.

Ao escovar os dentes com a torneira não muito aberta, durante 5 minutos, é possível gastar até 12 litros de água. Para economizar água, você deve escovar os dentes com a torneira fechada. Só depois deve abri-la e encher um copo com a quantidade necessária para enxaguar a boca.

Ao tomar banho de chuveiro, não devemos desperdiçar água e energia elétrica. Sem economizar, a cada 5 minutos de banho você gasta 45 litros de água. Uma dica para economizar água é desligar o chuveiro ao se ensaboar e ao lavar a cabeça.

Fonte de consulta: COMPANHIA DE SANEAMENTO BÁSICO DO ESTADO DE SÃO PAULO (SABESP). Disponível em: <http://site.sabesp.com.br/site/interna/Default.aspx?secaoId=184>. Acesso em: 21 abr. 2020.

Ilustrações: Dam Ferreira/Arquivo da editora

● Considere os números das informações dadas acima, calcule e responda.

a) Uma pessoa gastou 14 litros de água em 2 escovações de dentes de 5 minutos. Quantos litros de água a menos ela gastou aproximadamente em cada escovação? _____

b) Uma pessoa que não se preocupa em economizar água no banho gasta aproximadamente quantos litros de água em 10 minutos? _____

Sugestão de...
Livro
Água. Trevor Day. São Paulo: DCL, 2007.

c) ATIVIDADE ORAL Que outras atitudes podemos tomar no dia a dia para economizar água e energia elétrica?

d) Além de economizar a água do planeta, podemos economizar dinheiro. Compartilhe com os colegas e o professor as informações que você tem sobre a conta de água e energia elétrica do local onde mora. A sua família tem o costume de economizar?

e) Criem cartazes com frases como a da ilustração ao lado que possam conscientizar as pessoas de como economizar água e energia elétrica. Depois, espalhem os cartazes nos murais da escola.

Desligue quando não for usar. Vamos economizar!

Dam Ferreira/Arquivo da editora

Relacionando a divisão com a multiplicação

1 A multiplicação e a divisão são **operações inversas**.

Veja o que acontece com os números 5, 4 e 20.

$5 \times 4 = 20$ $\qquad$ $4 \times 5 = 20$ $\qquad$ $20 \div 4 = 5$ $\qquad$ $20 \div 5 = 4$

Agora, faça o mesmo com os números 2, 3 e 6.

_____ _____ _____ _____

2 A multiplicação ajuda a determinar o resultado da divisão exata. Veja um exemplo.

$$12 \div 3 = 4, \text{ pois } 4 \times 3 = 12 \text{ ou } 3 \times 4 = 12.$$

Faça como no exemplo, resolva cada divisão e justifique com uma multiplicação.

a) $42 \div 7 =$ _____ , pois _____ .

b) $72 \div 9 =$ _____ , pois _____ .

c) $18 \div 2 =$ _____ , pois _____ .

3 PROBLEMAS

a) Em um canil há 48 caixas de ração. Os cães do canil consomem 8 caixas por dia. Quantos dias vai durar essa ração?

_____

Filhote de *schnauzer* comendo ração.

b) Rosana vai distribuir igualmente 40 sabonetes em 5 caixas. Quantos sabonetes ficarão em cada caixa?

_____

c) Certa quantia foi repartida igualmente entre 6 crianças. Cada uma recebeu R$ 7,00. Que quantia foi repartida?

_____

4 Veja mais um processo para efetuar a divisão: usar a multiplicação, sua operação inversa.

Observe como Rodrigo pensou para efetuar $12 \div 4$.

4 vezes um número dá 12. Que número é esse? Ou que número vezes 4 dá 12?

$12 \div 4 = ?$

$12 \div 4 = 3$, pois

$4 \times 3 = 12$ ou $3 \times 4 = 12$.

Faça como Rodrigo, descubra o quociente e justifique com uma multiplicação.

a) $20 \div 2 =$ _____, pois _____.

b) $28 \div 7 =$ _____, pois _____.

c) $45 \div 5 =$ _____, pois _____.

5 Luana vai distribuir igualmente 24 lápis entre as primas dela e cada uma receberá 8 lápis.

Quantas são as primas de Luana? _____

6 Complete cada operação com o número correto.

a) _____ $+ 80 = 96$

e) $35 -$ _____ $= 12$

b) _____ $\times 3 = 12$

f) $6 \times$ _____ $= 18$

c) _____ $\div 2 = 10$

g) $28 \div$ _____ $= 7$

d) _____ $- 36 = 41$

h) $16 +$ _____ $= 38$

 # Divisão exata e divisão não exata

Explorar e descobrir

◀ As imagens não estão representadas em proporção.

- Alberto tem uma quitanda. Ele resolveu embalar os limões em saquinhos com meia dúzia (6) cada um. Quantos saquinhos ele vai usar para embalar 18 limões?

Meia dúzia de limões.

a) Represente concretamente os limões que Alberto vai embalar e efetue a divisão 18 ÷ 6. Depois, represente com desenhos a divisão realizada.

b) Agora, use a operação inversa e complete.

18 ÷ 6 = _____, pois _____ × _____ = _____.

Penso: Qual é o número que multiplicado por 6 dá 18? É o 3, pois 3 × 6 = 18. Faço: 18 − 18 = 0.

Alberto vai usar _____ saquinhos e não sobrarão limões (resto 0).

> Quando o **resto** de uma divisão é **0 (zero)**, dizemos que a **divisão é exata.**

- E se fossem 30 limões, então quantos saquinhos Alberto usaria para embalá-los?

a) Represente concretamente os limões que Alberto vai embalar neste caso. Depois, represente com desenhos a divisão realizada.

b) Indique a divisão correspondente e efetue-a usando a operação inversa.

_____ ÷ _____ = _____, pois _____.

c) Essa é uma divisão exata? Justifique. _____

d) Escreva a resposta.

_____

- Agora Alberto quer embalar 13 limões em saquinhos com 6 limões. Observe ao lado o que vai acontecer.

Silvio Kligin/Arquivo da editora

13 limões em saquinhos com 6 limões.

a) Represente concretamente os limões que Alberto vai embalar em mais este caso. Depois, represente com desenhos a divisão realizada.

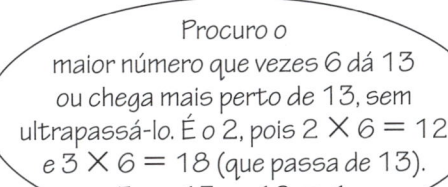

Procuro o maior número que vezes 6 dá 13 ou chega mais perto de 13, sem ultrapassá-lo. É o 2, pois 2 × 6 = 12 e 3 × 6 = 18 (que passa de 13). Faço: 13 − 12 = 1.

Dam Ferreira/Arquivo da editora

Resposta: _____

b) A verificação dessa divisão é feita assim: 2 × _____ = 12 e _____ + 1 = 13.

> **Quando o resto de uma divisão é diferente de 0 (zero), dizemos que a divisão não é exata.**

- Imagine mais estas divisões não exatas. Represente concretamente, resolva como preferir e faça a verificação.

a) $23 \div 5 =$ _____

b) $17 \div 2 =$ _____

c) $33 \div 10 =$ _____

1 PROBLEMAS

a) Judite está guardando seus livros em caixas. Em cada caixa cabem 8 livros e ela tem 48 livros para guardar. Quantas caixas ficarão cheias?

_____

b) Paulo tem 26 moedas de 1 real e vai reparti--las igualmente entre seus 3 sobrinhos.

Complete: Cada sobrinho vai receber _____ moedas e ainda vão sobrar

_____ moedas.

2 Efetue as divisões seguintes e registre o resto em cada uma.

65 ÷ 5 = _____ resto: _____	30 ÷ 7 = _____ resto: _____	750 ÷ 3 = _____ resto: _____

13 ÷ 4 = _____

resto: _____

3 Complete o enunciado de cada problema, de forma adequada, de modo que sua resolução seja feita com uma das divisões da atividade anterior. Indique a divisão considerada em cada caso.

a) Em uma classe que tem _____ alunos foram formadas equipes de _____ alunos em cada uma. Então, foram formadas _____ equipes e sobraram _____ alunos. (_____ ÷ _____ = _____ e resto _____)

b) Para obter a quantia de _____ reais só com notas de _____ reais, precisamos de _____ notas (_____ ÷ _____ = _____ e resto 0)

c) A quantia de _____ reais é o preço exato de _____ aparelhos de som iguais. Então, cada aparelho custa _____ reais (_____ ÷ 3 = 250 e resto 0)

d) Neste item você cria uma situação com a divisão que sobrou e depois confere com os colegas.

_____

_____

Algoritmo usual da divisão

1 Mara vai distribuir igualmente 69 papéis de carta entre suas primas Tânia, Flávia e Silvana. Quantos papéis de carta cada uma receberá? Para responder, precisamos efetuar a divisão 69 ÷ 3.

Veja 2 maneiras de efetuar essa divisão.

- Com o material dourado.

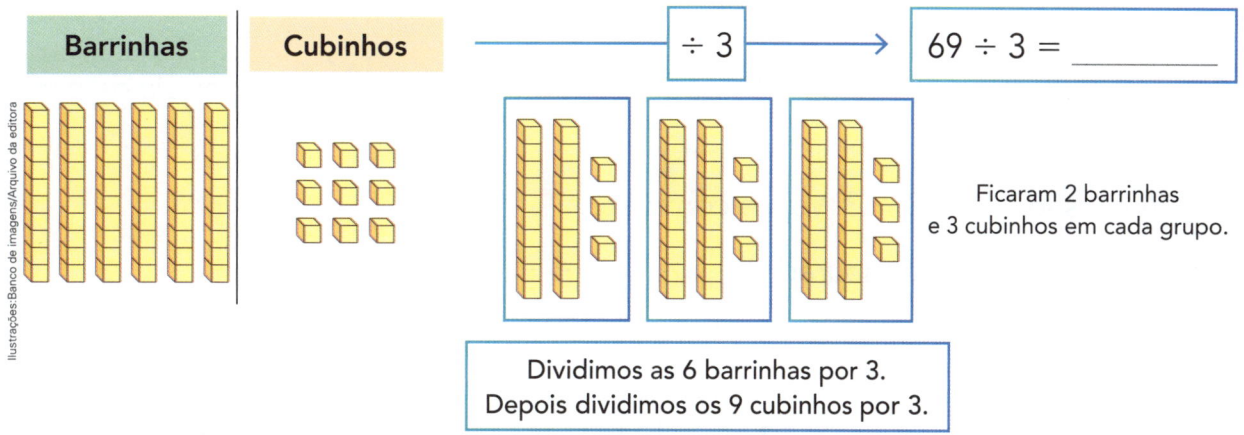

Barrinhas	Cubinhos

÷ 3 → 69 ÷ 3 = _____

Ficaram 2 barrinhas e 3 cubinhos em cada grupo.

Dividimos as 6 barrinhas por 3.
Depois dividimos os 9 cubinhos por 3.

- Pelo algoritmo usual.

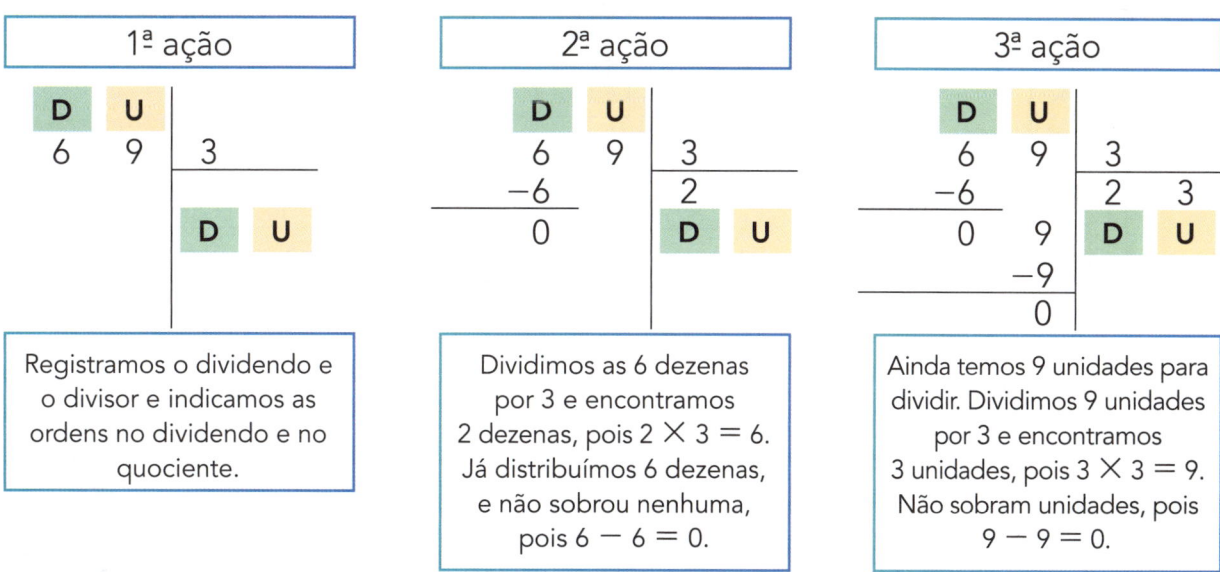

1ª ação

D	U	
6	9	3

Registramos o dividendo e o divisor e indicamos as ordens no dividendo e no quociente.

2ª ação

```
 D  U
 6  9  | 3
-6       2
 0
```

Dividimos as 6 dezenas por 3 e encontramos 2 dezenas, pois 2 × 3 = 6. Já distribuímos 6 dezenas, e não sobrou nenhuma, pois 6 − 6 = 0.

3ª ação

```
 D  U
 6  9  | 3
-6       2 3
 0  9
   -9
    0
```

Ainda temos 9 unidades para dividir. Dividimos 9 unidades por 3 e encontramos 3 unidades, pois 3 × 3 = 9. Não sobram unidades, pois 9 − 9 = 0.

a) Para verificar se a divisão está correta, multiplique 23 × 3 ou 3 × 23. O produto deve ser 69.

b) Complete a resposta: Cada prima de Mara receberá _____ papéis de carta.

Dam Ferreira/Arquivo da editora

Ilustrações:Banco de imagens/Arquivo da editora

Unidade 7

2 Efetue estas divisões e faça a verificação em todas elas.

a) 46 ÷ 2 = _____

c) 84 ÷ 4 = _____

b) 98 ÷ 3 = _____

d) 89 ÷ 2 = _____

3 Como ficaria a atividade 1 da página anterior se o número de papéis de carta fosse 73?

A divisão seria 73 ÷ 3. Veja e complete.

- Com o material dourado.

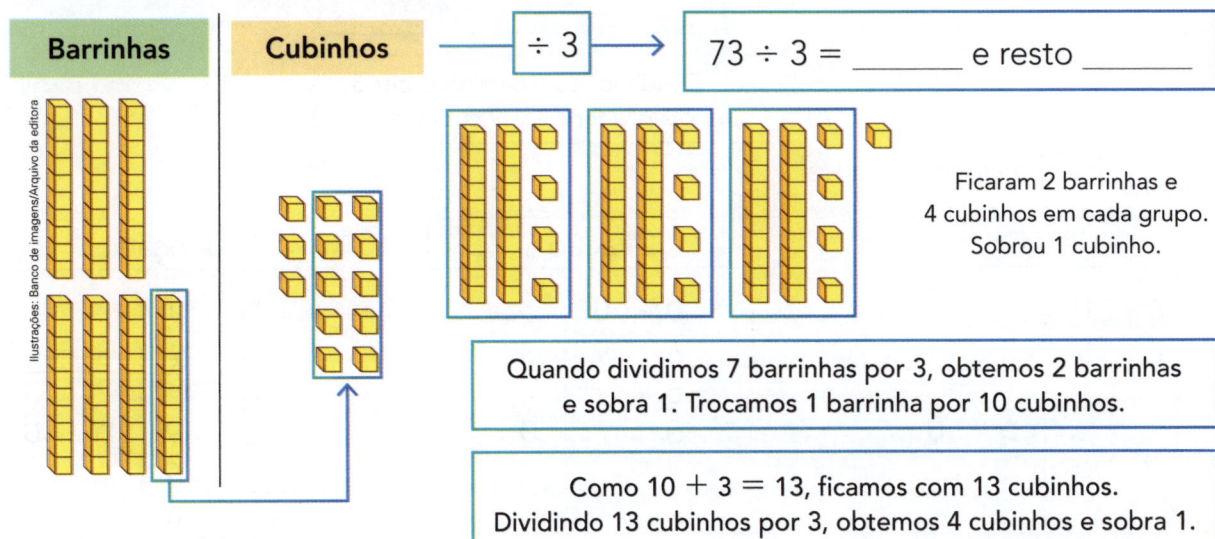

Barrinhas | Cubinhos | ÷ 3 →

73 ÷ 3 = _____ e resto _____

Ficaram 2 barrinhas e 4 cubinhos em cada grupo. Sobrou 1 cubinho.

Quando dividimos 7 barrinhas por 3, obtemos 2 barrinhas e sobra 1. Trocamos 1 barrinha por 10 cubinhos.

Como 10 + 3 = 13, ficamos com 13 cubinhos. Dividindo 13 cubinhos por 3, obtemos 4 cubinhos e sobra 1.

- Pelo algoritmo usual.

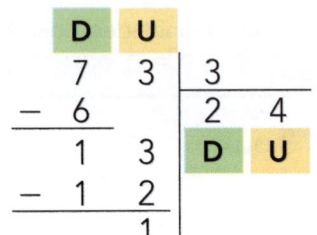

Quando divido **7 dezenas por 3**, dá 2 dezenas e sobra 1 dezena, que eu transformo em 10 unidades.

Essas 10 unidades com as 3 que já havia dão um total de 13 unidades. Dividindo **13 unidades por 3**, obtenho 4 unidades e sobra 1.

Escreva a resposta: _____

4 Resolva mais estes casos e complete.

a) Se o número de papéis de carta fosse 54, então cada prima de Mara receberia _____ papéis de carta.

b) Se o número de papéis de carta fosse 47, então cada uma receberia _____ e sobrariam _____ papéis de carta.

5 Efetue estas divisões e faça a verificação.

a) 57 ÷ 4 = _____

c) 48 ÷ 3 = _____

b) 89 ÷ 5 = _____

d) 47 ÷ 7 = _____

6 **DESAFIO**

Luísa tem 44 anos. Juntando sua idade com as de seus 2 filhos gêmeos, dá 76 anos.

Qual é a idade de cada filho? _____

Estúdio Mil/Arquivo da editora

7 Rogério vai comprar esta calça e esta camiseta e pagar de acordo com a informação da placa.

Qual será o valor de cada prestação?

_____

R$ 58,00   R$ 26,00   TUDO EM 3 PRESTAÇÕES IGUAIS

Nas divisões com dividendo de 3 algarismos, o procedimento é o mesmo. Quando necessário, trocamos **1 centena por 10 dezenas** *e* **1 dezena por 10 unidades**.

8 Na festa de Bruno havia 284 copinhos de gelatina, separados igualmente em 2 mesas. Quantos copinhos de gelatina havia em cada mesa? Para responder, você precisa efetuar a divisão 284 ÷ 2.

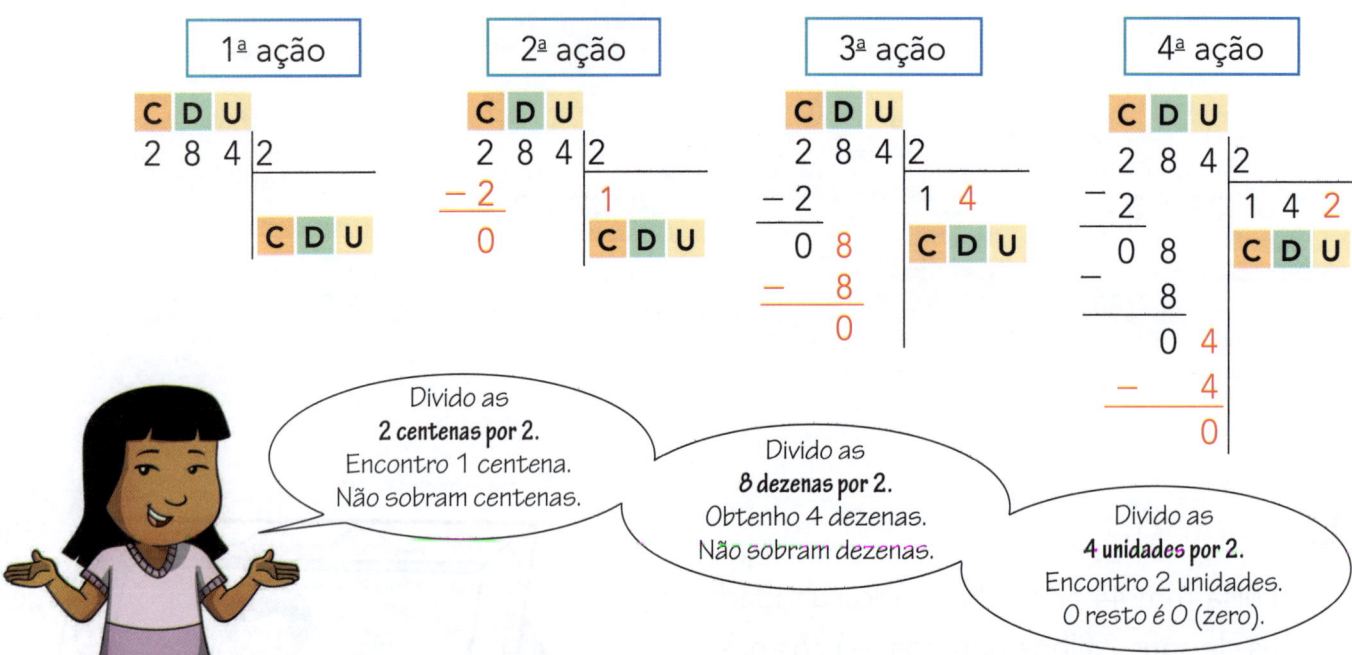

1ª ação

C	D	U
2	8	4	2

2ª ação

C	D	U
2	8	4	2

− 2
0
1

3ª ação

C	D	U
2	8	4	2

− 2
0 8
− 8
0
1 4

4ª ação

C	D	U
2	8	4	2

− 2
0 8
8
0 4
− 4
0
1 4 2

Divido as **2 centenas por 2.** *Encontro 1 centena. Não sobram centenas.*

Divido as **8 dezenas por 2.** *Obtenho 4 dezenas. Não sobram dezenas.*

Divido as **4 unidades por 2.** *Encontro 2 unidades. O resto é 0 (zero).*

a) Veja a resolução pelo algoritmo usual e reproduza as ações com o material dourado.

b) Registre a divisão. _____

c) Escreva a resposta. _____

9 Efetue mais estas divisões como quiser.

a) 848 ÷ 4 = _____

b) 390 ÷ 3 = _____

10 Gérson é feirante e quer colocar 744 cajus em caixas com meia dúzia de frutas. De quantas caixas ele vai precisar?

Quando divido **7 centenas por 6**, sobra 1 centena.
Transformo 1 centena em 10 dezenas e fico com 14 dezenas.
Quando divido **14 dezenas por 6**, sobram 2 dezenas.
Transformo 2 dezenas em 20 unidades e fico com 24 unidades.
Divido **24 unidades por 6**, obtenho 4 unidades, e o resto é 0 (zero).

Dam Ferreira/Arquivo da editora

Complete: Gérson vai precisar de _____ caixas.

11 O maestro Cláudio tem 138 alunos e quer formar 3 corais com o mesmo número de alunos. Cada coral será formado por quantos alunos?

Não posso dividir 1 centena por 3 e obter centena.
Então, divido **13 dezenas por 3**, obtenho 4 dezenas e sobra 1 dezena.
Transformo 1 dezena em 10 unidades e fico com 18 unidades.
Divido **18 unidades por 3**, obtenho 6 unidades, e o resto é 0 (zero).

Dam Ferreira/Arquivo de editora

Complete: Cada coral será formado por _____ alunos.

12 Agora, efetue mais estas divisões.

a)

C	D	U	
8	5	2	3

b)

C	D	U	
1	6	1	7

c)

C	D	U	
9	2	4	4

d)

C	D	U	
2	8	3	5

13 **RECICLAGEM DE MATERIAL**

Podemos reaproveitar as garrafas PET para diversas utilidades.

Na Unidade 5, vimos que é possível fazer 1 camiseta utilizando 2 garrafas PET de 2 litros. Também podemos fazer banquinhos reutilizando garrafas PET: são necessárias 18 garrafas iguais para fazer 1 banquinho. A turma de William quer fazer 6 banquinhos e já conseguiu juntar a metade da quantidade de garrafas necessárias para isso. Quantas garrafas eles ainda precisam juntar? _____

14 Fazendo a **divisão exata** de um número por 2, estamos calculando a metade desse número; por 3, a terça parte; por 4, a quarta parte; por 5, a quinta parte.

Calcule e indique o que se pede.

a) A metade de 76. _____

b) A terça parte de 96. _____

c) Um quarto de 28. _____

d) A quinta parte de 85. _____

15 **ATIVIDADE ORAL EM GRUPO** Converse com os colegas sobre como descobrir a décima parte de um número. Depois, calcule (use operações inversas) e complete as afirmações.

a) A décima parte do mês de junho tem _____ dias.

b) A décima parte de 1 minuto tem _____ segundos.

16 CÁLCULO MENTAL

Pense, calcule e complete.

a) A metade de R$ 30,00 é R$ _____.

b) A terça parte de R$ 30,00 é R$ _____.

c) A quinta parte de R$ 30,00 é R$ _____.

d) A terça parte da metade de R$ 30,00 é R$ _____.

17 Uma formiga está indo do formigueiro até a folha e já percorreu metade desse caminho. Use uma régua, faça as medições necessárias e indique onde está a formiga.

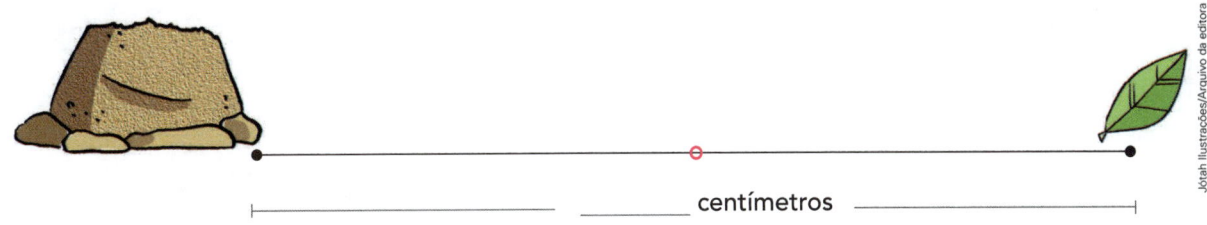

_____ centímetros

18 CÁLCULO MENTAL

Calcule e complete.

a) Meia dúzia. ⟶ _____ unidades.

b) Terça parte de 2 dúzias. ⟶ _____ unidades.

c) Meio metro. ⟶ _____ centímetros.

d) Metade dos dias do mês de abril. ⟶ _____ dias.

e) Quarta parte dos meses do ano. ⟶ _____ meses.

19 **ATIVIDADE ORAL EM DUPLA** Faça uma pergunta a um colega usando a palavra **metade**. Ele responde e você confere.

Depois, o colega faz uma pergunta usando **terça parte**. Você responde e ele confere.

_____

_____

_____

Brincando também aprendo

Busca das divisões exatas

Inicialmente, os 2 participantes decidem no par ou ímpar quem começa o jogo. Para pintar os quadrinhos do quadro de resultados, cada um deve usar um lápis de cor diferente do outro.

Em cada rodada, o jogador gira um clipe em cada roleta e efetua a divisão do número obtido na 1ª roleta pelo obtido na 2ª roleta. Se a **divisão for exata** e o resultado estiver no quadro, então o jogador pinta o quadrinho com esse resultado. Mas atenção: cada quadrinho só pode ser pintado uma vez!

Vence a partida quem conseguir pintar mais quadrinhos após 7 rodadas.

Material

- 2 roletas desta página
- 2 lápis de cores diferentes
- 2 clipes

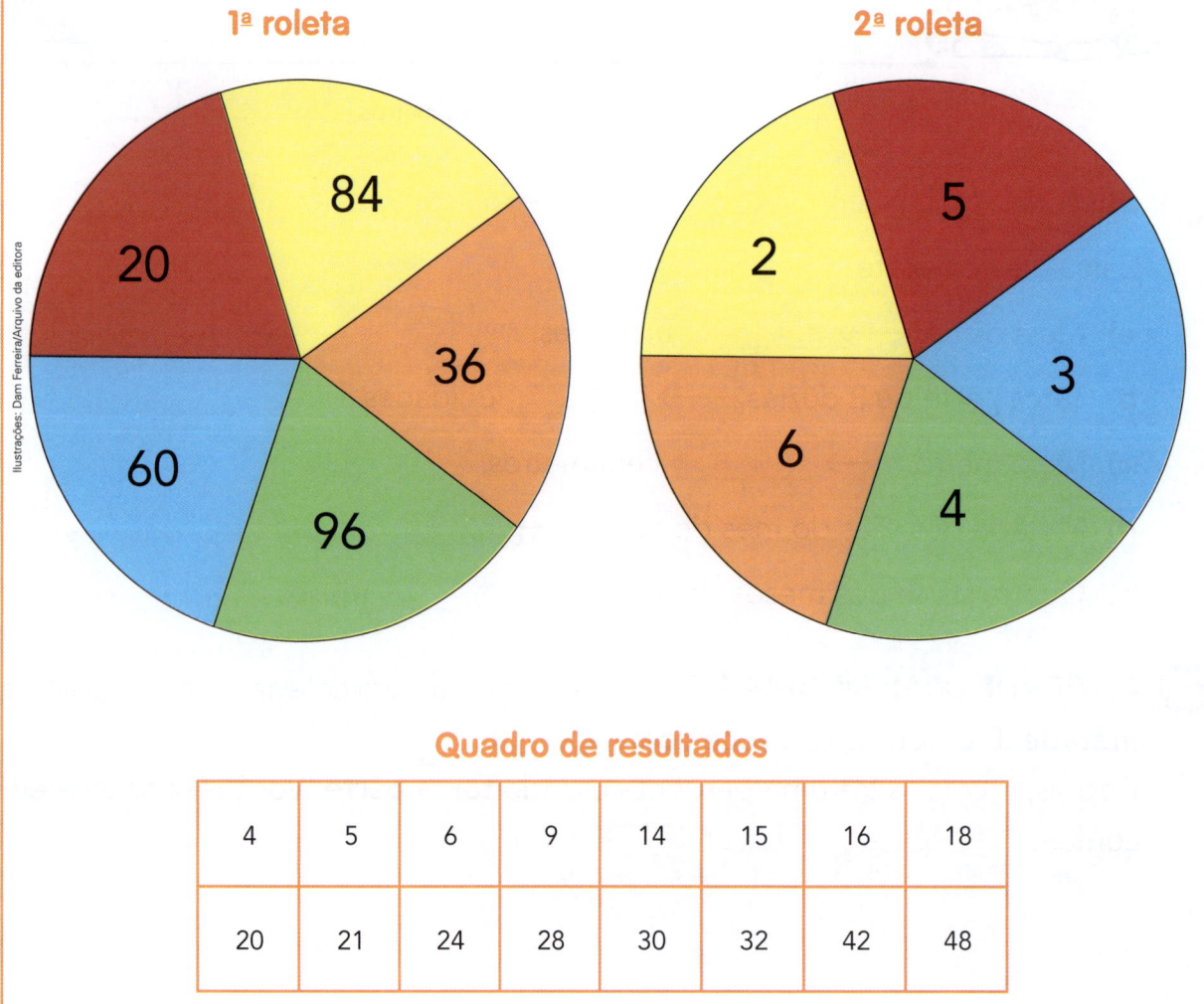

1ª roleta

2ª roleta

Ilustrações: Dam Ferreira/Arquivo da editora

Quadro de resultados

4	5	6	9	14	15	16	18
20	21	24	28	30	32	42	48

Mais atividades e problemas

Na resolução de um problema é sempre bom lembrar estas etapas.

Compreender   Planejar   Executar   Verificar   Responder

Pense em cada um desses passos para resolver os problemas a seguir.

1 Pedro vai repartir R$ 396,00 em quantias iguais para 3 funcionários. Quanto cada um vai receber?

_____

2 Denise comprou 3 tortas de mesmo preço para a festa de aniversário de sua filha. Ela pagou com 2 notas de R$ 20,00, 4 notas de R$ 5,00 e 6 notas de R$ 2,00. Não houve troco.

Quanto custou cada torta? _____

3 Em sua loja, Ana Maria tem 3 caixas com 10 sabonetes em cada uma e 8 caixas com 15 sabonetes em cada uma. Ela quer colocar esses sabonetes em caixas com meia dúzia em cada uma.

Quantas caixas ela usará? _____

4 DESAFIO

Noemi fez uma pulseira com bolinhas verdes e vermelhas. Para cada bolinha vermelha, ela usou 3 bolinhas verdes. Ao todo ela usou 20 bolinhas. Quantas bolinhas eram vermelhas e quantas eram verdes?

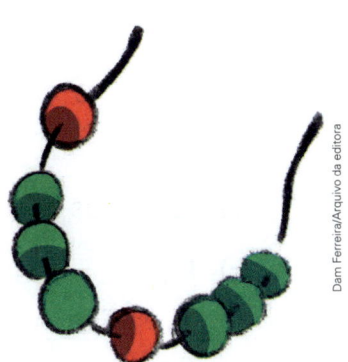

5 Os postes estão alinhados, e a distância entre cada um deles é sempre a mesma. A distância entre o 1º e o 4º postes é 54 metros.

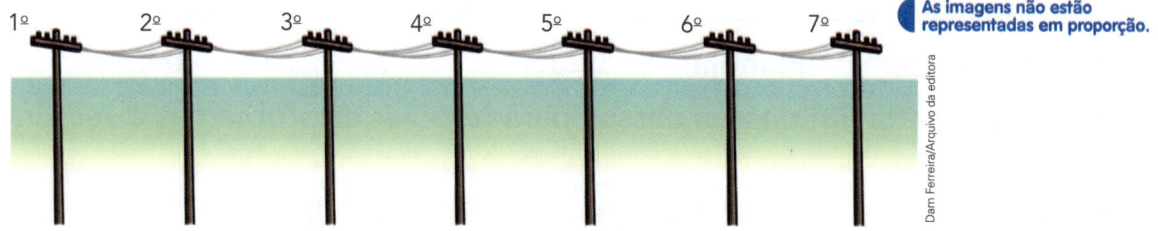

As imagens não estão representadas em proporção.

a) Qual é a distância entre o 1º e o 2º postes?

_____

b) Qual é a distância entre o 3º e o 6º postes?

_____

c) Qual é a distância entre o 1º e o 7º postes?

_____

d) Se fossem 10 postes, mantendo a mesma distância entre cada um deles, então qual seria a distância entre o 1º e o último?

_____

6 Beatriz vai pintar um painel como este abaixo, usando 2 cores: amarelo e verde. Para cada quadrinho pintado de amarelo, ela vai pintar 3 quadrinhos de verde.

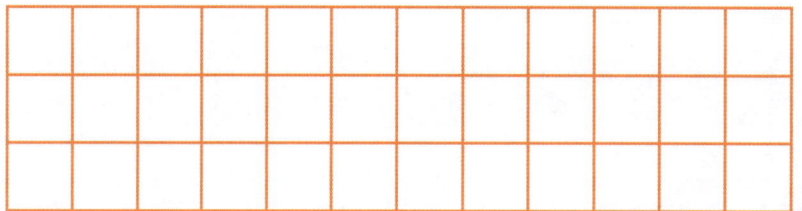

a) Quantos quadrinhos ela vai pintar de amarelo?

_____

b) Quantos quadrinhos ela vai pintar de verde? _____

c) Pinte os quadrinhos do painel. Depois, conte os quadrinhos para conferir as respostas dadas nos itens **a** e **b**.
Não se esqueça: para cada quadrinho pintado de amarelo, pinte 3 quadrinhos de verde.

7 CÁLCULO MENTAL

Em um desfile, 420 militares foram dispostos em filas com 6 militares em cada uma. Quantas filas foram formadas?

Para responder, dividimos: 420 ÷ 6 = ?
- dividendo
- quociente
- divisor

Como 42 ÷ 6 = 7, temos 420 ÷ 6 = 70.
Ou seja, foram formadas 70 filas.
Se fossem 600 militares, faríamos 600 ÷ 6 = 100, ou seja, 100 filas. Veja outros exemplos e, em seguida, complete as divisões.

Observe os zeros do dividendo e do quociente.

| 24 ÷ 4 = 6 |
| 240 ÷ 4 = 60 |

| 20 ÷ 5 = 4 |
| 200 ÷ 5 = 40 |

| 90 ÷ 3 = 30 |
| 900 ÷ 3 = 300 |

a) 12 ÷ 3 = _____

120 ÷ 3 = _____

b) 8 ÷ 2 = _____

800 ÷ 2 = _____

c) 40 ÷ 8 = _____

400 ÷ 8 = _____

8 Efetue as divisões.

a) 350 ÷ 5 = _____

b) 300 ÷ 5 = _____

c) 400 ÷ 4 = _____

d) 600 ÷ 3 = _____

e) 490 ÷ 7 = _____

f) 200 ÷ 4 = _____

g) 320 ÷ 8 = _____

h) 5 400 ÷ 6 = _____

i) 800 ÷ 4 = _____

j) 810 ÷ 9 = _____

9 Quantos grupos de 8 alunos podemos formar com 480 alunos? _____

10 Em uma estante de 7 prateleiras cabem 350 livros. Quantos livros ocuparão cada prateleira se colocarmos a mesma quantidade de livros em todas elas?

_____

Dam Ferreira/Arquivo da editora

11 ARREDONDAMENTO E RESULTADO APROXIMADO

Juntando 2 turmas de 3º ano de uma escola, temos 57 alunos.

As turmas têm, aproximadamente, a mesma quantidade de alunos. Então, cerca de quantos alunos há em cada turma?

Pensamos em um número próximo de 57 que seja fácil de dividir por 2.

$57 \div 2 \xrightarrow{\text{penso}} 60 \div 2 = 30$

Portanto, $57 \div 2$ é aproximadamente 30.

a) Complete a resposta: Há cerca de _____ alunos em cada turma.

b) Para confirmar que essa quantidade aproximada está correta, efetue a divisão $57 \div 2$.

12 Veja mais estes exemplos de arredondamento e resultado aproximado. Em seguida, faça os demais.

$42 + 59 = ?$ Penso: $40 + 60 = 100$. Portanto, $42 + 59$ é aproximadamente 100.	$188 - 61 = ?$ Penso: $190 - 60 = 130$. Portanto, $188 - 61$ é aproximadamente 130.	$397 \times 2 = ?$ Penso: $400 \times 2 = 800$. Portanto, 397×2 é aproximadamente 800.

a) $797 + 42 \rightarrow$ _____

b) $5 \times 38 \rightarrow$ _____

c) $119 \div 3 \rightarrow$ _____

d) $71 - 38 \rightarrow$ _____

e) $68 \div 7 \rightarrow$ _____

f) $399 + 298 \rightarrow$ _____

13 Se o preço de 3 bolas iguais é R$ 117,00, então qual é aproximadamente o preço de 2 bolas? _____

3 bolas por R$ 117,00.

14 ESTIMATIVA E CÁLCULO MENTAL

a) Apenas observando os 2 esquemas do item **b**, como estão apresentados, faça uma estimativa: qual deles levará ao número maior

_____

b) Calcule mentalmente, complete os quadrinhos e confira sua estimativa.

15 REDUÇÃO DE FIGURAS

Desenhe as letras abaixo reduzindo-as assim: na letra **F** e na letra **L**, reduza as medidas de comprimento à **metade**; na letra **T**, reduza as medidas de comprimento à **terça parte**.

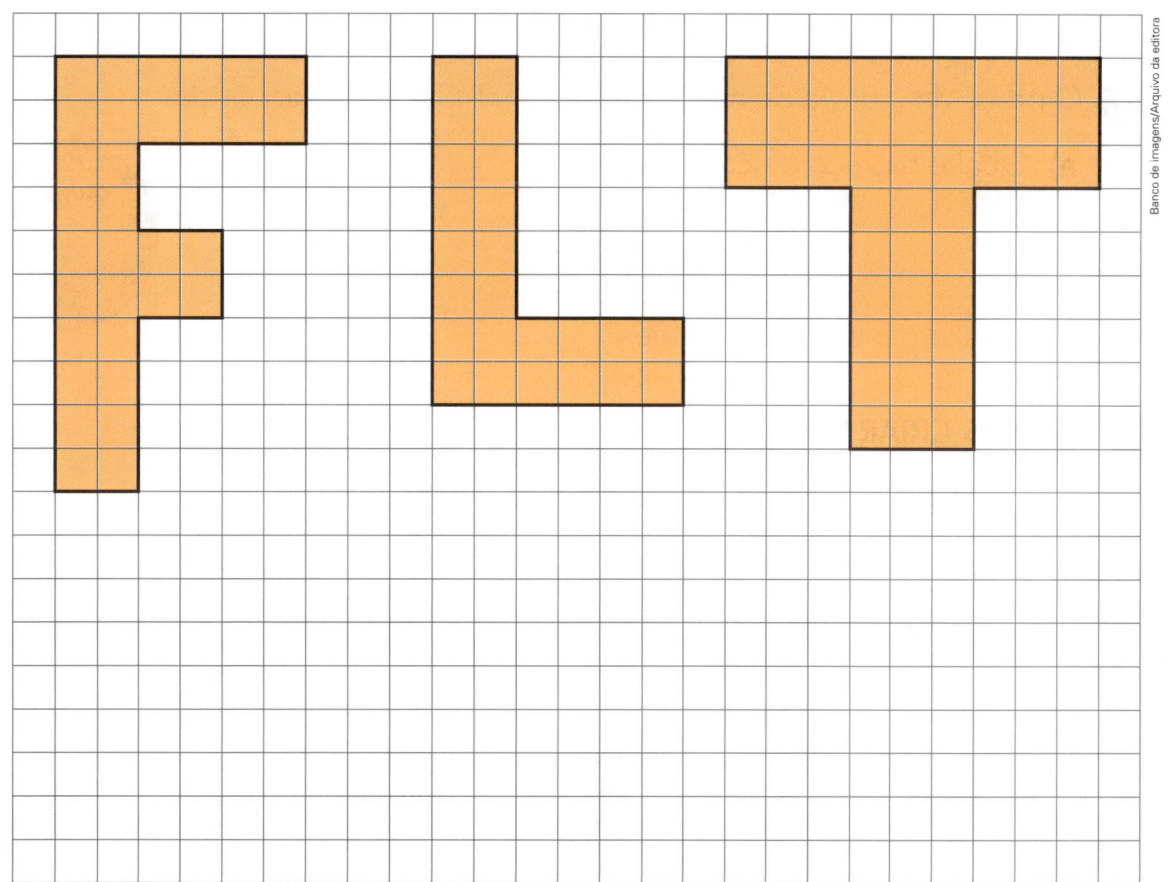

Banco de imagens/Arquivo da editora

16 Laura vai embalar 60 bombons em caixas, colocando 1 dúzia de bombons em cada caixa. Para saber de quantas caixas vai precisar, ela efetuou a divisão 60 ÷ 12, subtraindo sucessivamente o 12 do 60.

◀ **As imagens não estão representadas em proporção.**

$$
\begin{array}{ccccc}
\overset{5}{\cancel{6}}0 & 48 & 36 & 24 & 12 \\
-12 & -12 & -12 & -12 & -12 \\
\hline
48 & 36 & 24 & 12 & 0
\end{array}
$$

> 12 cabe 5 vezes em 60.
> 60 ÷ 12 = 5

Logo, ela vai precisar de 5 caixas.

Use esse método e efetue estas divisões.

a) 87 ÷ 29 = _____

c) 68 ÷ 17 = _____

b) 77 ÷ 37 = _____

17 O preço de 1 dúzia de melões é R$ 48,00. Calcule e responda.

a) Qual é o preço de cada melão? _____

b) Qual é o preço de 5 melões? _____

Melão.

18 VAMOS CRIAR DIVISÕES?

Crie divisões de acordo com o indicado em cada item.

a) Divisão exata com divisor 6 e dividendo maior do que 80.

b) Divisão não exata com dividendo 57 e resto 3.

19 **ATIVIDADE EM DUPLA** Luís distribuiu a mesada a seus filhos Paulo, Andreia e João usando estas notas. Todos receberam a mesma quantidade de notas e a mesma quantia.

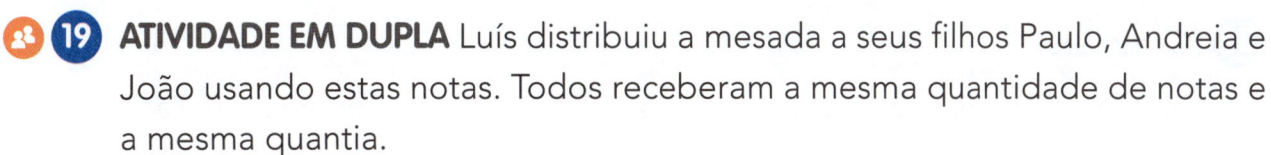

Resolvam com o dinheiro do **Ápis divertido**. Depois, cada um registra no seu livro.

a) Quantas notas cada um recebeu? E qual quantia? _____

b) Paulo ficou com a nota de R$ 50,00, Andreia ficou com 2 notas de R$ 5,00, e João ficou com todas as notas de R$ 10,00.
Preencha os espaços com o valor das notas que cada um recebeu.
Dica: vá riscando cada nota registrada.

Paulo: ☐ , ☐ , ☐ , ☐ , ☐ . João: ☐ , ☐ , ☐ , ☐ , ☐ .

Andreia: ☐ , ☐ , ☐ , ☐ , ☐ .

As imagens não estão representadas em proporção.

20 Se Marcela comprar 6 cadernos, todos de mesmo preço, então ela vai gastar R$ 75,00. Se comprar apenas 2 desses cadernos, então quanto ela vai gastar?
Dica: 2 é a terça parte de 6.

_____

2 cadernos.

21 Calcule e complete.
Uma atividade recreativa de 5 h 40 min foi dividida em 4 períodos de mesma duração. Então cada período teve _____ minutos ou

_____ h _____ min.

Unidade 7

22 Complete.

a) Vinícius pode colar 7 adesivos em cada página de um álbum. Com 89 adesivos ele pode completar da página 1 até a página _____ e ainda colar _____ adesivos na página _____.

b) Refaça o problema do item **a** trocando o número 7 por 8 ou 9 e o número 89 por um número de 3 algarismos:

Vinícius pode colar _____ adesivos em cada página de um álbum.

Com _____ adesivos ele pode completar da página 1 até a página _____ e ainda colar _____ adesivos na página _____.

23 Uma floricultura vendeu 485 rosas e 319 cravos para ornamentar uma festa.

a) Quantas rosas ela vendeu a mais do que cravos? _____

b) Qual é o total de flores que a floricultura vendeu? _____

c) Quantos arranjos com 6 flores em cada um poderão ser formados? _____

Uma flor pra ti,
uma flor pra mim.
Eu prefiro que as flores
cresçam lindas no jardim!

24 **CALCULADORA E NÚMEROS CRUZADOS**

Descubra o resultado das operações com uma calculadora e registre. Depois, preencha o quadro com os resultados das horizontais e faça a verificação usando as verticais.

Horizontais	Verticais
A 247 + 591 = _____	**D** 806 + 50 = _____
B 563 − 58 = _____	**E** 900 ÷ 3 = _____
C 2 × 300 = _____	**F** 5 × 170 = _____

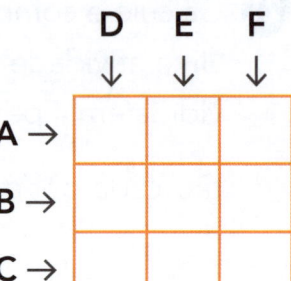

	D ↓	E ↓	F ↓
A →			
B →			
C →			

25 **DESAFIO**

O gráfico de setores ao lado está dividido em 6 partes iguais e mostra os pontos das equipes verde, laranja e amarela em uma gincana para arrecadar alimentos na escola.

Os 136 pontos da equipe amarela ocupam 2 partes do gráfico. Descubra quantos pontos cada equipe fez e complete a tabela e o gráfico.

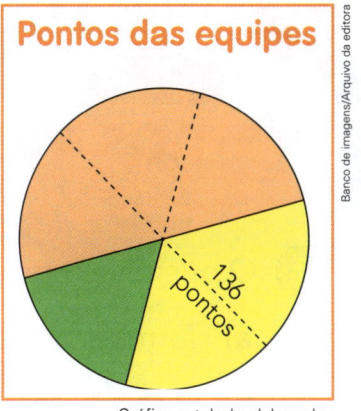

Pontos das equipes

136 pontos

Gráfico e tabela elaborados para fins didáticos.

Pontos das equipes

Equipe	Laranja	Amarela	Verde
Pontos		136	

26 Ao conferir a nota fiscal após uma compra na loja de tecidos, Agenor verificou que havia um erro.

a) Analise a nota fiscal abaixo, faça os cálculos e descubra o erro.

Quant.	Descrição	Preço unitário (R$)	Total (R$)
2 m	Linho	32,00	64,00
3 m	Lã	8,00	24,00
4 m	Algodão	13,00	52,00
		TOTAL	150,00

b) Agora, complete a nota fiscal com todos os valores corretos.

Quant.	Descrição	Preço unitário (R$)	Total (R$)
2 m	Linho	32,00	
3 m	Lã	8,00	
4 m	Algodão	13,00	
		TOTAL	

Saiba mais

Existem órgãos de defesa do consumidor, como o Procon, para proteger os consumidores de enganos ou abusos em suas compras.

Vamos ver de novo?

1 O primeiro cubo já está com o desenho completo.

   a) Termine o desenho do segundo cubo, que não está pronto.

   b) Faça o desenho do terceiro cubo com o mesmo tamanho e a mesma posição do primeiro.

   c) Desenhe o quarto cubo com tamanho menor do que os demais.

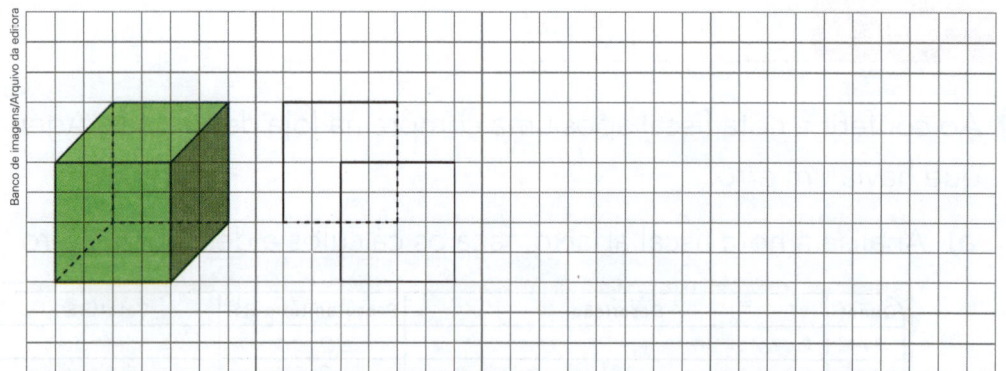

2 O sucessor de 999 é 1000 (mil), ou seja, 999 + 1 = 1000. Complete para que o resultado seja sempre 1000.

   a) 996 + _____ = 1000   **d)** 700 + _____ = 1000

   b) 900 + _____ = 1000   **e)** 10 × _____ = 1000

   c) 990 + _____ = 1000   **f)** 2 × _____ = 1000

3 Possibilidades

Mário vai pintar a casinha usando as cores amarelo, verde e **marrom**, de modo que o telhado tenha uma cor, a parede outra e a porta outra. Uma das possibilidades está desenhada abaixo.

   a) Quantas possibilidades são no total? Faça uma estimativa. _____

   b) Agora, desenhe e pinte as demais possibilidades e confira sua estimativa.

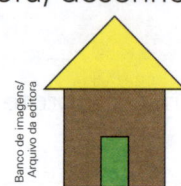

O que estudamos

Vimos as ideias associadas à divisão.

- Repartir igualmente.
Repartindo igualmente 12 lápis entre 3 crianças, cada uma ficará com 4 lápis.
$12 \div 3 = 4$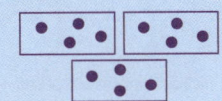

- Medida: "Quantos cabem?".
Em um grupo de 15 crianças, se formarmos equipes com 5 crianças, teremos 3 equipes.
$15 \div 5 = 3$

Analisamos estratégias para efetuar divisões exatas e não exatas.

- Com desenhos.

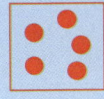

$15 \div 3 = 5$

- Usando a multiplicação.
$18 \div 9 = 2$, pois $2 \times 9 = 18$ ou $9 \times 2 = 18$.

- Fazendo subtrações sucessivas.

$$\begin{array}{r} 36 \\ -12 \\ \hline 24 \end{array} \quad \begin{array}{r} 24 \\ -12 \\ \hline 12 \end{array} \quad \begin{array}{r} 12 \\ -12 \\ \hline 0 \end{array}$$

$36 \div 12 = 3$, pois o 12 cabe 3 vezes no 36.

- Pelo algoritmo usual.

C	D	U
5	7	3

$$\begin{array}{r} \text{C D U} \\ 5\ 7\ 3 \\ -5 \\ \hline 0\ 7 \\ -5 \\ \hline 2\ 3 \\ -2\ 0 \\ \hline 0\ 3 \end{array} \begin{array}{|l} 5 \\ \hline 1\ 1\ 4 \\ \text{C D U} \end{array}$$

$573 \div 5 = 114$ e resto 3

Vimos as ideias de metade, terça parte, quarta parte, etc.

- A metade de 80 é 40, pois $80 \div 2 = 40$.

- A terça parte de 18 é 6, pois $18 \div 3 = 6$.

- A quarta parte de 20 é 5, pois $20 \div 4 = 5$.

- A quinta parte de 15 é 3, pois $15 \div 5 = 3$.

- A décima parte de 40 é 4, pois $40 \div 10 = 4$.

- Os passos de resolução dos problemas estão ajudando você?

- Você procura usar estratégias diferentes de resolução de acordo com o problema? Procure usar as estratégias mais adequadas a cada situação!

8

Grandezas e medidas: comprimento, massa e capacidade

- O que você vê nesta cena?
- Na sua sala de aula há objetos como os desta cena?

Para iniciar

As medidas aparecem em muitas situações do dia a dia. Por isso, precisamos de instrumentos de medida.

Veja quantos instrumentos de medida aparecem na cena de abertura. Você conhece todos eles? Para que cada um deles serve?

Nesta Unidade continuaremos a aprofundar nosso conhecimento sobre medidas.

- Analise a cena das páginas de abertura desta Unidade. Converse com os colegas e respondam às questões a seguir.

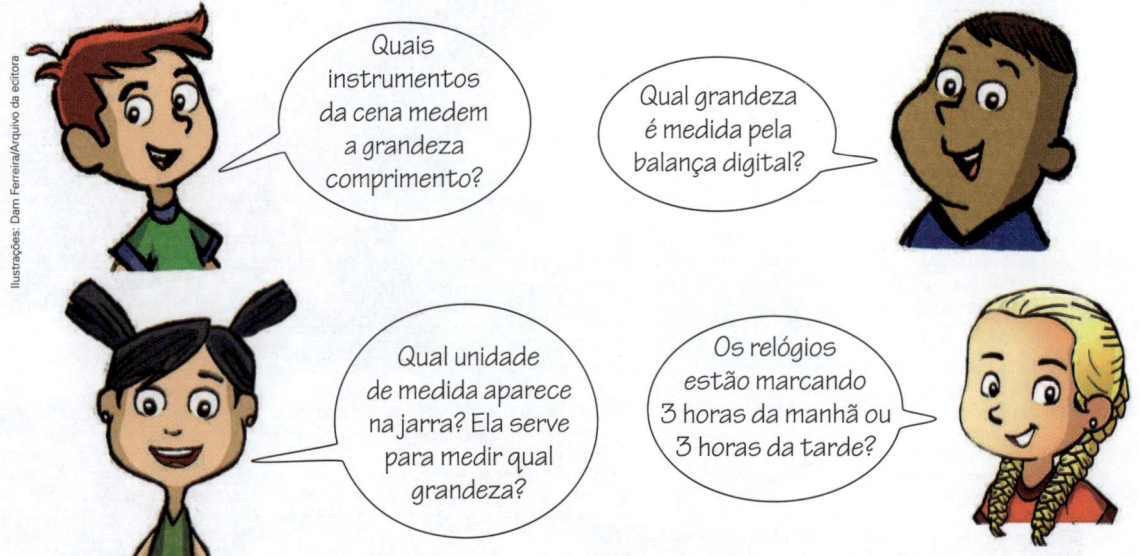

Quais instrumentos da cena medem a grandeza comprimento?

Qual grandeza é medida pela balança digital?

Qual unidade de medida aparece na jarra? Ela serve para medir qual grandeza?

Os relógios estão marcando 3 horas da manhã ou 3 horas da tarde?

- Converse com os colegas sobre mais estas questões.

   a) Qual unidade padronizada de medida é mais conveniente para completar cada frase, no lugar de ■?

   > Em um dia de aula, Marina fica na escola durante 4 ■.

   > Salete usou 1 ■ de leite para fazer um bolo.

   > O irmão de Ana nasceu com 3 ■ e meio.

   b) 1 metro tem quantos centímetros?

   c) 1 centímetro tem quantos milímetros?

   d) E 1 metro tem quantos milímetros?

   e) O dia 3/8/2020 caiu em uma segunda-feira. Quais outros dias desse mesmo mês e ano caíram em uma segunda-feira?

Medida de comprimento

Unidades não padronizadas de medida: o palmo, o pé e o passo

1 Vamos usar partes do corpo para medir!

a) Determine as medidas e complete as frases a seguir.

- Do comprimento de sua carteira: aproximadamente _____ palmos.

- Da largura da porta da sala de aula: aproximadamente _____ pés.

- Do comprimento da sala de aula: aproximadamente _____ passos.

b) **ATIVIDADE ORAL EM GRUPO** Em cada medição, os valores obtidos podem ser diferentes de uma pessoa para outra? Por quê?

2 **ESTIMATIVAS**

ATIVIDADE EM GRUPO (TODA A TURMA) Inicialmente a turma escolhe um aluno para fazer as medições. Antes que ele comece, você deve anotar suas próprias estimativas no quadro abaixo.

Depois, registre as medidas aproximadas obtidas por esse aluno e compare com as estimativas que você fez.

	Estimativa	Medida
Da largura da porta	_____ palmos.	_____ palmos.
Do comprimento da sala de aula	_____ pés.	_____ pés.
Da largura da sala de aula	_____ passos.	_____ passos.
Da largura da lousa	_____ palmos.	_____ palmos.
Do lado maior da mesa do professor	_____ pés.	_____ pés.
Da altura da carteira	_____ palmos.	_____ palmos.

3 **ATIVIDADE EM GRUPO** Um aluno propõe, outro executa, e o restante da turma confere. Por exemplo: colocar 2 objetos no chão distantes 2 passos um do outro; colocar 2 objetos sobre a mesa do professor distantes 3 palmos um do outro; etc.

Unidade padronizada de medida: o centímetro

Para medir pequenos comprimentos, podemos usar a unidade padronizada de medida chamada **centímetro (cm)**.

1 cm

1 cm

1 cm

Ilustrações: Banco de imagens/ Arquivo da editora

A régua é um instrumento usado para medir comprimentos. Por exemplo, a régua desta foto está graduada até 15 centímetros. E a medida do comprimento do lápis é 10 centímetros (10 cm).

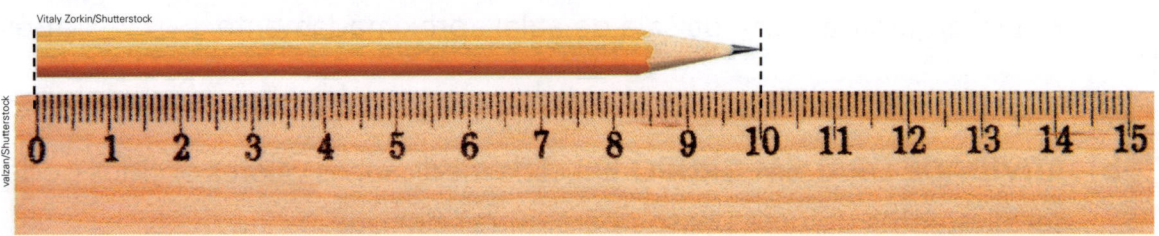

Vitaly Zorkin/Shutterstock

valzan/Shutterstock

◀ As imagens não estão representadas em proporção.

🔍 Explorar e descobrir

- Em sua casa, pegue uma folha de papel sulfite e contorne sua mão, como você vê na imagem ao lado. Deixe a mão bem aberta.

- Em seguida, pegue outra folha e, com a ajuda de outra pessoa, contorne seu pé. Leve essas folhas para a sala de aula para realizar as próximas atividades.

- Em sala de aula, estime quantos centímetros (cm) de comprimento têm seu palmo e, depois, seu pé. Registre essas estimativas ao lado dos contornos que você fez.

- Use uma régua e meça o comprimento dos desenhos que você fez de seu palmo e de seu pé. Registre as medidas também ao lado dos desenhos.

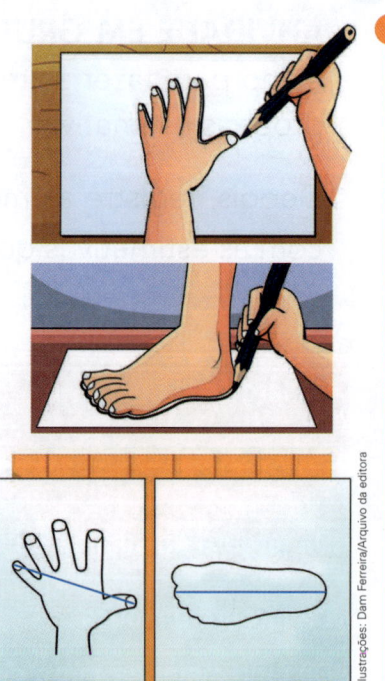

Ilustrações: Dam Ferreira/Arquivo da editora

- Agora, responda:

   a) Quantas estimativas foram boas? _____

   b) O que é mais curto: o palmo ou o pé? _____

   c) Quantos centímetros a medida de comprimento do seu pé tem a mais ou a menos do que a medida de comprimento do seu palmo? _____

1 Use uma régua, meça o comprimento das fotos, em centímetros, e registre cada medida.

a) _____ centímetros ou _____ cm

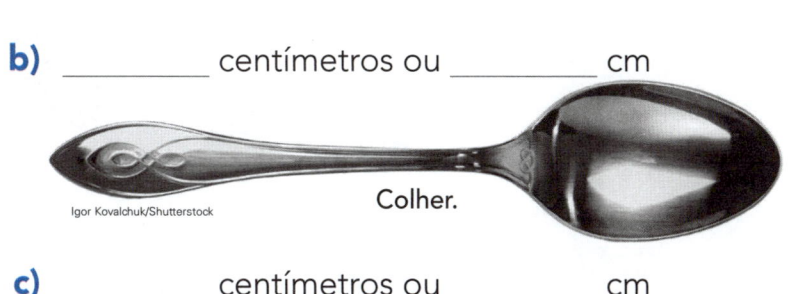

vvoe/Shutterstock

Pincel.

b) _____ centímetros ou _____ cm

Igor Kovalchuk/Shutterstock

Colher.

c) _____ centímetros ou _____ cm

urfin/Shutterstock

Lápis.

2 ATIVIDADE ORAL

a) As medidas encontradas na atividade anterior devem ser as mesmas para todos os alunos? Por quê?

b) Qual destas unidades é mais conveniente para medir um comprimento: o palmo ou o centímetro? Por quê?

3 Desenhe ao lado um objeto cujo comprimento meça 4 cm e dê para um colega conferir. E você, por sua vez, confere a medida do comprimento do objeto que ele desenhou.

4 Volte ao **Explorar e descobrir** da página anterior e complete os itens com números naturais.

a) A medida do comprimento do seu palmo está mais próxima de _____ centímetros.

b) A medida de comprimento de 50 cm está mais próxima de _____ de seus palmos.

Unidade 8

5 Nesta imagem há 4 caminhos (**A**, **B**, **C** e **D**) para o pássaro chegar à flor maior.

As imagens não estão representadas em proporção.

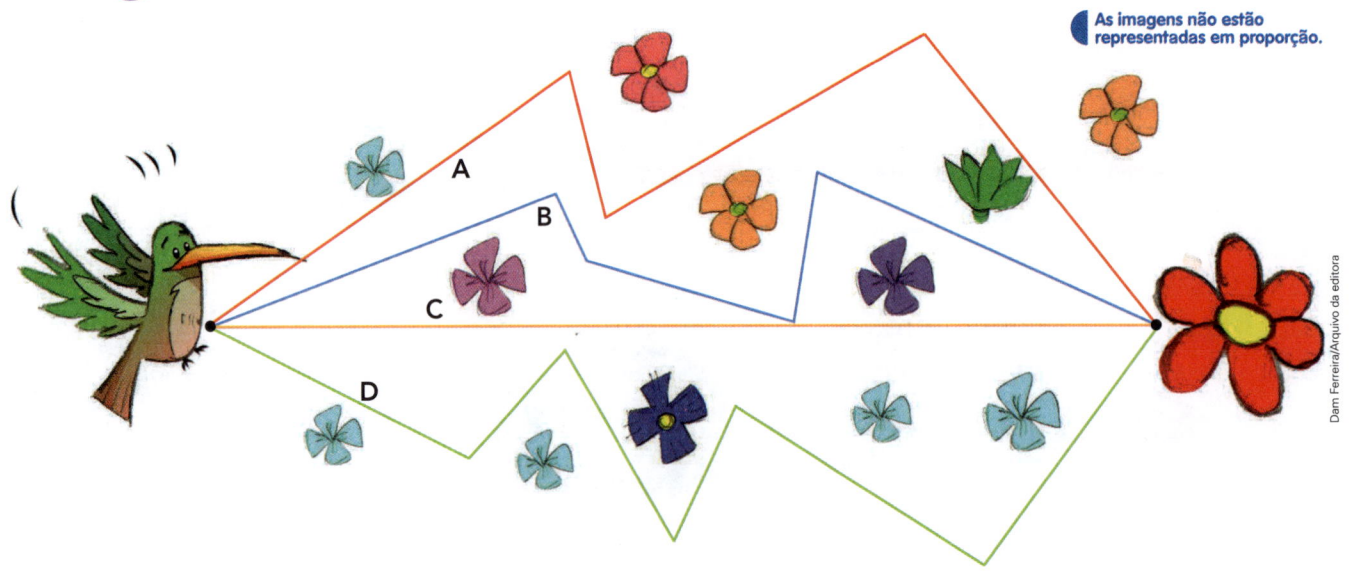

Dam Ferreira/Arquivo da editora

a) **ATIVIDADE ORAL** Converse com os colegas: Qual dos caminhos é o mais curto? Qual deles é o mais longo?

b) Use uma régua e meça o comprimento de cada caminho. Registre e confira as respostas dadas no item **a**.

Caminho **A**: _____ cm   Caminho **C**: _____ cm

Caminho **B**: _____ cm   Caminho **D**: _____ cm

Caminho mais curto: _____   Caminho mais longo: _____

6 Quando medimos o comprimento de um contorno, estamos medindo o **perímetro** dele.

Por exemplo, a medida do perímetro deste retângulo é 10 cm.

$$4 + 1 + 4 + 1 = 10$$

Agora, meça o comprimento dos lados, calcule e indique a medida do perímetro de cada contorno, em centímetros.

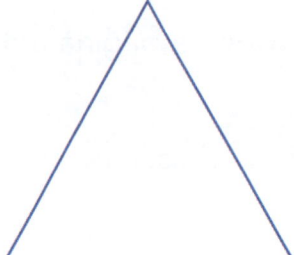

Ilustrações: Banco de imagens/Arquivo da editora

_____   _____   _____

Unidade padronizada de medida: o metro

Uma unidade padronizada de medida de comprimento muito usada é o **metro (m)**. Vamos saber mais sobre ele?

Explorar e descobrir

ATIVIDADE EM DUPLA Cada um de vocês deve pegar uma folha de papel sulfite e cortar tiras da mesma largura, como na imagem ao lado.

Em seguida, colem a extremidade de uma tira na extremidade de outra e, com a régua, numerem a fita formada de 0 a 100 centímetros. Cortem o que sobrar.

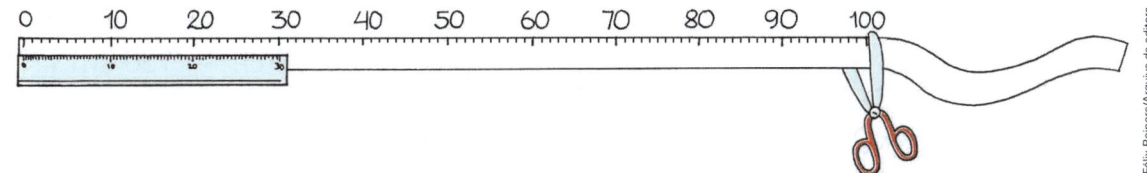

Pronto! Vocês construíram fitas com medida de comprimento igual a 1 metro, graduadas em centímetros. Guardem-nas bem, pois vocês vão precisar delas para fazer várias medições nesta Unidade.

> 1 metro tem 100 centímetros.
> 1 m = 100 cm

1 Meça com sua fita de 1 metro, graduada de 0 a 100 cm, e complete com as medidas aproximadas.

a) Do comprimento da lousa: _____ m e _____ cm.

b) Do comprimento da sala de aula: _____ m e _____ cm.

c) Da largura da sala de aula: _____ m e _____ cm.

d) Do comprimento da mesa do professor: _____ m e _____ cm.

e) Da altura da mesa do professor: _____ m e _____ cm.

f) Da altura de um colega: _____ m e _____ cm.

2 ESTIMATIVA E MEDIDA

a) Estime a medida do comprimento da quadra de esportes de sua escola.

Estimativa: _____

b) **ATIVIDADE EM DUPLA** Agora, com um colega, façam a medição usando as fitas de 1 metro que vocês construíram e registrem a medida.

Medida: _____

c) Sua estimativa foi boa? Qual foi a diferença entre sua estimativa e a medida real? _____

3 Observe os 2 exemplos.

> 120 cm = 100 cm + 20 cm = 1 m + 20 cm ou 1 m e 20 cm

> 1 m e 30 cm = 100 cm e 30 cm = 100 cm + 30 cm = 130 cm

Agora, complete os itens.

a) 150 cm = _____ m e _____ cm

d) 180 cm = _____ m e _____ cm

b) 1 m e 70 cm = _____ cm

e) 1 m e 95 cm = _____ cm

c) 2 m e 30 cm = _____ cm

f) 3 m = _____ cm

4 Paula ganhou uma fita de 1 m e 40 cm e Carla ganhou uma fita de 136 cm. Descubra e responda.

Fitas.

a) Quem ganhou a fita mais curta? _____

b) Quantos centímetros essa fita tem a menos do que a outra?

_____

◖ As imagens não estão representadas em proporção.

5 **ATIVIDADE ORAL** Você já conhece a régua como instrumento para medir comprimentos. E para que servem os instrumentos destas fotos?

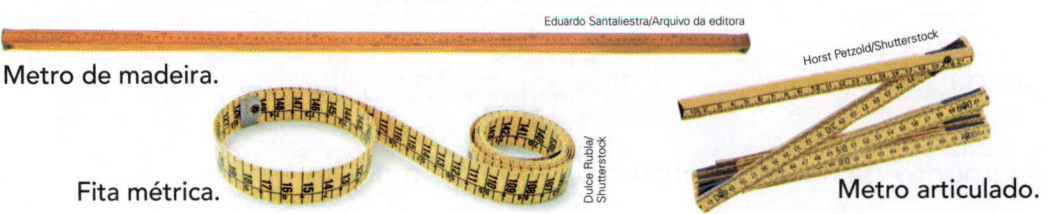

Eduardo Santaliestra/Arquivo da editora

Metro de madeira.

Fita métrica.

Horst Petzold/Shutterstock

Metro articulado.

Trena.

Se você tiver um desses instrumentos em casa, use-o para medir o comprimento da sala, do quarto, do quintal, etc. Se puder, leve o instrumento para a escola e mostre aos colegas.

Unidade padronizada de medida: o milímetro

Explorar e descobrir

Além de estar graduada em centímetros, a régua também pode estar graduada em outra unidade de medida.

Pegue uma régua e observe os tracinhos entre cada centímetro. Ele está dividido em quantas partes iguais? _____

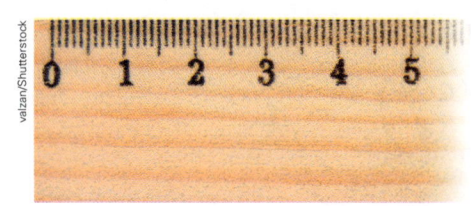

Cada uma dessas partes corresponde a outra unidade padronizada de medida de comprimento: o **milímetro** (**mm**).

1 Observe cada objeto das fotos e registre a medida de comprimento dele, em milímetros.

a)

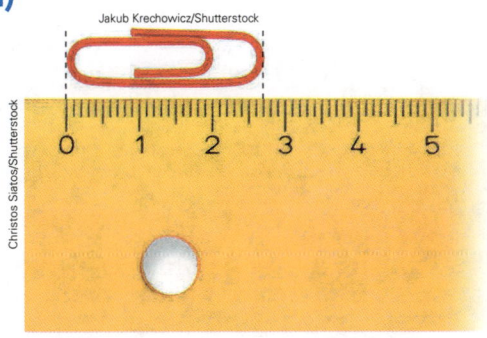

Clipe: _____ mm

b)

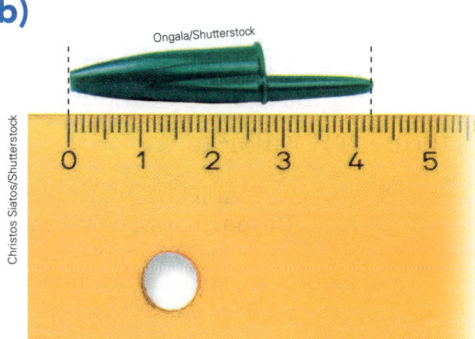

Tampa da caneta: _____ mm

2 Assinale a medida de comprimento mais conveniente.

a) Da espessura da unha.

☐ 1 cm ☐ 1 mm

b) Da largura da mão.

☐ 9 cm ☐ 9 mm

c) Do comprimento da borracha.

☐ 56 mm ☐ 56 cm

d) Da altura de um copo.

☐ 80 cm ☐ 80 mm

3 Use uma régua e trace linhas com as medidas de comprimento indicadas.

a) 25 mm

b) 38 mm

c) 1 cm e 8 mm

d) 4 cm

Unidade padronizada de medida: o quilômetro

Outra unidade de medida de comprimento muito usada no dia a dia é o **quilômetro** (**km**).

1 quilômetro corresponde a 10 quarteirões ou 10 quadras de 100 metros cada uma.

Assim, 1 quilômetro corresponde a 10 vezes 100 metros, ou seja, 1 000 metros.

$$1 \text{ km} = 10 \times 100 \text{ m} \quad \text{ou} \quad 1 \text{ km} = 1\,000 \text{ m}$$

As imagens não estão representadas em proporção.

Saiba mais

A maratona é uma corrida feita a pé e tem percurso de aproximadamente 42 quilômetros.

A maratona é uma prova olímpica desde a primeira edição dos Jogos Olímpicos, em Atenas em 1896. A primeira maratona feminina oficial também ocorreu em Atenas, mas somente em 1982, e foi vencida pela atleta portuguesa Rosa Mota.

Fonte de consulta: DIÁRIO DE NOTÍCIAS. **Desporto**. Disponível em: <www.dn.pt/dossiers/desporto/olimpiádicos/perfil/interior/rosa-mota-1025738.html>. Acesso em: 12 maio 2020.

Largada da maratona feminina do Rio de Janeiro, Rio de Janeiro. Foto de 2016.

---

1 Escreva a unidade padronizada que você usaria para indicar cada medida.

a) Da distância entre 2 cidades. _____

b) Do comprimento de uma sala. _____

c) Do comprimento de um rio. _____

d) Do comprimento de um ônibus. _____

e) Da distância entre a Terra e o Sol. _____

f) Da altura de uma porta. _____

Escreva usando símbolos: **m** ou **km**.

2 A medida da distância entre a casa de Pedro e a escola onde ele estuda é 8 quarteirões de 100 m cada um.

a) Complete: Essa medida corresponde a _____ m.

b) Essa medida é maior ou menor do que 1 quilômetro? _____

3 Qual unidade de medida você usaria para medir a distância entre sua casa e a escola onde você estuda: o metro (m) ou o quilômetro (km)? Justifique sua resposta.

_____

4 Complete.

a) A quinta parte de 1 quilômetro corresponde a _____ metros.

b) A décima parte de 1 quilômetro corresponde a _____ metros.

5 O trajeto que liga as cidades Maravilha e Vida Boa está desenhado na seguinte **escala**: cada centímetro no desenho corresponde a 20 quilômetros na realidade.

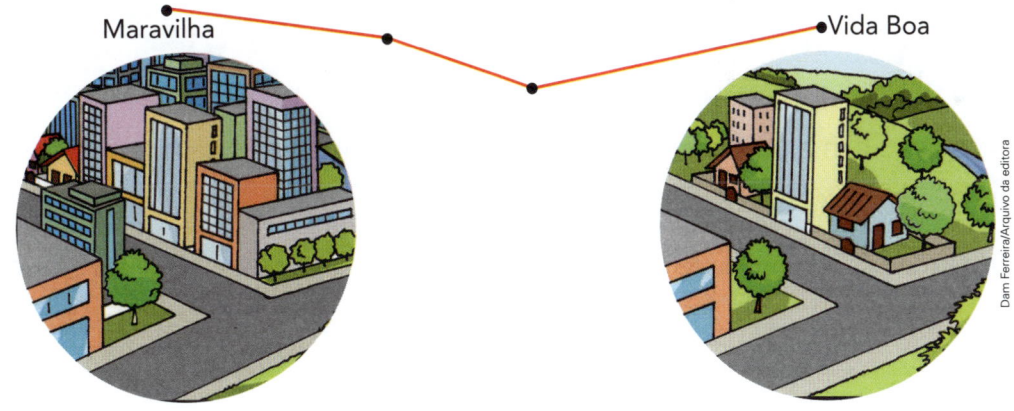

Maravilha · ·Vida Boa

Dam Ferreira/Arquivo da editora

Faça as medições e os cálculos necessários e responda.

a) Qual é a medida da distância no desenho, em centímetros, entre as cidades Maravilha e Vida Boa? _____

b) Qual é a medida da distância real, em quilômetros, entre as cidades Maravilha e Vida Boa? _____

c) Se um carro demora 1 hora para percorrer 90 quilômetros desse percurso, então quantas horas ele demora para ir da cidade Maravilha à Vida Boa?

_____

Mais atividades com medidas de comprimento

1 DESLOCAMENTO E LOCALIZAÇÃO

Uma lagarta passeou sobre a malha quadriculada abaixo. Ela andou sempre sobre os lados dos quadradinhos. A medida de comprimento de cada lado dos quadradinhos é 1 cm.

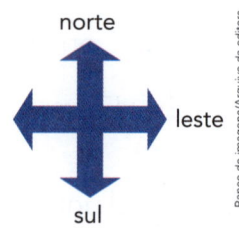

a) Desenhe o caminho percorrido pela lagarta no seguinte trajeto: andou 4 cm para o leste, 3 cm para o norte, 3 cm para o oeste, 1 cm para o sul e 2 cm para o leste. Indique o ponto de chegada.

b) Quantos milímetros tem todo o caminho percorrido pela lagarta?

_____

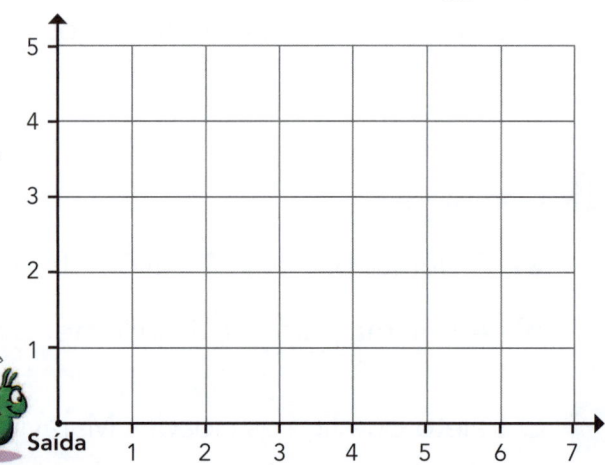

2 Veja a altura dos jogadores de um time de basquete de uma escola.

- Afonso: 1 m e 94 cm
- Luís: 189 cm
- Pedro: 4 cm a mais do que Luís.
- Marcos: 10 cm a menos do que Afonso.
- Rui: 1 cm a menos do que Pedro.

Calcule e complete.

a) O jogador mais alto desse time é _____ e o mais baixo é _____.

b) _____ tem 3 cm a mais do que _____.

3 Complete para relacionar as medidas de comprimento.

a) 2 cm = _____ mm

b) 1 000 m = _____ km

c) 40 mm = 4 _____

d) 3 m = 300 _____

e) meio centímetro = _____ mm

f) meio quilômetro = _____ m

g) meio metro = _____ cm

h) 2 metros e meio = _____ cm

Jogo do arremesso de balão

Na sua equipe, escolham 1 aluno para lançar o balão, 2 alunos para efetuar as medições, com a supervisão do professor, e 1 aluno para fazer as anotações.

O lançador da equipe se posiciona antes da fita ou do traço e, usando as 2 mãos, lança o balão, como no arremesso lateral do futebol.

Os 2 alunos encarregados verificam a medida de distância, em centímetros, da fita ou do traço até o ponto onde o balão tocou o chão. O aluno encarregado da anotação registra em seu livro a medida obtida pela equipe.

Após todas as equipes realizarem seus lançamentos, 1 aluno da turma deve registrar as medidas de todas as equipes na lousa. Vence o jogo a equipe que conseguir a medida maior.

Medida obtida pela equipe: _____ cm

Material

- 1 balão de festa de aniversário cheio
- 1 fita métrica ou a fita de 1 metro construída nesta Unidade
- 1 pedaço de fita para ser colocado no chão (pode ser um traço com giz)

Dam Ferreira/Arquivo da editora

Finalmente, cada aluno registra em seu livro os 3 melhores arremessos da turma.

1º lugar: _____ cm

2º lugar: _____ cm

3º lugar: _____ cm

Medida de massa

Unidade padronizada de medida: o quilograma

O **quilograma** (**kg**), ou simplesmente **quilo**, é uma unidade padronizada de medida que usamos para indicar medidas de massa ("peso").

Nos supermercados é possível encontrar pacotes de vários produtos que pesam 1 quilograma (1 kg).

A **balança** é o instrumento mais usado para descobrir uma medida de massa.

As imagens não estão representadas em proporção.

1 quilograma de farinha.

Balança com pacote de 3 kg.

1. Pense em uma folha de papel sulfite e em um *pendrive*.

   a) Qual desses objetos é o maior? _____

   b) E qual é o mais pesado? _____

2. Escreva o nome de 3 produtos que são vendidos por quilograma.

   _____

3. Responda rápido! Qual "peso" é maior: 1 quilograma de algodão ou 1 quilograma de chumbo?

   _____

4. A medida de massa ("peso") do gato e a da menina estão registradas nestes quadros.

   | 5 kg | | 30 kg |

   Escreva essas medidas no lugar correspondente.

Menina.

Gato. _____   _____

5 Escreva **mais** se o que está nas fotos pesar mais de 1 kg e **menos** se pesar menos de 1 kg.

As imagens não estão representadas em proporção.

Bode.

Cadeira.

Banana.

_____   _____   _____

6 **DESAFIO**

Foram feitas 2 pesagens com uma balança de pratos, como você vê nestas imagens. Observe-as e responda.

a) Quanto pesa a melancia? _____

b) Quanto pesa a abóbora? _____

7 Carregar muito "peso" não é bom para a saúde. Os médicos dizem que, para não prejudicar a coluna, o ideal é que o "peso" da mochila com o material escolar, multiplicado por 10, não ultrapasse o "peso" da pessoa. Pense nisso e responda.

a) Quantos quilogramas você pesa? _____

b) Quantos quilogramas pesa sua mochila com o material escolar? _____

c) O "peso" de sua mochila está de acordo com seu "peso"? _____

d) **ATIVIDADE ORAL EM GRUPO (TODA A TURMA)** Que soluções você sugere para não carregar mochilas pesadas? Conte para os colegas.

Menina carregando material escolar.

Unidade padronizada de medida: o grama

Para indicar medidas de massa inferiores a 1 quilograma ou que não são dadas em quilogramas exatos, é comum o uso da unidade padronizada de medida **grama (g)**.

> A melancia pesou 2 quilos e 300 gramas.

> Eu quero comprar 100 gramas de queijo.

As imagens não estão representadas em proporção.

1 Para obter 1 quilograma precisamos de 1000 gramas.

$$1 \text{ kg} = 1000 \text{ g}$$

Com base nessa relação, complete as frases.

a) Meio quilograma de café em pó corresponde a _____ gramas.

b) Se 1 kg de farinha foi separado em 5 vasilhas, todas com a mesma quantidade, então cada vasilha ficará com _____ gramas de farinha.

2 Antes de iniciar uma obra, o encanador Jair cortou um pedaço do cano e verificou as medidas de comprimento e de massa ("peso") dele.

Cano metálico.

Medida de comprimento: 6 cm
Medida de massa ("peso"): 10 g

Depois ele montou uma tabela com as medidas de comprimento e de massa ("peso") de outros pedaços do mesmo cano. Complete a tabela de Jair.

Medidas de um cano

Do comprimento	6 cm	18 cm			24 cm
Da massa ("peso")	10 g		50 g	20 g	

Tabela elaborada para fins didáticos.

3 **DESAFIO**

Veja quanto está marcando cada balança.

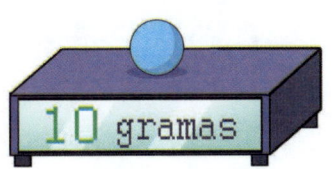 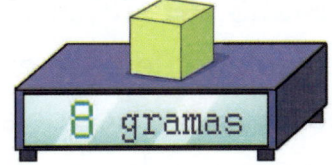 

a) Registre o "peso" nestas balanças.

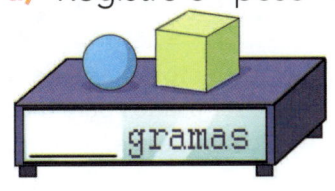 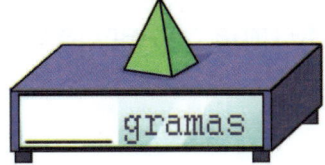 

b) O "peso" de 10 corresponde ao "peso" de quantas ⬤?

Saiba mais

Para medir a massa de objetos muito pesados usamos como unidade padronizada de medida de massa a **tonelada** (**t**): 1 tonelada corresponde a 1000 quilogramas.

E, para medir a massa de objetos muito leves, usamos como unidade padronizada de medida de massa o **miligrama** (**mg**): 1 grama corresponde a 1000 miligramas.

4 Complete cada frase com a unidade de medida de massa adequada: **quilograma**, **tonelada** ou **miligrama**.

a) Carlos comprou um pacote de feijão com 2 _____.

b) O comprimido que Paula tomou pesa 5 _____.

c) Um elefante adulto pesa aproximadamente 5 _____.

Você viu o elefante subindo na balança? Para ficar mais elegante vai fazer aula de dança!

d) Mário, aluno do 3º ano, pesa 32 _____.

e) Um caminhão de transporte tem quase 6 _____.

f) O "peso" de uma pena é dado em _____.

Caminhão de transporte.

Medida de capacidade
Unidades não padronizadas de medida

As imagens não estão representadas em proporção.

Para medir a quantidade de líquido que cabe em um recipiente, ou seja, para medir a capacidade dele, podemos usar unidades não padronizadas de medida, como a capacidade de um balde, de um copo, de uma xícara de café ou de chá, de uma colher de café, de sobremesa ou de sopa.

Objetos que podem ser usados para medir capacidade.

1 ESTIMATIVAS

ATIVIDADE EM DUPLA Registre no quadro suas estimativas.

Depois, com um colega, verifiquem concretamente as medidas da capacidade. Na última linha, vocês escolhem a capacidade a ser usada como unidade e o recipiente que terá a capacidade medida.

Capacidade a ser usada como unidade	Recipiente a ser medido	Estimativa	Medida
Colher de sopa	Copo comum		
Colher de café	Xícara de café		
Xícara de café	Copo comum		
Copo comum	Jarra		

2 Observe a medida da capacidade das jarras **A**, **B** e **C**.

Há 2 maneiras de despejar toda a água de uma das jarras (**A** ou **B**) e uma parte da água da outra para encher a jarra **C**.

Complete as frases para descrever essas 2 maneiras.

Jarra A: 5 copos.

- Despejar toda a água da jarra **A** e _____ copos de **B**.

  Sobrarão _____ copos de água na jarra **B**.

Jarra B: 8 copos.

- Despejar toda a água da jarra **B** e _____ copos de **A**.

  Sobrarão _____ copos de água na jarra **A**.

Jarra C: 10 copos.

Unidade padronizada de medida: o litro

A grandeza capacidade também tem unidades padronizadas de medida. O **litro** (**L**) é a principal delas.

O leite, por exemplo, costuma ser vendido em garrafas ou caixinhas com medida de capacidade de 1 litro.

Garrafa com 1 litro de leite.

1 **ATIVIDADE ORAL EM GRUPO (TODA A TURMA)**

Cite para a turma mais 2 produtos que são vendidos em embalagens de 1 litro.

2 **ESTIMATIVA**

a) Quantos copos comuns com água você acha que devemos despejar em um recipiente com **medida de** capacidade de 1 litro, para que este fique cheio: 8 copos, mais do que 8 copos ou menos do que 8 copos?

_____

b) Na sala de aula ou em casa, faça a experiência concretamente e registre.

Devemos despejar aproximadamente _____ copos comuns com água para encher um recipiente com **medida de** capacidade de 1 litro.

c) Você acertou ou errou a estimativa feita no item **a**? _____

3 **PROPORCIONALIDADE**

Marcelo gastou R$ 50,00 para abastecer o carro dele com 12 litros de combustível.

Quanto Rosana vai gastar para abastecer o carro dela com 24 litros do mesmo tipo de combustível? _____

4 Observe a capacidade das vasilhas.

Vasilha **A**: 2 litros.

Vasilha **B**: 3 litros.

Vasilha **C**: 5 litros.

- Escreva com quantos litros de água ficará um recipiente **D** quando despejarmos nele a água das vasilhas em cada caso.

a) Vasilhas **A** e **B**. _____

c) Vasilhas **B** e **C**. _____

b) Vasilhas **A** e **C**. _____

d) Vasilhas **A**, **B** e **C**. _____

- Agora, responda: Se a capacidade do recipiente **D** é 10 litros, então quanto ficará faltando de água em cada caso, para que ele fique cheio?

a) _____

c) _____

b) _____

d) _____

5 **DESAFIO**

Na casa de Juca há uma torneira que, bem aberta, despeja 60 litros de água em 2 minutos. Complete.

a) Em 1 minuto, essa torneira despeja

_____ litros de água.

b) Em 3 minutos, essa torneira despeja

_____ litros de água.

6 ÁGUA: ECONOMIZE HOJE PARA NÃO FALTAR AMANHÃ!

Quando escovamos os dentes, devemos manter a torneira fechada para não haver desperdício de água. Nesse caso, em cada escovação são gastos cerca de 2 litros de água. Mas, se a torneira estiver aberta, serão gastos cerca de 12 litros de água!

Jotah Ilustrações/Arquivo da editora

a) Mantendo a torneira fechada, quanto podemos economizar de água em cada escovação? _____

b) Qual será a economia diária de água de uma pessoa se ela escovar os dentes 4 vezes por dia? _____

c) ATIVIDADE ORAL EM GRUPO Converse com os colegas sobre outros momentos do dia em que devemos estar atentos para evitar o desperdício de água.

> Para receber os amigos
> E mostrar sua alegria
> Cuide sempre do sorriso:
> Escove os dentes todo dia!

7

O consumo de leite na casa de Francisco é de 2 L por dia. Calcule o consumo em cada item e registre.

a) Em 1 semana. _____

b) Em 10 dias. _____

c) No mês de junho. _____

d) No mês de julho. _____

Sugestões de...
Livro
Medidas.
Ivan Bulloch. São Paulo: Studio Nobel, 1996.

Saiba mais

Nas embalagens com menos do que 1 litro de líquido, a medida de capacidade costuma aparecer na unidade padronizada de medida **mililitro (mL)**.
1 litro corresponde a 1000 mililitros, ou seja, 1 L = 1000 mL.

8 PESQUISA

Consulte embalagens na sua casa ou no supermercado e registre aqui a medida de capacidade delas, em mililitros.

a) Da latinha de suco: _____

b) Do vidro de azeite: _____

Tecendo saberes

As paisagens, seja no campo, seja na cidade, sempre sofrem transformações causadas pelos seres humanos. Nós retiramos da natureza o que precisamos para viver e para tornar nossa vida melhor e, assim, transformamos a paisagem.

Algumas transformações nas paisagens geram problemas que podem afetar a qualidade de vida de todos os seres vivos. A poluição do meio ambiente é um desses problemas e, para solucioná-lo, precisamos da colaboração de todos.

1 Como eram antigamente a rua e os arredores da escola onde você estuda?

a) Pergunte aos moradores mais antigos e pesquise. Depois, faça desenhos ou cole fotos em que seja possível ver o que mudou.

Antes.	Depois.

b) Você acha que as mudanças que ocorreram nos arredores da escola trouxeram benefícios para a região? Explique.

_____

_____

c) Identifique e registre um problema causado pelas transformações que ocorreram na região em que fica a escola.

_____

d) Sugira uma solução para esse problema.

_____

2 Leia as informações a seguir.

A praia de Copacabana, no Rio de Janeiro (RJ), é uma das praias mais conhecidas do mundo. Com pouco mais de 4 quilômetros de extensão, é muito procurada por moradores da cidade e por turistas para banhos de sol e de mar e para prática de esportes.

Durante o ano, essa praia é local de realização de muitos eventos musicais e de campeonatos de futebol de areia e vôlei de praia. O maior desses eventos, e também mundialmente conhecido, é a festa de Ano-Novo.

Fonte de consulta: AMBIENTE BRASIL. Disponível em: <http://noticias.ambientebrasil.com.br/clipping/2014/01/02/101441-apos-reveillon-comlurb-recolhe-montanha-de-lixo-em-copacabana-no-rio.html>. Acesso em: 16 ago. 2019.

Leia mais algumas informações sobre essa festa. Depois, responda.

- A festa de 2016 para 2017 recebeu 2 milhões de pessoas no bairro de Copacabana.

- Após a festa, 3 863 pessoas foram responsáveis pela limpeza da cidade, recolhendo 558 toneladas de lixo das ruas. Desse lixo, 290 toneladas foram retiradas do bairro de Copacabana.

Fonte de consulta: G1-GLOBO. **Rio de Janeiro**. Disponível em: <http://g1.globo.com/rio-de-janeiro/noticia/comlurb-recolheu-558-toneladas-de-lixo-apos-festas-de-reveillon.ghtml>. Acesso em: 16 ago. 2019.

a) Qual é a extensão da praia de Copacabana?

_____

b) A festa de Ano-Novo de 2016 para 2017 reuniu quantas pessoas no bairro de Copacabana? Escreva esse número usando apenas algarismos.

_____

c) Qual foi a quantidade de lixo recolhida após a festa nesse bairro? E em toda a cidade do Rio de Janeiro? _____

d) Qual é sua opinião sobre essa quantidade de lixo recolhida?

_____

e) A baleia-azul é o maior animal do planeta, atingindo cerca de 30 metros de medida de comprimento e cerca de 120 toneladas de medida de massa.

Fonte de consulta: MUNDO ESTRANHO. **Mundo animal**. Disponível em: <http://mundoestranho.abril.com.br/mundo-animal/quais-sao-as-maiores-baleias-do-mundo/>. Acesso em: 16 ago. 2019.

A quantidade de lixo recolhida após a festa de Ano-Novo em Copacabana equivale aproximadamente ao "peso" de quantas baleias-azuis? _____

A baleia-azul é o maior animal do planeta.

Mais atividades e problemas

1 **AS MEDIDAS NAS COMPRAS DE LUZIA**

a) Escreva por extenso as unidades padronizadas de medida adequadas.

Luzia saiu de casa às 11 _____ e foi ao supermercado, que fica a 100 metros de sua casa. Lá, ela comprou 1 _____ de leite e 2 _____ de carne. Pagou 54 _____ por essa compra.

b) Agora, complete as mesmas frases usando números e símbolos.

Luzia saiu de casa às _____ e foi ao supermercado, que fica a _____ de sua casa. Lá, ela comprou _____ de leite e _____ de carne. Pagou _____ por essa compra.

> ◖ As imagens não estão representadas em proporção.

Explorar e descobrir

ATIVIDADE EM DUPLA

- Peça a um colega que estime com 2 dedos uma distância de 5 centímetros. Verifique com uma régua se ele acertou. Alternem as funções e usem outra medida (em centímetros) diferente de 5 centímetros.

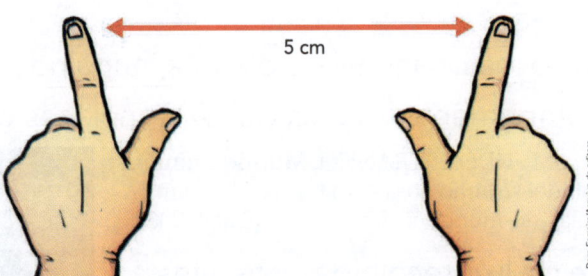

5 cm

- Peça ao colega que coloque no chão 2 objetos estimando que distem 3 metros um do outro. Confira se ele acertou usando a fita de 1 metro, construída nesta Unidade. Alternem as funções e usem outra medida (em metros) diferente de 3 metros.

2 Complete o quadro. Cada linha indica o valor de uma compra, como o pagamento foi feito e qual foi o troco.

Valor da compra	Pagamento	Troco
R$ 12,50		R$ _____
R$ 51,00		R$ _____
R$ _____		R$ 0,50
R$ 8,70		R$ _____

3 Lúcia quer fazer um bolo, mas algumas palavras da lista de ingredientes da receita estão apagadas. Escreva as palavras dos quadros na lista de ingredientes.

gramas	mililitros	ovos	quilograma

- 200 _____ de leite.
- 3 _____ .
- Meio _____ de farinha.
- 50 _____ de manteiga.

4 As irmãs Renata e Beatriz encontraram uma balança que estava desregulada e só registrava "pesos" acima de 35 kg. Quando o "peso" correspondia a 35 kg ou menos, a balança não registrava nada.

Elas queriam saber o "peso" da mochila escolar de Renata, com o material dentro. Para isso, elas fizeram algumas pesagens.

Veja o que a balança registrou em cada pesagem.

- Renata com a mochila: a balança não registrou nada.
- Beatriz com a mochila: 39 kg.
- Renata com a mochila e Beatriz: 69 kg.
- Renata sem a mochila e Beatriz: 66 kg.

Calcule e responda.

a) Qual é o "peso" de Renata? E o de Beatriz? _____

b) Qual é o "peso" da mochila de Renata com o material? _____

c) Por que a balança não registrou o "peso" de Renata com sua mochila?

_____

5 As figuras abaixo representam alguns canteiros da horta de João. Cada centímetro nas figuras corresponde a 2 metros na realidade.

Alface.

Rúcula.

Almeirão.

Preencha o quadro com os dados de cada canteiro.

Verdura do canteiro	Nome do contorno do canteiro	Medida do perímetro na figura (em cm)	Medida do perímetro real do canteiro (em m)	Número de pés no canteiro

6 Raul, Miriam e Flávia começaram a fazer a lição de casa em horários diferentes. Veja os horários.

| Raul: 14 horas. | Miriam: 15 minutos antes de Raul. | Flávia: 1 hora e meia depois de Raul. |

Desenhe os ponteiros marcando o horário em que cada um começou a fazer a lição.

Raul.

Miriam.

Flávia.

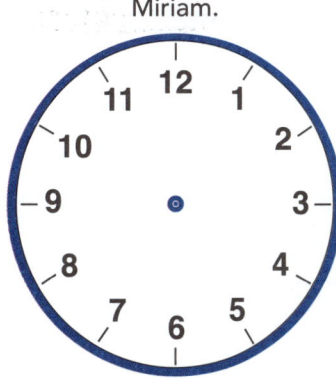

Ilustrações: Banco de imagens/Arquivo da editora

7 Um trem percorreu uma distância em 4 etapas.
- Na 1ª etapa ele percorreu 248 quilômetros.
- Na 2ª etapa percorreu 74 quilômetros a menos do que na 1ª.
- Na 3ª etapa percorreu o dobro da 2ª.
- Na 4ª etapa percorreu a terça parte da 3ª.

Quantos quilômetros ele percorreu no total?

_____

Mauricio Simonetti/Pulsar Imagens

Trem de carga.

As imagens não estão representadas em proporção.

8 **ATIVIDADE ORAL** Luís Felipe gosta muito de sua gatinha Catucha. Ele a colocou na balança de sua casa para pesá-la, mas não conseguiu, pois ela não parava quieta na balança. O que você faria para descobrir o "peso" da Catucha?

vita khorzhevska/Shutterstock

Gatinha Catucha.

9 A balança de pratos não está equilibrada porque há 5 kg no prato da esquerda e 3 kg no prato da direita.

Há várias maneiras de deixar esta balança equilibrada. Por exemplo, tirando 2 kg do prato da esquerda.

Complete as frases com outras maneiras de equilibrar os pratos, sempre considerando a situação inicial.

a) Colocando _____ no prato da direita.

b) Tirando 1 kg do prato da _____ e colocando _____ no prato da direita.

c) Tirando 4 kg do _____ .

10 O esquema e o quadro abaixo mostram valores aproximados das medidas da distância rodoviária entre as cidades de Feira de Santana, Camaçari e Salvador, no estado da Bahia, duas a duas.

a) Complete as informações que faltam no esquema e no quadro.

- Feira de Santana 98 km.

- Camaçari _____ .

- Salvador _____ .

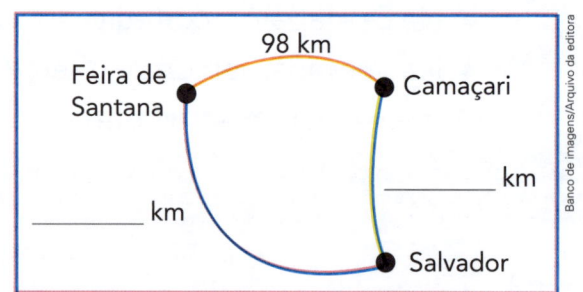

Medidas da distância rodoviária (em km)

	Salvador	Feira de Santana	Camaçari
Salvador	–	116	
Feira de Santana			
Camaçari	52		

b) Calcule e registre a medida da distância em quilômetros em mais estes trajetos:

- De Feira de Santana a Salvador, passando por Camaçari _____ .

- Viagem de ida e volta de Salvador para Camaçari _____ .

11 ESTIMATIVAS

Imagine que você vai medir o comprimento deste livro usando como unidade a medida do comprimento de um clipe, depois a medida do comprimento de uma caneta e depois o centímetro.

a) Em qual dessas medidas você acha que vai obter o número maior? _____

b) E o número menor? _____

c) Faça as medições, registre as medidas obtidas e confira suas estimativas.

_____ clipes   _____ canetas   _____ cm

12 DESAFIO

Rui tem os vasilhames **A** e **B** para encher o vasilhame **C** sem sobrar água.

As imagens não estão representadas em proporção.

Vasilhame **A**: 2 L

Vasilhame **B**: 3 L

Vasilhame **C**: 8 L

a) Assinale com quais vasilhames é possível conseguir isso.

☐ Vasilhames **A**, **A** e **A**.   ☐ Vasilhames **A**, **A** e **B**.

☐ Vasilhames **A**, **B** e **B**.   ☐ Vasilhames **B**, **B** e **B**.

b) Existe outra maneira de encher o vasilhame **C**. Descubra qual é e registre

aqui. _____

13 Considere as linhas retas da atividade 3 da página 261 e complete:

a) A linha do item **a** mede _____ cm e _____ mm.

b) A do item **b** mede _____ cm e _____ mm.

c) A do item **c** mede _____ mm.

d) A do item **d** mede _____ mm.

14 ANIMAIS E MEDIDAS

A professora de Edu organizou uma excursão ao zoológico com toda a turma. Durante a excursão, todos os alunos deveriam anotar os animais de que mais gostaram e depois apresentar uma pesquisa sobre eles.

Edu escolheu pesquisar sobre os animais que aparecem nas fotos abaixo.

Leoa.

Elefante africano.

Hipopótamo.

Onça-pintada.

Tamanduá-bandeira.

Zebra.

Ele montou esta tabela com as características que descobriu, mas alguns dados estão faltando. Veja:

Características de alguns animais (valores aproximados)

Animal	Medida de comprimento	"Peso"	Período de gestação da fêmea	Tempo de vida
Leoa		182 kg	120 dias	20 anos
Elefante africano	650 cm	7 toneladas	22 meses	
Hipopótamo		3 toneladas		40 anos
Onça-pintada	185 cm		105 dias	25 anos
Tamanduá-bandeira	120 cm	60 kg	190 dias	15 anos
Zebra	350 cm	450 kg	390 dias	30 anos

Fonte de consulta: ZOOLÓGICO DE SÃO PAULO. Disponível em: <www.zoologico.sp.gov.br>. Acesso em: 16 ago. 2019.

a) Complete a tabela da página anterior usando as seguintes informações.

- A medida de comprimento do hipopótamo, em centímetros, é 4 centenas.

  _____

- O "peso" da onça-pintada, em quilogramas, é 9 dezenas.

  _____

- O período de gestação da fêmea do hipopótamo é o dobro do período de gestação da leoa. _____

- O tempo de vida do elefante africano corresponde ao tempo de vida da leoa e da zebra juntos. _____

- A medida de comprimento da leoa, em centímetros, é obtida por meio da composição 100 + 70 + 5. _____

b) Confira com os colegas os valores que você acrescentou à tabela.

c) Agora que a tabela está completa, responda:

- Qual desses animais tem a maior medida de comprimento?

  _____

- E qual vive menos tempo? _____

- Qual é o "peso" do hipopótamo, em quilogramas? _____

- A medida de comprimento da onça-pintada é mais ou menos do que 2 metros? Quanto a mais ou a menos? _____

d) Escreva cada medida, em cm. Depois, arredonde o número para a centena exata mais próxima.

- Medida de comprimento da leoa.

  _____ ⟶ _____

- Período de gestação da zebra fêmea.

  _____ ⟶ _____

- Período de gestação da onça-pintada fêmea.

  _____ ⟶ _____

- Medida de comprimento do elefante africano.

  _____ ⟶ _____

Filhote de leão.

Eric Isselee/Shutterstock

15 BEIJA-FLORES

Beija-flor.

Os beija-flores são aves de pequeno porte que medem de 5 cm a 20 cm de comprimento, pesam de 2 g a 25 g e vivem de 4 a 8 anos. Existem mais de 300 espécies de beija-flores conhecidas no mundo. As espécies menores podem bater as asas de 70 a 80 vezes por segundo. Por essa razão, o beija-flor consegue se manter parado no ar.

a) Um beija-flor de 8 cm de comprimento e 5 g de "peso" estava colhendo o néctar de uma flor. Desenhe com a régua uma linha que represente o comprimento desse beija-flor.

b) Um beija-flor bateu as asas 240 vezes em 3 segundos, e outro bateu as asas 350 vezes em 5 segundos. Qual deles bateu as asas mais rapidamente?

_____

c) Contorne os dados que não estão de acordo com o enunciado.

> Um beija-flor de 10 cm de comprimento, pesando 50 g, e que bate as asas 72 vezes por segundo viveu 18 anos.

16

Usando um recipiente que contém 35 litros de água mineral, Osório abasteceu 8 vasilhames de meio litro, 5 vasilhames de 1 litro e 2 vasilhames de 1 litro e meio.

a) Quantos litros de água ainda restaram no recipiente?

_____

b) Osório conseguirá completar quantos vasilhames de 2 litros com a água que sobrou? _____

c) Com isso, ainda sobrará água no recipiente? Se sim, quantos litros?

_____

Meio litro

1 litro

1 litro e meio

Vasilhames.

Estimando e medindo comprimento

Em cada rodada, cada participante escolhe um item, risca a letra dele, estima a medida de comprimento da linha (em centímetros) e, depois, faz a medição com uma régua. Se acertar a estimativa, então pinta 1 quadrinho na tabela de pontuação.

Vence a partida quem pintar mais quadrinhos após 6 rodadas.

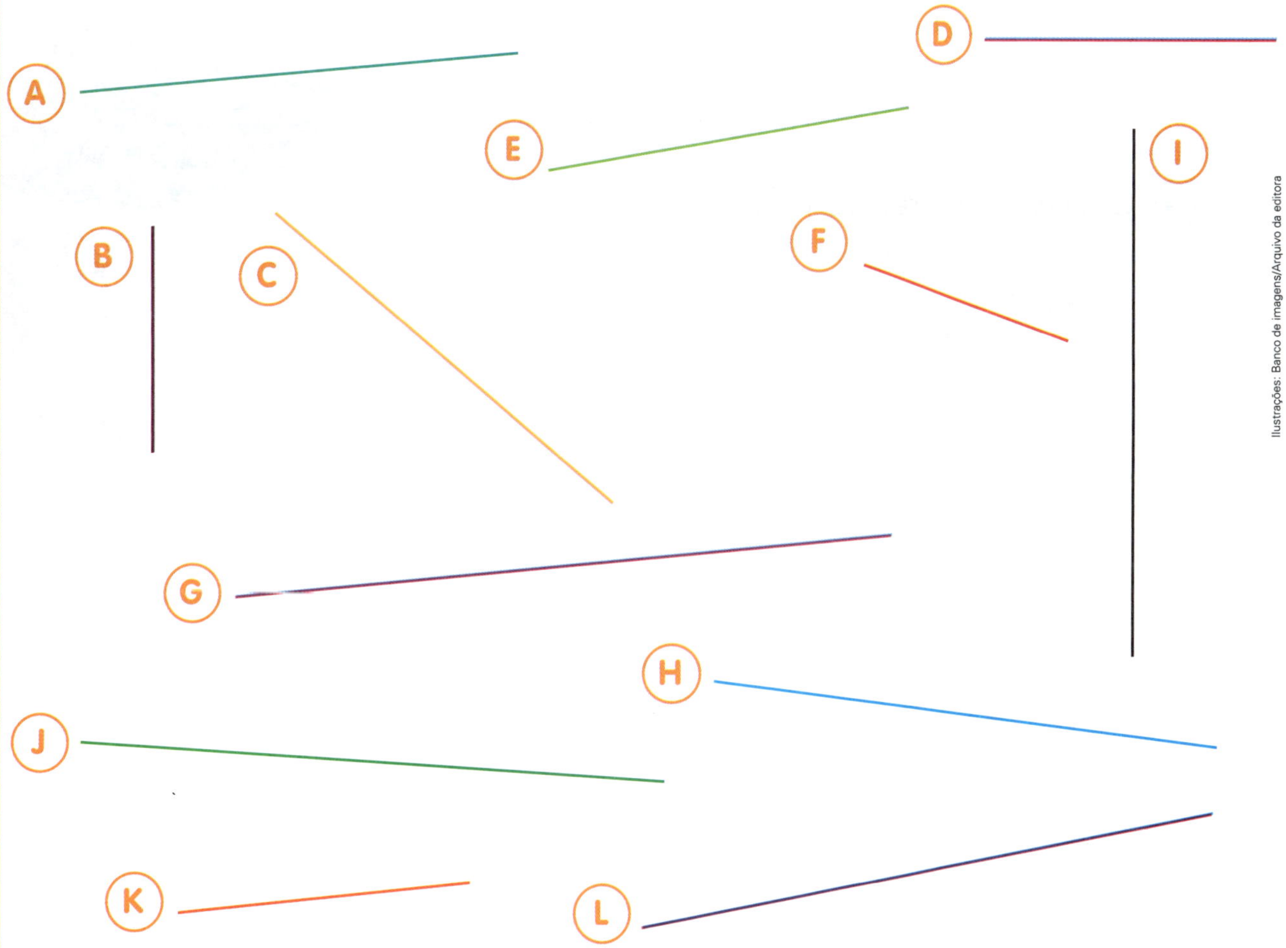

A   D

E   I

B   C   F

G   H

J

K   L

Ilustrações: Banco de imagens/Arquivo da editora

Tabela de pontuação

Nome	Pontos					

Vencedor: _____

Vamos ver de novo?

As imagens não estão representadas em proporção.

1 POSSIBILIDADES

André foi ao parque e decidiu brincar de lançar dardos. Ele acertou o alvo 3 vezes e fez 30 pontos. Em quais números ele acertou? Atenção: há mais de uma possibilidade.

_____

2 Observe a figura e responda:

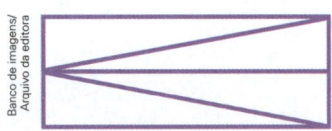

a) Quantos retângulos essa figura tem? _____

b) Quantos triângulos ela tem? _____

3 É HORA DE DESENHAR!

Faça, no quadriculado do meio, a reprodução do desenho do paralelepípedo à esquerda. Em seguida, faça, no quadriculado da direita, uma redução das medidas de comprimento das arestas do paralelepípedo pela metade. Algumas arestas já estão traçadas. Pinte os paralelepípedos obtidos.

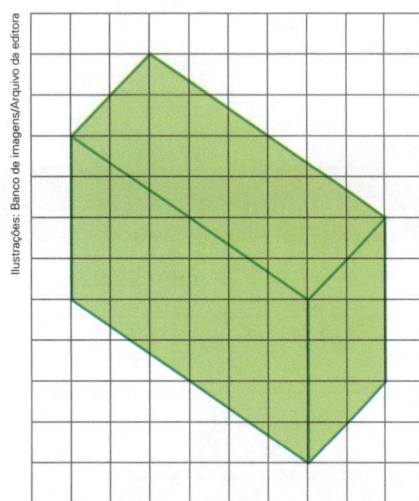

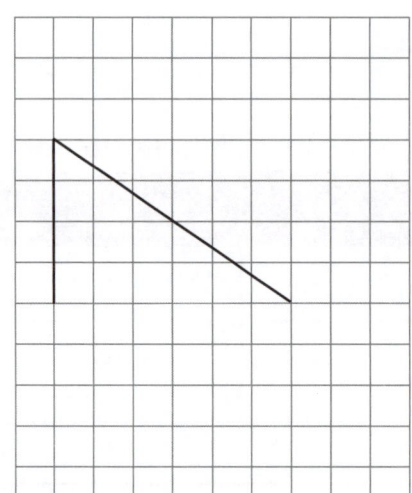

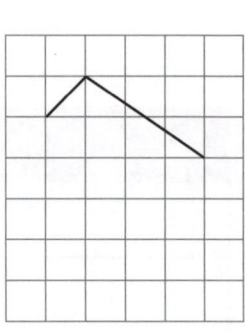

4 Marina usou todas as peças do tangram e construiu uma região quadrada com elas.
Caio usou as mesmas peças e fez a construção à direita.
Observe a construção de Marina e pinte a de Caio.

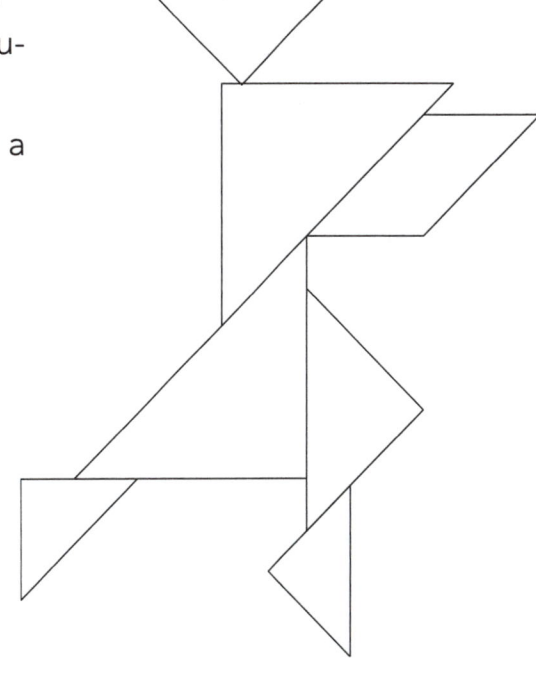

5 **É HORA DE INVENTAR DIVISÕES!**

Invente, registre e depois confira com os colegas.

a) Uma divisão com resultado 7 e sem resto (resto 0). _____

b) Uma divisão com resto 3. _____

6 O número 36 é formado por 2 algarismos. Se você colocar o algarismo 5 antes desses algarismos, depois deles e entre eles, vai obter 3 números diferentes de 3 algarismos.

Escreva esses números em ordem crescente: _____, _____, _____.

7 Em um parque há 16 carrinhos de bate-bate.
Em cada carrinho cabem 2 crianças.
Quantas crianças são necessárias para lotar todos os carrinhos? _____

Crianças em carrinho de bate-bate.

8 Procure se lembrar do significado dos termos, calcule e complete.

a) A soma de 123 e 85 é _____ .

b) A diferença entre 434 e 219 é _____ .

c) O produto de 3 e 123 é _____ .

d) O quociente de 78 por 6 é _____ .

9 Leia a afirmação com atenção e siga as orientações de Olga.

Coloque **S** quando o fato citado acontece sempre.
Coloque **N** quando ele não acontece nunca.
E coloque **X** quando é um fato que acontece às vezes.

Na divisão de um número natural por 5, o resto é 3.

Na divisão de um número natural por 5, o resto é 5.

Na divisão de um número natural por 5, o resto é menor do que 5.

10 Imagine que você tem uma fita métrica, uma régua comum e um clipe. Qual desses instrumentos você acha que é o melhor para desenhar um quadrado com 8 cm de perímetro? _____

As imagens não estão representadas em proporção.

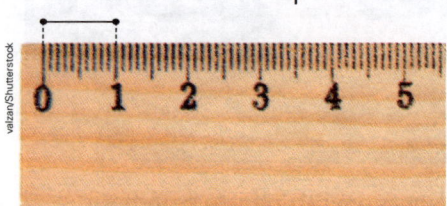

Régua.

Clipe.

Fita métrica.

O que estudamos

Estudamos a grandeza comprimento com vários tipos de unidade de medida.

- Unidades não padronizadas, como palmo, pé, passo.

- Unidades padronizadas, como centímetro (cm), milímetro (mm), metro (m) e quilômetro (km).

Fizemos o estudo da grandeza massa e de unidades padronizadas para o cálculo da medida de massa ("peso"): quilograma (kg), grama (g), miligrama (mg) e tonelada (t).

Estudamos também a grandeza capacidade e retomamos unidades não padronizadas, como a capacidade de uma xícara e de um copo. Conhecemos ainda o litro (L) e o mililitro (mL), importantes unidades padronizadas de medida de capacidade.

As imagens não estão representadas em proporção.

Resolvemos problemas que envolvem as grandezas estudadas, as medidas delas e também o dinheiro.

Alice comprou 2 kg de carne moída e 3 L de leite. Quanto ela gastou? R$ 41,00

$2 \times 16 = 32$

$3 \times 3 = 9$

$32 + 9 = 41$

Carne moída
R$ 16,00
o quilograma

Leite
R$ 3,00
o litro

- Você costuma anotar suas dúvidas quando estuda em casa para depois perguntar ao professor, em sala de aula?

- Você costuma anotar algo que achou interessante na aula, mesmo sem o professor pedir? Vale a pena!

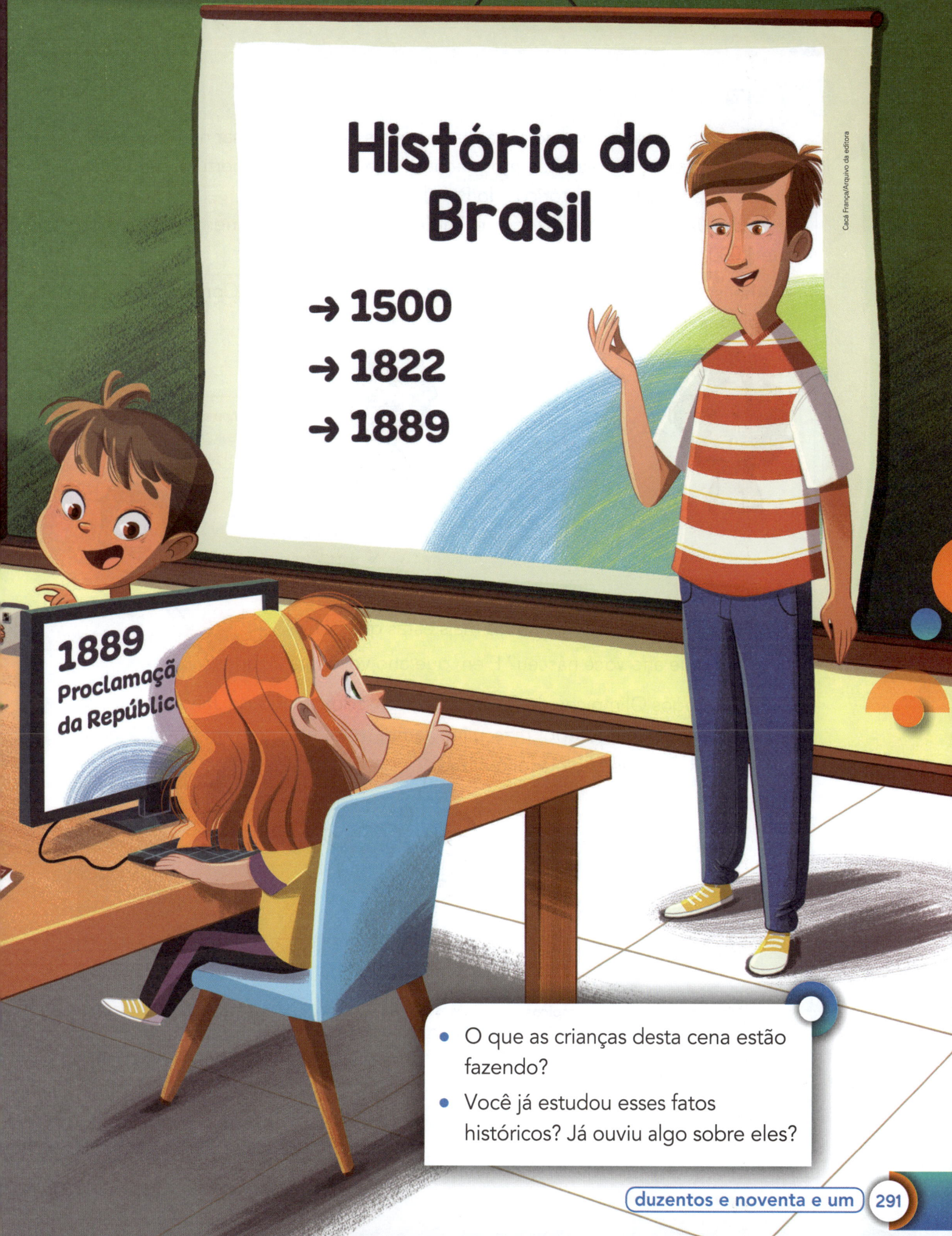

O que as crianças desta cena estão fazendo?

Você já estudou esses fatos históricos? Já ouviu algo sobre eles?

Para iniciar

São muitas as situações do dia a dia nas quais precisamos usar números maiores do que 1000 (mil) para dar informações. Veja na cena de abertura, por exemplo, as datas dos fatos históricos do Brasil.

Nesta Unidade vamos fazer os primeiros estudos com números maiores do que 1000.

- Analise a cena das páginas de abertura desta Unidade. Converse com os colegas e respondam às questões a seguir.

> O número 1822 pode ser decomposto em 1000 mais 800 mais 20 mais 2.

> E como podemos decompor o número 1500? E o número 1889?

> Quantos anos se passaram de 1500 até 1822?

> Em que ano nós estamos? Quantos anos se passaram de 1500 até este ano?

- Converse com os colegas sobre mais estas questões.

a) Em que ano você nasceu? E em que ano você fará 20 anos?

b) Os Jogos Olímpicos de 2016 foram realizados no Rio de Janeiro. A Copa do Mundo de futebol masculino também foi realizada no Brasil, 2 anos antes. Em que ano ela foi realizada?

As imagens não estão representadas em proporção.

Mascotes dos Jogos Olímpicos do Rio de Janeiro (Vinícius e Tom).

Mascote da Copa do Mundo no Brasil (Fuleco).

c) Qual é o preço total da geladeira ao lado?

2 prestações de R$ 510,00.

Geladeira.

Números até 1999

Depois do 999 vem o **1 000 (mil)**.

Você já viu:

O sucessor do 9 é o 10 (dez). $\longrightarrow$ 9 + 1 = 10 (1 dezena)

O sucessor do 99 é o 100 (cem). $\longrightarrow$ 99 + 1 = 100 (1 centena)

Veja agora:

O sucessor de 999 é o 1 000 (mil). $\longrightarrow$ 999 + 1 = 1 000 (1 milhar)

1 Complete cada sequência dos números naturais.

a)

| 994 | 995 | 996 | | | | |

b)

| 400 | 500 | | | 800 | | |

c)

| | | 800 | 850 | 900 | | |

d)

| | 950 | | | | 990 | 1 000 |

2 **UNIDADES DE MEDIDA E O NÚMERO 1 000**

Vamos relembrar as relações entre algumas unidades de medida em que o número 1 000 está envolvido.

a) Complete.

1 quilômetro = 1 000 _____	ou	1 km = 1 000 _____
1 quilograma = 1 000 _____	ou	1 kg = 1 000 _____
1 tonelada = 1 000 _____	ou	1 t = 1 000 _____

b) Agora, descubra.

1 milênio = 1 000 _____

Sugestão de...
Livro
Uma história com mil macacos.
Ruth Rocha. São Paulo: Salamandra, 2009.

3 Observe o preço de alguns produtos de uma loja.

As imagens não estão representadas em proporção.

Fogão. R$ 500,00

Liquidificador. R$ 100,00

Geladeira. R$ 900,00

R$ 800,00 Televisor.

Agora, em cada compra indicada, escreva se o valor total é R$ 1 000,00, mais do que R$ 1 000,00 ou menos do que R$ 1 000,00.

a) 1 geladeira e 1 fogão. _____

b) 2 fogões. _____

c) 1 liquidificador e 1 televisor. _____

d) 1 geladeira e 1 liquidificador. _____

e) 1 fogão e 1 liquidificador. _____

4 **ATIVIDADE EM DUPLA** Marcelo quer obter a quantia de R$ 1 000,00 só com notas de R$ 100,00 e de R$ 50,00.
Usem o dinheiro do **Ápis divertido**, descubram 4 possibilidades de obter R$ 1 000,00 e registrem.

_____

_____

_____

_____

5 Vamos acrescentar ao 1000 números até 999.

1000 + 1 = 1001 (Mil e um.)

1000 + 2 = 1002 (Mil e dois.)

1000 + 63 = 1063 (Mil e sessenta e três.)

1000 + 584 = 1584 (Mil, quinhentos e oitenta e quatro.)

1000 + 600 = 1600 (Mil e seiscentos.)

106 + 1000 = 1106 (Mil, cento e seis.)

Agora, escreva mais estes números e a leitura deles.

a) 1000 + 8 = _____ (_____)

b) 1000 + 80 = _____ (_____)

c) 1000 + 800 = _____ (_____)

d) 88 + 1000 = _____ (_____)

e) 732 + 1000 = _____ (_____)

f) 120 + 1000 = _____ (_____)

6 Escreva os números com algarismos.

a) Mil, seiscentos e dezoito. _____

d) Mil, cento e sete. _____

b) Mil e cinco. _____

e) Mil, cento e doze. _____

c) Mil e vinte. _____

f) Mil e quinhentos. _____

7 Considere os números da atividade anterior e complete.

a) O maior número é _____ e o menor é _____.

b) Os números que ficam entre 1100 e 1200 são _____ e _____.

8 O pai de Márcia tem R$ 1000,00 na conta bancária e vai depositar estas 4 notas mostradas ao lado.

De quantos reais passará a ser o saldo bancário dele? _____

As imagens não estão representadas em proporção.

Dam Ferreira/Arquivo da editora

Reprodução/Casa da Moeda do Brasil/Ministério da Fazenda

Unidade 9

9 UNIDADES DE MEDIDA E NÚMEROS ATÉ 1999

Complete com o número ou a unidade de medida que falta.

a) 1 quilômetro + 600 metros = _____ metros

b) 1 500 gramas = 1 _____ + 500 _____

c) 20 horas = _____ minutos

d) 1 milênio + 325 anos = _____ anos

e) 1 tonelada + 250 quilogramas = _____ quilogramas

f) 1 metro = _____ milímetros

10 Complete as operações para que o resultado seja sempre 1 200.

900 + _____ = 1 200

1 286 − _____ = 1 200

2 × _____ = 1 200

1 194 + _____ = 1 200

_____ + _____ = 1 200

_____ − _____ = 1 200

_____ × _____ = 1 200

11 Escreva as sequências numéricas indicadas.

a) Ela tem 5 termos, o 1º termo é 200 e, a partir do 2º termo, cada um é 300 a mais do que o anterior.

b) Ela tem 7 termos, o 1º termo é 1 900 e, a partir do 2º termo, cada um é 200 a menos do que o anterior.

12 Em qual das sequências da atividade anterior os números estão na ordem decrescente? _____

Números até 10000 (dez mil)

1 **MILHARES INTEIROS OU MILHARES EXATOS**

$1000 + 1000 = 2000$

ou $2 \times 1000 = 2000$

(Dois mil.)

1000	2000
↓	↓
Mil.	Dois mil.
ou	ou
Um milhar.	Dois milhares.

Considere um número exato de milhares e complete.

a) $3 \times 1000 =$ _____

b) $5 \times 1000 =$ _____

c) $8 \times 1000 =$ _____

d) $9 \times 1000 =$ _____

e) $10 \times 1000 =$ _____

f) $7 \times 1000 =$ _____

2 Vamos acrescentar números menores do que 1000 aos milhares exatos.

$3000 + 47 = 3047$ (Três mil e quarenta e sete.)

$5000 + 123 = 5123$ (Cinco mil, cento e vinte e três.)

$8000 + 9 = 8009$ (Oito mil e nove.)

$7000 + 800 + 40 + 1 = 7841$ (Sete mil, oitocentos e quarenta e um.)

Agora, escreva mais estes números e a leitura deles.

7000 + 30
7030
Sete mil e trinta

Dam Ferreira/Arquivo da editora

a) $8000 + 5 =$ _____ (_____)

b) $8000 + 50 =$ _____ (_____)

c) $8000 + 500 =$ _____ (_____)

d) $6000 + 376 =$ _____ (_____)

e) $77 + 4000 =$ _____ (_____)

f) $5000 + 925 =$ _____ (_____)

3 Complete cada parte da sequência dos números naturais.

a)

996	997	998			

b)

1007	1008				

c)

		2491	2492		

d)

	7000			7003	

4 O MIL OU MILHAR (1000) NO MATERIAL DOURADO

Você já viu:

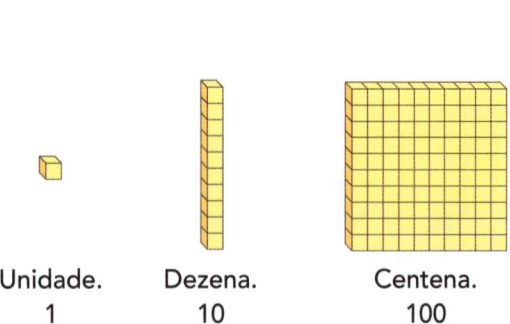

Unidade. 1	Dezena. 10	Centena. 100

Veja agora:

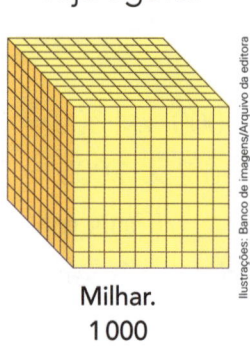

Milhar.
1000

Veja alguns números representados com material dourado e complete.

a)

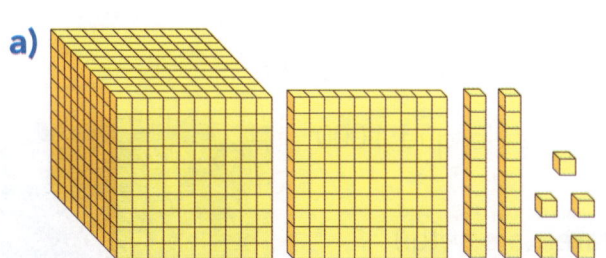

1000 + 100 + 20 + 5

Número: _____

Leitura: _____

b)

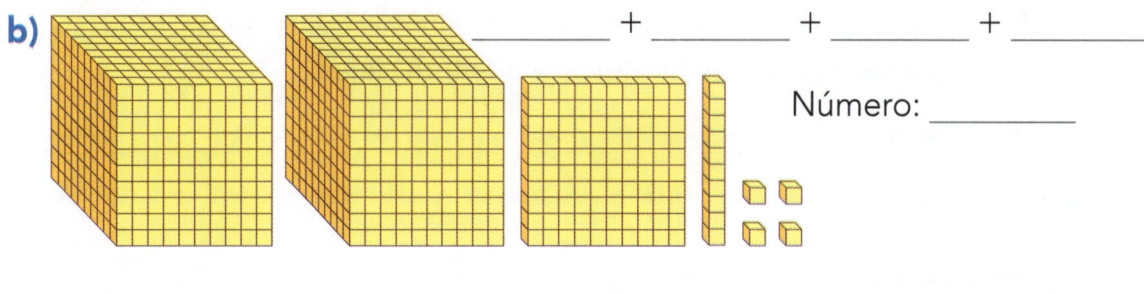

_____ + _____ + _____ + _____

Número: _____

Leitura: _____

5 Agora vamos compor e decompor números em milhares exatos, centenas exatas, dezenas exatas e unidades. Complete.

a) 7000 + 800 + 30 + 5 = _____

b) 2000 + 500 + 8 = _____

c) 3000 + 400 + 60 = _____

d) 2196 = _____ + _____ + _____ + _____

e) 4038 = _____ + _____ + _____

f) 6230 = _____ + _____ + _____

Com os colegas, faça a leitura dos números.

6 Vamos trabalhar com desenhos de fichas. Observe os valores.

1000   100   10   1

Agora, determine os números a partir das representações.

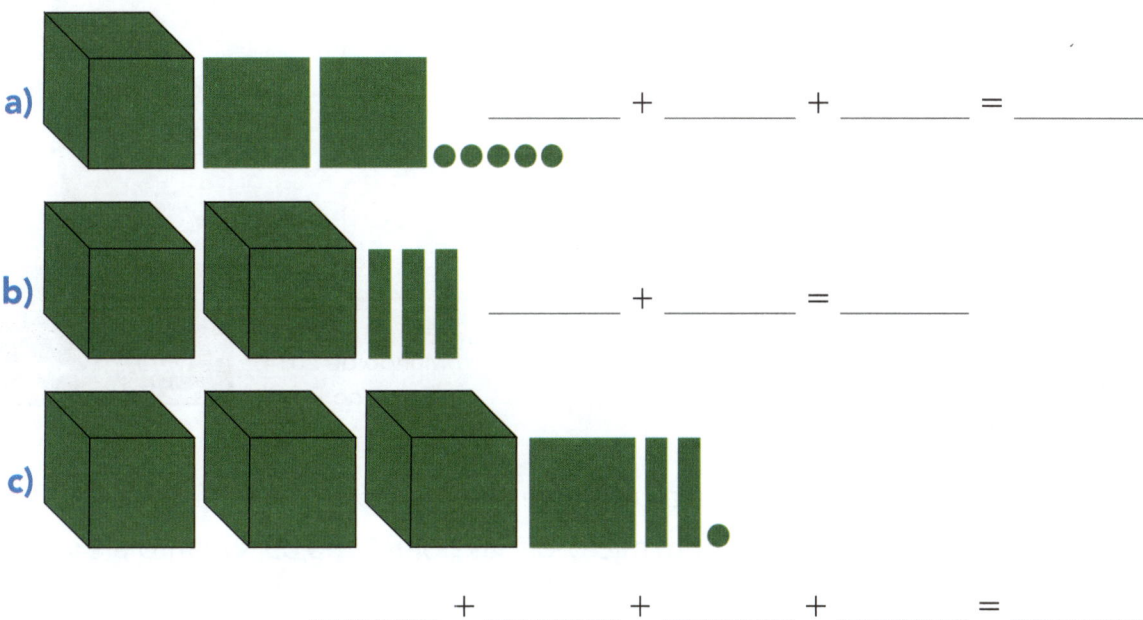

a) _____ + _____ + _____ = _____

b) _____ + _____ = _____

c) _____ + _____ + _____ + _____ = _____

7 Vamos levar o passarinho até o ninho dele?

a) Pinte o caminho do passarinho até o ninho, passando pelos números que são 300 a mais do que o número anterior. Por fim, contorne o ninho.

As imagens não estão representadas em proporção.

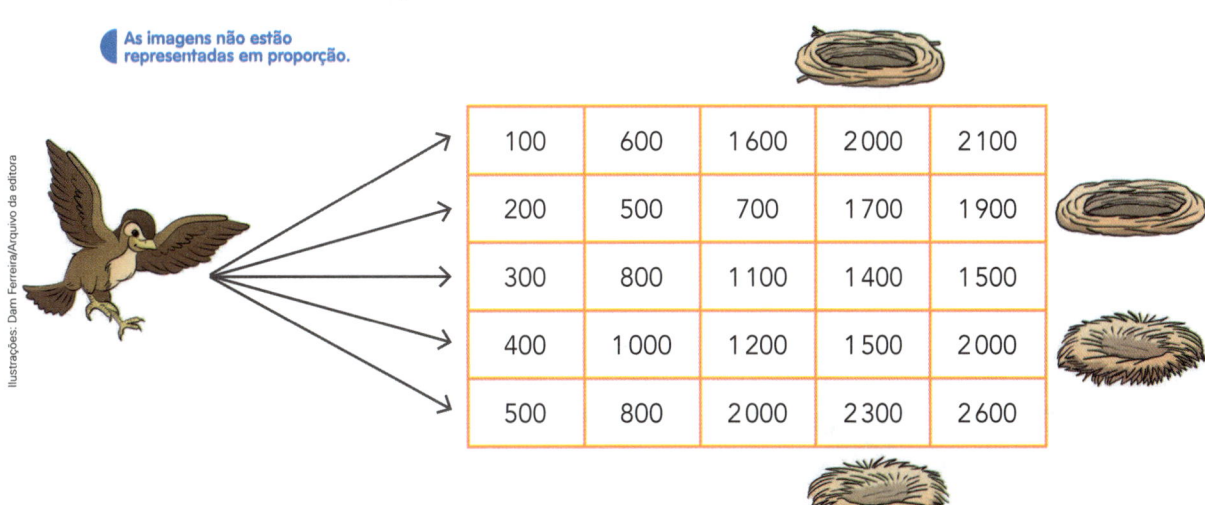

100	600	1600	2000	2100
200	500	700	1700	1900
300	800	1100	1400	1500
400	1000	1200	1500	2000
500	800	2000	2300	2600

b) Copie o maior número que aparece acima e escreva como se lê.

_____   _____

Unidade 9

8 O BRASIL E A COPA DO MUNDO DE FUTEBOL

Vamos ver mais alguns dados interessantes sobre a Copa do Mundo de futebol masculino?

Neste quadro temos alguns fatos relacionados à participação do Brasil nesse evento e os anos escritos por extenso. Escreva os números com algarismos.

1ª Copa do Mundo realizada no Brasil	Mil, novecentos e cinquenta.	
Brasil campeão pela primeira vez	Mil, novecentos e cinquenta e oito.	
Brasil campeão pela quinta vez	Dois mil e dois.	
2ª Copa do Mundo realizada no Brasil	Dois mil e catorze, ou dois mil e quatorze.	

Taça da Copa do Mundo de 2014, realizada no Brasil.

Troféu dos Campeões da Copa do Mundo da FIFA 2014

Daniel Vorley/Frame/Folhapress

9 PROBLEMAS

Leia, pense e resolva.

a) Carlos está mobiliando a casa dele e vai comprar um sofá por R$ 600,00, um fogão por R$ 300,00 e um micro-ondas por R$ 250,00. Quanto ele vai gastar?

_____

b) Uma indústria tinha 1995 funcionários e contratou mais 45. Quantos funcionários essa indústria passou a ter?

_____

10 VAMOS CHEGAR AO 10 000 (DEZ MIL)?

ATIVIDADE ORAL EM GRUPO (TODA A TURMA) Complete esta parte da sequência dos números naturais e, depois, leia os números com os colegas.

9995	9996	9997			

11 Volte às páginas de abertura desta Unidade, reescreva aqui o número de cada ano e escreva como se lê esses números.

- Descobrimento do Brasil: _____ Leitura: _____

- Independência do Brasil: _____ Leitura: _____

- Proclamação da República do Brasil: _____

  Leitura: _____

12 CÁLCULO MENTAL

Complete com os números que faltam em cada esquema.

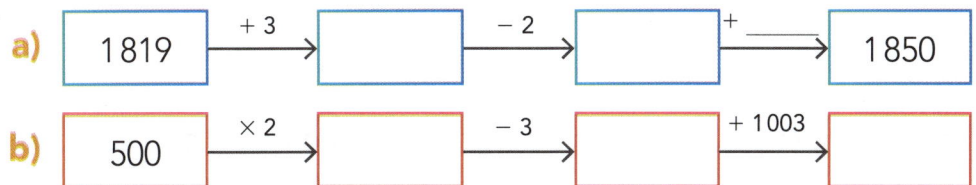

a) 1819 → (+ 3) → ☐ → (− 2) → ☐ → (+ ___) → 1850

b) 500 → (× 2) → ☐ → (− 3) → ☐ → (+ 1003) → ☐

13 ANIVERSÁRIOS!

a) Paulo nasceu em 2008. Quantos anos ele fez em 2014? _____

b) Aline nasceu no dia 6/10/1998. Complete:

  Ela fez 5 anos em _____

  e vai fazer 30 anos em _____.

udra11/Shutterstock

Adereços de festa.

14 Observe estes números.

| 2 146 | | 9 082 | | 983 | | 2 200 | | 2 164 | | 2 020 |

a) Pinte o quadrinho que tem o maior número.

b) Assinale com um **X** o quadrinho que tem o menor número.

c) Localize na reta numerada a posição aproximada de cada número.

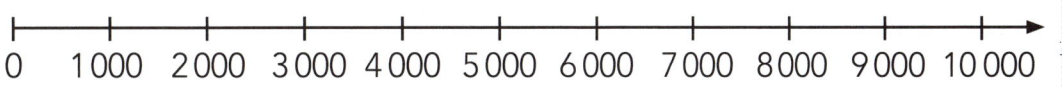

0 1000 2000 3000 4000 5000 6000 7000 8000 9000 10000

Banco de imagens/Arquivo da editora

d) Escreva os 6 números em ordem crescente.

  _____, _____, _____, _____, _____, _____.

15 FAÇA DO SEU JEITO!

Efetue as operações e complete com os resultados. Depois, veja como os colegas fizeram.

Dica: use os mesmos procedimentos utilizados com os números até 999. Lembre-se: cada milhar vale 10 centenas!

a) 3276 + 1444 = _____

b) 8823 − 5913 = _____

c) 3 × 2516 = _____

d) 9654 ÷ 3 = _____

16 As fotos abaixo mostram 2 cidades do estado de São Paulo que são estâncias climáticas.

As imagens não estão representadas em proporção.

Vista aérea de Águas da Prata, São Paulo. Foto de 2016.

Vista aérea de Águas de São Pedro, São Paulo. Foto de 2015.

Analise os dados da população dessas cidades, registradas no Censo 2010, calcule e complete os valores que faltam.

Águas da Prata
Homens: 3747 habitantes.
Mulheres: 3837 habitantes.
População: _____ habitantes.

Águas de São Pedro
Homens: _____ habitantes.
Mulheres: 1445 habitantes.
População: 2707 habitantes.

Dados obtidos em: IBGE. Disponível em: <https://cidades.ibge.gov.br/brasil/sp/aguas-da-prata/panorama>. Acesso em: 12 dez. 2019.

Dados obtidos em: IBGE. Disponível em: <https://cidades.ibge.gov.br/brasil/sp/aguas-de-sao-pedro/panorama>. Acesso em: 12 dez. 2019.

Vamos ver de novo?

1 Responda.

a) Que número está representado com o material dourado? _____

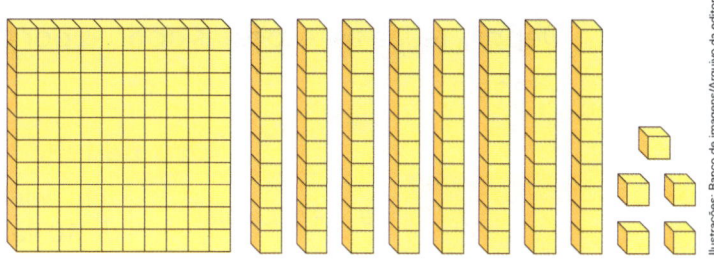

Ilustrações: Banco de imagens/Arquivo da editora

b) Como se lê esse número? _____

2 Maurício tem 3 cubos iguais e vai formar um sólido geométrico com eles.
Qual destes sólidos geométricos ele pode formar? Assinale-o.

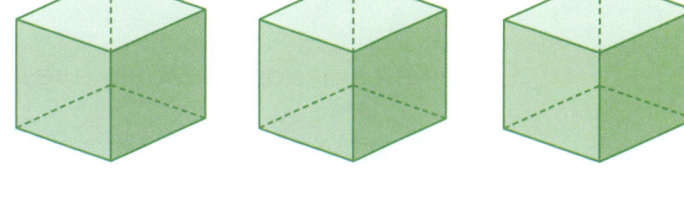

Ilustrações: Banco de imagens/Arquivo da editora

☐ Cubo.　　☐ Paralelepípedo.　　☐ Cilindro.　　☐ Pirâmide.

3 Complete a cruzadinha com o resultado das adições e subtrações.

379 + 226

523 − 167 →

247 + 81

395 − 43 →

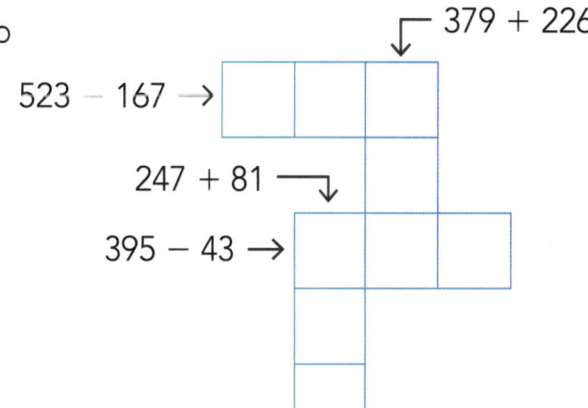

4 Use uma régua, trace os contornos e pinte para obter uma região quadrada (em verde), uma região retangular (em azul) e uma região triangular (em cinza), com vértices nos pontos assinalados abaixo.

a) **ATIVIDADE EM GRUPO (TODA A TURMA)** Faça uma pesquisa com 3 alunos com idade entre 8 e 15 anos, que não sejam de sua turma, sobre as opções descritas na tabela abaixo.

Depois, reúna as respostas obtidas por todos os colegas da turma e preencha a tabela.

Uso de telefone celular

Opção	Não tem celular.	Tem celular e usa menos de 10 vezes por dia.	Tem celular e usa mais de 10 vezes por dia.
Quantidade de alunos			

Total de alunos entrevistados: _____

Tabela elaborada para fins didáticos.

b) Observe os dados da tabela e responda: Qual das opções foi citada com maior frequência? _____

c) Essa frequência foi maior ou menor do que a metade do total de alunos entrevistados? _____

6 Observe 2 praças do bairro em que Monique mora.

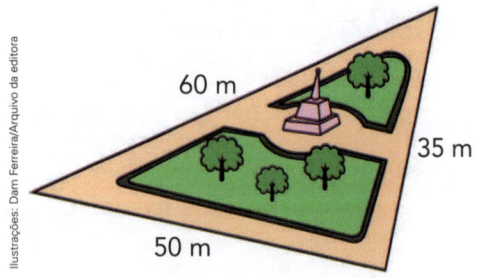
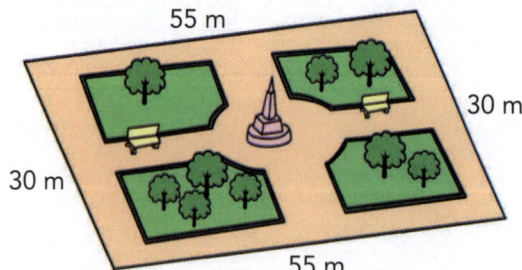

Ilustrações: Dam Ferreira/Arquivo da editora

60 m 35 m 50 m

55 m 30 m 30 m 55 m

a) Qual dessas praças tem medida de perímetro menor: a triangular ou a retangular? _____

b) Quantos metros a medida do perímetro dessa praça é menor do que a medida do perímetro da outra praça? _____

7 Observe a legenda de cores relacionada a algumas grandezas.

● Tempo.   ● Massa.   ● Comprimento.   ● Capacidade.

Agora, complete com o que falta em cada quadro e, depois, pinte-o de acordo com a cor da grandeza envolvida.

| 5 kg = _____ g | 1 h 20 min = _____ min | 3 dias = _____ horas |

| 3 m e 7 cm = _____ cm | meio litro = _____ mL | 2 t = _____ kg |

8 **O DINHEIRO DA TURMA. VAMOS DESCOBRIR?**

- Mário tem as notas mostradas ao lado.
- Paula tem o triplo de Mário.
- Ana tem a metade de Paula.
- Renato tem a terça parte de Paula.
- Carla tem 5 reais a mais do que Ana.
- Lucas tem 5 reais a menos do que Mário.

a) Faça uma lista com os nomes e as respectivas quantias.

- _____ → _____
- _____ → _____
- _____ → _____

- _____ → _____
- _____ → _____
- _____ → _____

b) Agora, calcule e registre a quantia total da turma. _____

9 Observe estes sólidos geométricos.
Complete com o nome, o número de faces
e a forma das faces deles.

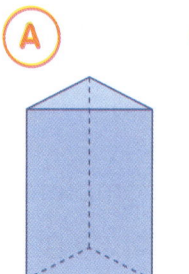 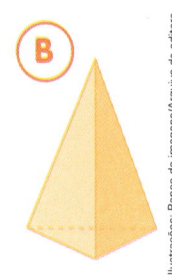

a) O sólido geométrico **A** é chamado de

_____

e tem _____ faces _____

e _____ faces _____.

b) O sólido geométrico **B** é chamado de _____

_____ e tem _____ faces, todas _____.

10 ## ARREDONDAMENTO, CÁLCULO MENTAL E RESULTADO APROXIMADO

Em cada item, pinte o quadrinho com a alternativa mais próxima do valor
exato.

As imagens não estão representadas em proporção.

a) Carlos vai comprar um xilofone e um
trem de brinquedo. Quanto ele vai gastar, aproximadamente?

| 50 reais. | 40 reais. | 60 reais. |

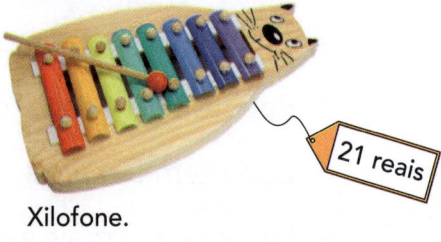

Xilofone.

21 reais

b) Mário tem R$ 289,00. Com quanto ele
vai ficar, aproximadamente, se gastar
R$ 142,00?

| R$ 140,00 | R$ 150,00 | R$ 160,00 |

28 reais

Trem.

11 Considere os números das fichas e indique o que se pede.

| 7 | 12 | 18 | 21 | 27 |

a) Os números que somados com 20 dão mais do que 38. _____

b) O número cujo dobro é um número ímpar. _____

c) Os números que têm divisão exata por 6. _____

d) Os números cuja divisão por 5 têm resto 2. _____

12 Indique a medida de cada intervalo de tempo.

a) Das 8 e meia às 11 e meia de um mesmo dia. _____ horas.

b) De 28/3 a 3/4 de um mesmo ano. _____ dias.

c) Do dia 4 ao dia 18 de um mesmo mês. _____ semanas.

d) Os 6 primeiros meses de um mesmo ano. _____ bimestres.

e) Das 10 h 58 min às 12 h de um mesmo dia. _____ minutos.

f) De 9/7/2008 até 9/7/2012. _____ anos.

13 **POSSIBILIDADES**

Escreva todas as multiplicações de 2 números naturais com resultado 30.

$1 \times \underline{\hspace{1cm}} = 30$ $\qquad$ $6 \times \underline{\hspace{1cm}} = \underline{\hspace{1cm}}$

$\underline{\hspace{1cm}} \times \underline{\hspace{1cm}} = \underline{\hspace{1cm}}$ $\qquad$ $\underline{\hspace{2cm}}$

$\underline{\hspace{1cm}} \times \underline{\hspace{1cm}} = \underline{\hspace{1cm}}$ $\qquad$ $\underline{\hspace{2cm}}$

$5 \times \underline{\hspace{1cm}} = \underline{\hspace{1cm}}$ $\qquad$ $\underline{\hspace{2cm}}$

14 Observe as peças do jogo de dominó.

In-Finity/Shutterstock

Coloque cada peça no lugar correto, de modo que todas sejam usadas.

In-Finity/Shutterstock

O que estudamos

Retomamos o número 1000 (mil) e aprendemos como chegar a ele a partir de números já conhecidos e usando sequências numéricas.

$$999 + 1 = 1000 \qquad 2 \times 500 = 1000 \qquad 700 + 200 + 100 = 1000$$

990, 991, 992, 993, 994, 995, 996, 997, 998, 999, 1000

100, 200, 300, 400, 500, 600, 700, 800, 900, 1000

Conhecemos os milhares exatos e os utilizamos para compor números.

$$3000 + 127 = 3127 \qquad\qquad 46 + 6000 = 6046$$
$$5000 + 200 + 40 + 9 = 5249 \qquad\qquad 8000 + 70 = 8070$$

Fizemos a leitura dos números de 1000 (mil) a 10000 (dez mil) e também escrevemos esses números a partir da leitura deles.

- 7429 $\longrightarrow$ Sete mil, quatrocentos e vinte e nove.

- 1056 $\longrightarrow$ Mil e cinquenta e seis.

- Oito mil, novecentos e sessenta e oito. $\longrightarrow$ 8968

- Sete mil e nove. $\longrightarrow$ 7009

Vimos situações nas quais usamos os números até 10000.

- 1 milênio corresponde a 1000 anos.

- Com 22 notas de R$ 100,00, obtemos a quantia de R$ 2200,00.

- A população de Cabixi, em Rondônia, registrada no Censo de 2010, era de 6313 pessoas.

- Neste ano, seu relacionamento com os colegas, professores e funcionários da escola foi bom?

- Qual das Unidades deste livro você gostou mais de estudar?

- Você realizou as tarefas de casa de maneira organizada?

- Que mudanças você fará para melhorar seu aproveitamento escolar no ano que vem?

Mensagem de fim de ano

1 O PRESENTE DE NATAL

Pedrinho viu as caixas de presente perto
da árvore de Natal.
Ele queria saber qual era o presente dele.
Sua mãe deu 3 dicas.

- O papel do presente não é listrado.

- Há um laço na caixa.

- A caixa não é cilíndrica.

Encontre a caixa do presente de Pedrinho

e anote a letra correspondente: _____

2 MENSAGEM CODIFICADA

Código

1	2	3	4	5	6	7	8	9
N	E	A	Z	I	F	L	V	O

Use o código, decifre e escreva a mensagem.

2×3	$8 \div 4$	$6 + 1$	$28 - 23$	$32 \div 8$
☐	☐	☐	☐	☐
☐	☐	☐	☐	☐

$0 + 3$	$7 \div 7$	3×3	$100 - 99$	$90 \div 10$	$2 \times 2 \times 2$	1×9
☐	☐	☐	☐	☐	☐	☐
☐	☐	☐ —	☐	☐	☐	☐ !

Mensagem: _____

Você terminou o livro!

- O que você mais gostou de estudar neste livro? Em qual parte teve mais dificuldade? Converse com os colegas.

- Registre no espaço abaixo um pouco do que aprendeu. Você pode fazer colagens, desenhos ou escrever alguma coisa. Faça do seu jeito!

Dam Ferreira/Arquivo da editora

- Agora, mostre aos colegas e ao professor o que você fez e veja o trabalho dos colegas.

No livro do 4º ano você vai rever muitas coisas que estudou aqui e aprender uma porção de novidades.
Espero você lá!

O autor

Glossário

A

Algarismo (página 22)

Cada símbolo que usamos para escrever os números. São 10 os algarismos: 0, 1, 2, 3, 4, 5, 6, 7, 8 e 9.

135 é um número de 3 algarismos.

- algarismo das unidades
- algarismo das dezenas
- algarismo das centenas

Algoritmo (página 25)

Esquema para simplificar cálculos. As "continhas" são exemplos de algoritmo.

Algoritmo usual da adição

$$\begin{array}{r} {}^{1} \\ 5\ 4\ 7 \\ +\ \ \ 8\ 1 \\ \hline 6\ 2\ 8 \end{array}$$

Algoritmo usual da multiplicação

$$\begin{array}{r} {}^{2} \\ 3\ 7 \\ \times\ \ \ 4 \\ \hline 1\ 4\ 8 \end{array}$$

Antecessor de um número natural (página 46)

Número natural que vem imediatamente antes dele na sequência dos números naturais.

O antecessor de 66 é 65. Na sequência dos números naturais, o 0 não tem antecessor.

Arredondamento (página 83)

Aproximação de um número para um valor que facilita os cálculos.

Para ter ideia do resultado de 198 + 89, podemos arredondar 198 para 200 e 89 para 90 e obtemos o resultado aproximado 200 + 90 = 290.

B

Bloco retangular (página 58)

(ver paralelepípedo)

C

Cálculo mental (página 83)

Cálculo que fazemos sem escrever ou usar um instrumento. Depois, podemos registrar o resultado.

10 + 40 = 50	2 × 100 = 200
180 − 20 = 160	60 ÷ 2 = 30

As imagens não estão representadas em proporção.

Capacidade (página 270)

Tipo de grandeza que pode ser medida em copos, xícaras, litros, mililitros, etc.

A medida da capacidade desta garrafa é 3 litros.

givaga/Shutterstock

3 litros.

Centena (página 29)

Grupo de 100 (cem) unidades (10 × 10) ou 10 dezenas.

Dan Kosmayer/Shutterstock

100 bolinhas ou 1 centena de bolinhas.

Centena inteira ou centena exata (página 31)

Número de 3 algarismos que tem o 0 (zero) como algarismo das dezenas e como algarismo das unidades.

As centenas exatas são:
100, 200, 300, 400, 500, 600, 700, 800 e 900.

Cilindro (página 59)

Tipo de sólido geométrico.
A pilha lembra a forma de cilindro.

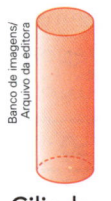 

Cilindro. **Pilha.**

Círculo (página 118)

(ver **região circular**)

Circunferência (página 131)

Contorno como o das figuras abaixo.

Comprimento (página 17)

Tipo de grandeza que pode ser medida em palmos, passos, centímetros, metros, quilômetros, etc.

Cone (página 59)

Tipo de sólido geométrico.

O chapéu de festa lembra a forma de cone.

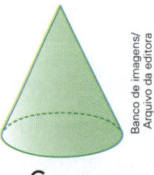

Cone.

Contorno (página 116)

Linha que fica "em volta" de uma região plana.

Região plana   Seu contorno

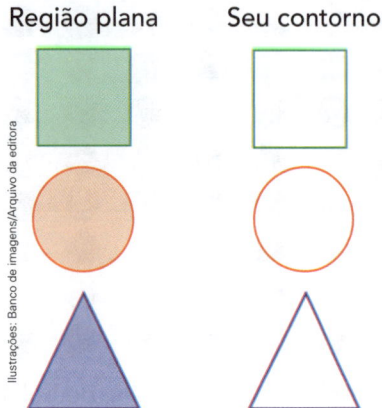

Cubo (página 58)

As imagens não estão representadas em proporção.

Tipo de sólido geométrico.
O dado lembra a forma de um cubo.

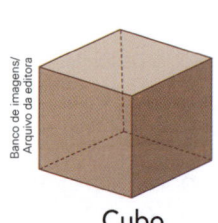 

Cubo. **Dado.**

O cubo tem 6 faces (todas quadradas), 8 vértices e 12 arestas (todas com medidas de comprimento iguais).

Dezena (página 23)

Grupo de 10 (dez) unidades.

10 laranjas ou 1 dezena de laranjas.

Dezena inteira ou dezena exata (página 23)

Número de 2 algarismos no qual o algarismo das unidades é 0 (zero).

As dezenas inteiras são:
10, 20, 30, 40, 50, 60, 70, 80 e 90.

Diferença na subtração (página 94)

(ver **resto** ou **diferença**)

Dobro (página 18)

Duas vezes.
O dobro de 10 é 20, pois $2 \times 10 = 20$.
O dobro de 7 é 14, pois $2 \times 7 = 14$.

Eixo de simetria (página 128)

(ver **simetria**)

Esfera (página 58)

As imagens não estão representadas em proporção.

Tipo de sólido geométrico.
A bola de futebol lembra a forma de esfera.

Esfera.

Bola de futebol.

Estatística (página 21)

Parte da Matemática que estuda a coleta de dados e a elaboração e interpretação de tabelas, gráficos, etc.

Qual é o seu dia da semana predileto?

Tabela

Dia da semana	Quantidade de votos
D	⬚⬚|
S	∟
T	⊏
Q	⬚
Q	⊏
S	⬚∟
S	⬚⬚

Gráfico

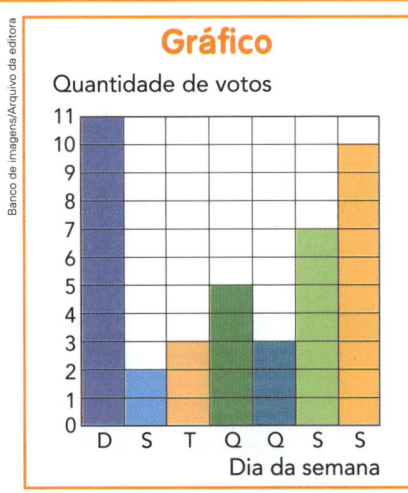

Quantidade de votos

(Eixo vertical: 0 a 11; Eixo horizontal: D S T Q Q S S — Dia da semana)

Tabela e gráfico elaborados para fins didáticos.

Nesta pesquisa, foram entrevistadas 41 pessoas. O dia da semana mais votado foi o domingo e o dia menos votado foi a segunda-feira. A sexta-feira recebeu 7 votos e a quarta-feira recebeu a metade dos votos do sábado.

Fator (página 164)

Cada um dos números que são multiplicados para obter o resultado em uma multiplicação.
Em $4 \times 50 = 200$, os fatores são 4 e 50.

Figura geométrica (página 20)

Nome que podemos dar aos sólidos geométricos, às regiões planas e aos contornos.
Exemplos:

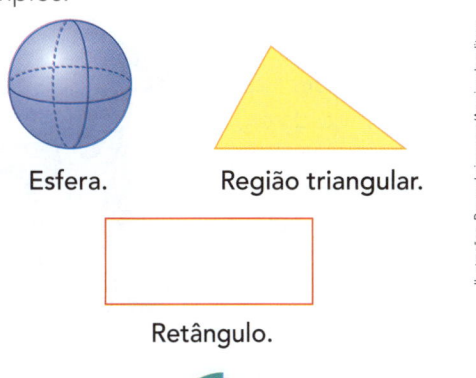

Esfera.   Região triangular.

Retângulo.

Geometria (página 116)

Parte da Matemática que estuda as figuras como quadrado, cone, círculo, etc.

Gráfico (página 21)

(ver **estatística**)

Grama (página 177)

Unidade de medida de massa usada para medir (pesar) objetos "leves".

Grandeza (página 186)

O que pode ser medido ou contado.
Intervalo de tempo e dinheiro são exemplos de grandezas.

Hora (página 16)

Unidade de medida de tempo.
1 hora tem 60 minutos.

Intervalo de tempo [página 38]

Tipo de grandeza que pode ser medida em minutos, horas, dias, semanas, meses, anos, etc.
Para ir da sua casa à escola, Ana leva meia hora.

Massa [página 177]

Tipo de grandeza que pode ser medida em quilogramas, gramas, toneladas, etc.
A medida da massa ("peso") do garoto é 30 kg.

Dam Ferreira/Arquivo da editora

Material dourado [página 23]

Material pedagógico útil para trabalhar vários assuntos da Matemática.

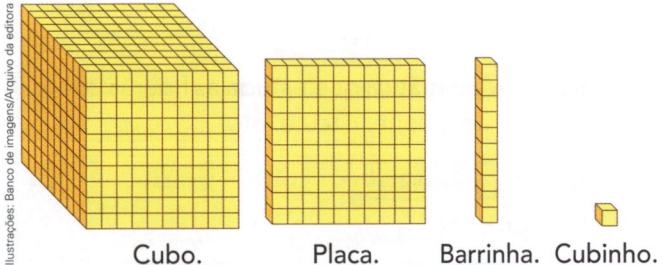

Ilustrações: Banco de imagens/Arquivo da editora

Cubo.   Placa.   Barrinha.   Cubinho.

1 cubinho representa a unidade.
1 barrinha representa a dezena e corresponde a 10 cubinhos.
1 placa representa a centena e corresponde a 10 barrinhas ou a 100 cubinhos.
1 cubo representa o milhar e corresponde a 10 placas, a 100 barrinhas ou a 1 000 cubinhos.

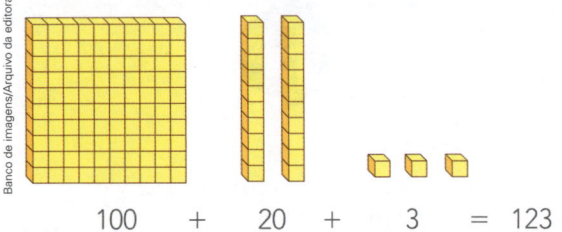

Banco de imagens/Arquivo da editora

100   +   20   +   3   =   123

Medida [página 24]

Forma de indicar o "tamanho" de uma grandeza em relação a outra de mesmo tipo (unidade).
A medida é expressa por um número acompanhado da unidade escolhida.

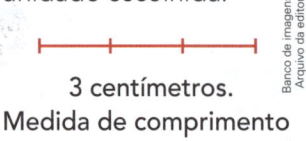

Banco de imagens/Arquivo da editora

3 centímetros.
Medida de comprimento

Anutr Yossundara/Shutterstock

3 horas.
Medida de intervalo de tempo

Mililitro [página 273]

Unidade de medida de capacidade.
1 litro tem 1 000 mililitros.

Minuto [página 53]

Unidade de medida de intervalo de tempo.
1 hora tem 60 minutos e 1 minuto tem 60 segundos.

Numeração ordinal [página 48]

Indica a posição de um elemento em uma sequência.
O 5º (quinto) mês do ano é maio.
A 48ª página deste livro trata da numeração ordinal.

Número [página 15]

Ideia matemática que expressa contagem, medida, ordem ou código.
1 dúzia corresponde a 12 unidades.
Meia hora tem 30 minutos.
Fábio é o 2º aluno da fila.
O DDD da cidade de São Luís (MA) é 98.

Número natural (página 47)

Número que serve para contagens.
Sequência dos números naturais: 0, 1, 2, 3, 4, ...

Operação (página 21)

Associa 2 números a um terceiro número.

Operação de adição: 10 + 20 = 30	Operação de multiplicação: 4 × 20 = 80
Operação de subtração: 80 − 30 = 50	Operação de divisão: 90 ÷ 3 = 30

Ordem crescente (página 45)

Do menor para o maior.
Os lápis, da esquerda para a direita, estão em ordem crescente de altura.

Ljupco Smokovski/Shutterstock

Os números 12, 25, 48, 67 e 95 estão em ordem crescente de valor.

Ordem decrescente (página 45)

Do maior para o menor.
As latas, da esquerda para a direita, estão em ordem decrescente de altura.

Eduardo Santaliestra/Arquivo da editora

Os números 98, 85, 76, 57 e 43 estão em ordem decrescente de valor.

P

Paralelepípedo ou bloco retangular (página 59)

Tipo de sólido geométrico.
O tijolo tem a forma de paralelepípedo.

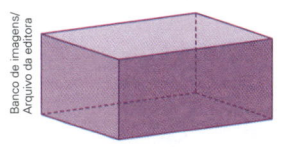 

Banco de imagens/Arquivo da editora

Alis Photo/Shutterstock

Paralelepípedo.　　　Tijolo.

Paralelogramo (página 139)

Contorno como o das figuras abaixo.

 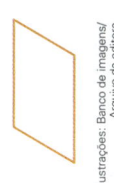

Ilustrações: Banco de imagens/Arquivo da editora

Parcela (página 89)

Cada um dos números que são adicionados para obter o resultado em uma adição.
Em 7 + 3 = 10, as parcelas são 7 e 3.

Pirâmide (página 59)

Sólido geométrico como os desenhos abaixo.

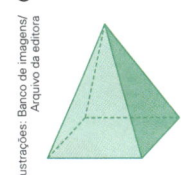 

Ilustrações: Banco de imagens/Arquivo da editora

Possibilidade (página 19)

Quando jogamos uma moeda, uma possibilidade é sair cara na face voltada para cima, e outra possibilidade é sair coroa.
Quando jogamos um dado, são 6 as possibilidades de resultado da face voltada para cima.

Prisma (página 64)

Sólido geométrico como os desenhos abaixo.

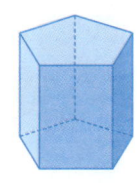 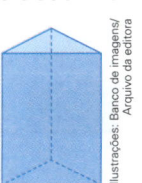

Ilustrações: Banco de imagens/Arquivo da editora

Produto página 162

Resultado da multiplicação.

Em $3 \times 200 = 600$, o produto é 600.

O produto de 2 e 9 é 18, pois $2 \times 9 = 18$.

Quadrado página 20

Contorno como o das figuras abaixo.

O quadrado tem 4 lados de medidas iguais.

Quociente página 229

Resultado da divisão.

Em $10 \div 2 = 5$, o quociente é 5.

O quociente de 12 por 3 é 4, pois $12 \div 3 = 4$.

Região circular ou círculo página 118

(ver **região plana**)

Tipo de região plana.

Imagine uma moeda ou um CD sem o furo. Esses objetos lembram a forma de uma região circular ou de um círculo.

Veja algumas regiões circulares.

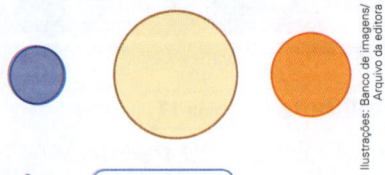

Região plana página 116

Figura geométrica que obtemos quando desmontamos a "casca" de alguns sólidos geométricos.

Desmontando a "casca" de um cilindro, obtemos 1 região plana retangular e 2 regiões planas circulares.

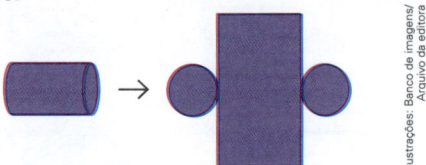

Região quadrada página 118

(ver **região plana**)

Região plana como as desenhadas abaixo.

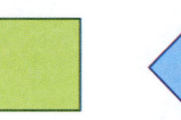  

Todas as faces de um cubo são regiões quadradas.

Região retangular página 118

(ver **região plana**)

Região plana como as desenhadas abaixo.

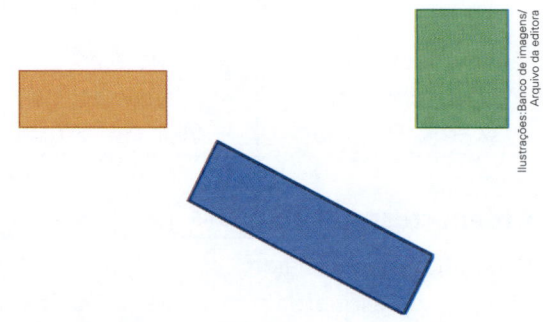

Uma folha de papel sulfite representa uma região retangular.

Região triangular página 118

(ver **região plana**)

Região plana como as que aparecem abaixo.

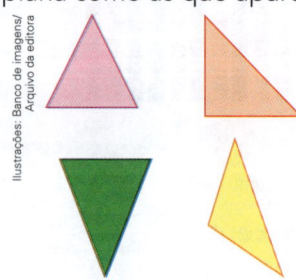

Toda pirâmide tem pelo menos 3 faces triangulares.

Resto na divisão página 230

Quando repartimos igualmente 7 bolas entre 2 crianças, cada uma recebe 3 bolas e sobra 1 bola (resto 1).

Indicamos assim: $7 \div 2 = 3$ e resto 1.

Resto ou diferença página 103

Resultado da subtração.

Em $28 - 8 = 20$, o resto ou a diferença é 20.

A diferença entre 11 e 3 é 8, pois $11 - 3 = 8$.

Resultado aproximado (página 83)

(ver **arredondamento**)

Retângulo (página 131)

Contorno como o das figuras abaixo.

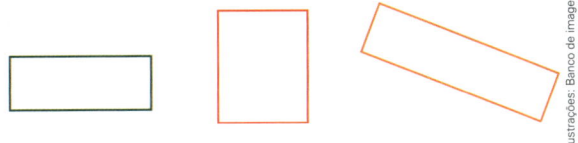

O retângulo tem 4 lados, 2 a 2 de medidas iguais.

Segundo (página 198)

Unidade de medida de tempo.
1 minuto tem 60 segundos.

Semana (página 18)

Unidade de medida de tempo.
1 semana tem 7 dias.

Semestre (página 211)

Período de 6 meses.
1 ano tem 2 semestres.

Simetria (página 128)

Uma figura apresenta simetria quando é possível dobrá-la de modo que as 2 partes coincidam. A dobra representa o eixo de simetria da figura.

Esta foto de borboleta tem simetria. A linha tracejada é seu eixo de simetria.

eixo de simetria

Borboleta.

Sistema de numeração decimal (página 22)

É o sistema de numeração que usamos.
Agrupamos de 10 em 10 para contar.
A posição de cada algarismo no número é importante.

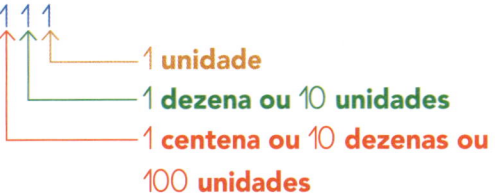

1 1 1

1 **unidade**

1 **dezena ou** 10 **unidades**

1 **centena ou** 10 **dezenas ou** 100 **unidades**

Sólido geométrico (página 58)

Figuras geométricas espaciais como as desenhadas abaixo.

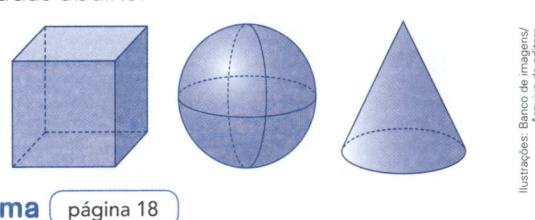

Soma (página 18)

Resultado da adição.
Em 314 + 265 = 579, a soma é 579.
A soma de 12 e 9 é 21, pois 12 + 9 = 21.

Sucessor de um número natural (página 47)

Número natural que vem imediatamente depois dele na sequência dos números naturais.
O sucessor de 79 é 80.

Tabela (página 21)

(ver **estatística**)

◗ As imagens não estão representadas em proporção.

Temperatura (página 24)

Tipo de grandeza que pode ser medida em graus Celsius (°C), por exemplo.
Este termômetro está registrando 18 °C (dezoito graus Celsius).

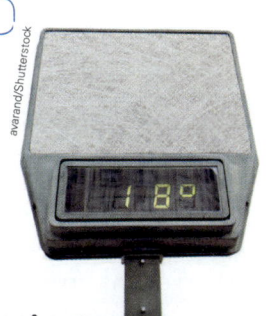

Termômetro de rua.

Tonelada (página 269)

Unidade de medida de massa.

1 tonelada corresponde a 1 000 quilogramas (1 000 kg).

O elefante africano pesa, aproximadamente, 6 toneladas.

Trapézio (página 139)

Contorno como o das figuras abaixo.

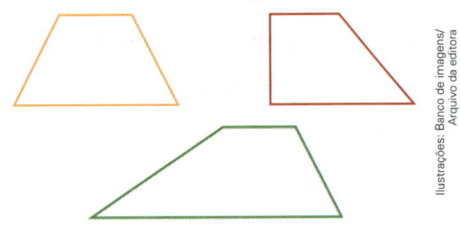

Ilustrações: Banco de imagens/Arquivo da editora

Triângulo (página 131)

Contorno como o das figuras abaixo.

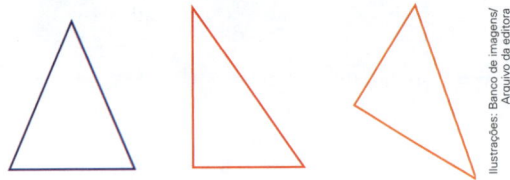

Ilustrações: Banco de imagens/Arquivo da editora

Triplo (página 51)

Três vezes.

O triplo de 10 é 30, pois $3 \times 10 = 30$.

O triplo de 5 é 15, pois $3 \times 5 = 15$.

Unidade (página 23)

Quando fazemos uma contagem, cada elemento é 1 unidade.

1 dezena corresponde a 10 unidades.

1 centena corresponde a 100 unidades.

1 dúzia corresponde a 12 unidades.

Unidade de medida (página 53)

Quando dizemos que a medida do comprimento de um lápis é 16 cm, a unidade padronizada de medida usada é o centímetro.

O litro é uma unidade padronizada de medida de capacidade, e a hora é uma unidade padronizada de medida de tempo.

Unidades não padronizadas de medida (página 255)

Exemplos de unidades não padronizadas de medida de comprimento: palmo, pé, passo, etc. O "tamanho" desses tipos de unidade de medida pode variar de uma pessoa para outra.

Unidade padronizada de medida (página 256)

Veja alguns exemplos de unidades padronizadas de medida.

- De comprimento: centímetro (cm), metro (m), quilômetro (km), etc.;
- De massa: grama (g), quilograma (kg), etc.;
- De tempo: minuto, hora, etc.;
- De capacidade: litro (L), mililitro, etc.

O "tamanho" de uma unidade padronizada é o mesmo para todas as pessoas.

Vértice (página 60)

Encontro de arestas em sólidos geométricos ou encontro de lados em contornos.

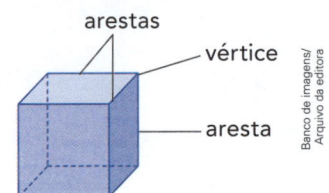

arestas

vértice

aresta

Banco de imagens/Arquivo da editora

O cubo tem 8 vértices.

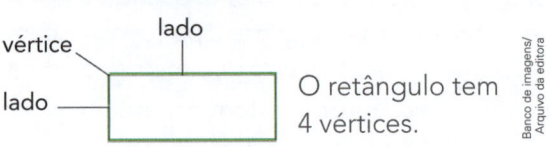

lado

vértice

lado

O retângulo tem 4 vértices.

Banco de imagens/Arquivo da editora

Vista (página 124)

Dependendo da posição de onde observamos um objeto, temos uma vista dele.

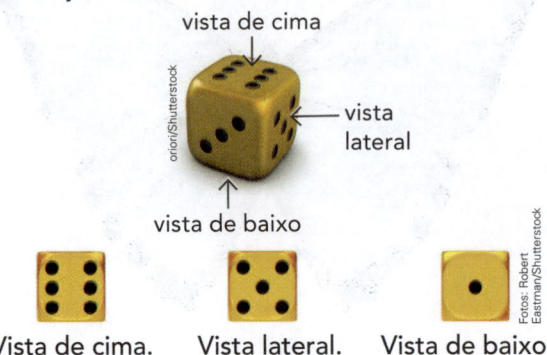

vista de cima

vista lateral

vista de baixo

orion/Shutterstock

Vista de cima. Vista lateral. Vista de baixo.

Fotos: Robert Eastman/Shutterstock

Bibliografia

Você sabe o que é uma **bibliografia**?

É a lista de livros, de artigos e até das leis que o autor consultou para elaborar o livro.

ALFONSO, Bernardo. **Numeración y cálculo**. 3. ed. Madrid: Síntesis, 2000.

ALVES, Eva Maria Siqueira. **A ludicidade e o ensino de Matemática: uma prática possível**. Campinas: Papirus, 2001.

AMARAL, Ana; CASTILHO, Sônia Fiuza da Rocha. **Metodologia da Matemática: aprendizagem nas séries iniciais**. 4. ed. Belo Horizonte: Vigília, 1990. v. 1, 2 e 3.

BORIN, Júlia. **Jogos e resolução de problemas: uma estratégia para as aulas de Matemática**. São Paulo: CAEM-USP, 2007. v. 6.

BRASIL, Luiz Alberto S. **Aplicações da teoria de Piaget ao ensino da Matemática**. Rio de Janeiro: Forense Universitária, 1977.

BRASIL. Ministério da Educação. **Base Nacional Comum Curricular**. Brasília, 2017.

_____. Ministério da Educação. Secretaria de Educação Básica. João Bosco Pitombeira Fernandes de Carvalho (Org.). **Matemática**: **Ensino Fundamental**. Brasília: 2010. v. 17. (Coleção Explorando o ensino).

_____. Ministério da Educação. Secretaria de Educação Básica. Secretaria de Educação Continuada, Alfabetização, Diversidade e Inclusão. Conselho Nacional de Educação. **Diretrizes Curriculares Nacionais Gerais da Educação Básica**. Brasília, 2013.

_____. Ministério da Educação. Secretaria de Educação Fundamental. **Parâmetros Curriculares Nacionais: Matemática**. Brasília, 1997.

BRIGHT, George W. et al. **Principles and Standards for School Mathematics: Navigations Series**. 3. ed. Reston: NCTM, 2007.

BRIZUELA, Bárbara M. **Desenvolvimento matemático na criança: explorando notações**. Porto Alegre: Artmed, 2006.

BUORO, Anamelia Bueno. **Olhos que pintam: a leitura da imagem e o ensino da arte**. São Paulo: Cortez, 2003.

CARVALHO, João Bosco Pitombeira de. As propostas curriculares de Matemática. In: BARRETO, Elba Siqueira de Sá (Org.). **Os currículos do Ensino Fundamental para as escolas brasileiras**. São Paulo: Autores Associados/Fundação Carlos Chagas, 1998.

CERQUETTI-ABERKANE, Françoise; BERDONNEAU, Catherine. **O ensino da Matemática na Educação Infantil**. Trad. de Eunice Gruman. Porto Alegre: Artmed, 1997.

COLL, César; TEBEROSKY, Ana. **Aprendendo Matemática**. São Paulo: Ática, 2000.

D'AMBROSIO, Ubiratan. **Educação Matemática: da teoria à prática**. 2 e 3. ed. Campinas: Papirus, 2013.

D'AMORE, Bruno. **Epistemologia e didática da Matemática**. São Paulo: Escrituras, 2005. (Coleção Ensaios Transversais).

DANTE, Luiz Roberto. **Formulação e resolução de problemas de Matemática: teoria e prática**. São Paulo: Ática, 2010.

DORNELES, Beatriz V. **Escrita e número: relações iniciais**. Porto Alegre: Artmed, 1998.

DUHALDE, María Elena; CUBERES, María T. G. **Encontros iniciais com a Matemática: contribuições à Educação Infantil**. Porto Alegre: Artmed, 1997.

FAZENDA, Ivani Catarina Arantes. **Didática e interdisciplinaridade**. 17. ed. Campinas: Papirus, 2013.

FERREIRA, Mariana Kawall Leal. (Org.). **Ideias matemáticas de povos culturalmente distintos**. São Paulo: Global/Fapesp, 2002.

FONSECA, Maria da Conceição Ferreira Reis (Org.). **Letramento no Brasil: habilidades matemáticas**. São Paulo: Global/Ação Educativa/Instituto Paulo Montenegro, 2004.

GAZZETTA, Marineusa (Coord.); D'AMBROSIO, Ubiratan et al. **Iniciação à Matemática**. Campinas: Ed. da Unicamp, 1986. v. 1, 2 e 3.

GEOMETRIA EXPERIMENTAL. Campinas: Premen-MEC-Imecc-Unicamp, 1972.

HUETE, J. A. Fernandéz; BRAVO, J. C. Sánchez. **O ensino da Matemática: fundamentos teóricos e bases psicopedagógicas**. Porto Alegre: Artmed, 2017.

IFRAH, Georges. **História universal dos algarismos: a inteligência dos homens contada pelos números e pelo cálculo**. Trad. de Alberto Munhoz e Ana Beatriz Katinsky. 2. ed. Rio de Janeiro: Nova Fronteira, 2000. v. 1 e 2.

KAMII, Constance. **A criança e o número**. Trad. de Regina A. de Assis. 39. ed. Campinas: Papirus, 2013.

_____. **Aritmética: novas perspectivas – implicações da teoria de Piaget**. 6. ed. Campinas: Papirus, 1995.

_____. **Reinventando a aritmética**. 19. ed. Campinas: Papirus, 2004.

_____; DEVRIES, Rheta. **Jogos em grupo na Educação Infantil**. Porto Alegre: Artmed, 2009.

_____; JOSEPH, Linda Leslie. **Crianças pequenas continuam reinventando a aritmética: implicações da teoria de Piaget**. 2. ed. Porto Alegre: Artmed, 2005.

KNIJNIK, Gelsa et al. *Aprendendo e ensinando Matemática com o geoplano*. Ijuí: Ed. da Unijuí, 2004.

LINS, Romulo Campos; GIMENEZ, Joaquim. *Perspectivas em aritmética e álgebra para o século XXI*. 7. ed. Campinas: Papirus, 2006.

LIZARZABURU, Afonso; SOTO, Gustavo (Coord.). *Pluriculturalidade e aprendizagem da Matemática na América Latina: experiências e desafios*. Porto Alegre: Artmed, 2005.

LOPES, Maria Laura (Coord.). *Tratamento da informação: explorando dados estatísticos e noções de probabilidade a partir das séries iniciais*. Rio de Janeiro: Ed. da UFRJ/Projeto Fundão, 1997.

LUCKESI, Cipriano Carlos. *Avaliação da aprendizagem escolar*. 22. ed. São Paulo: Cortez, 2011.

MACHADO, Silvia Dias (Org.). *Aprendizagem em Matemática: registros de representação semiótica*. 8. ed. Campinas: Papirus, 2011.

MILIES, Francisco César Polcino; BUSSAB, José Hugo de Oliveira. *A geometria na Antiguidade clássica*. São Paulo: FTD, 1999.

MOYSÉS, Lucia. *Aplicações de Vygotsky à educação matemática*. 11. ed. Campinas: Papirus, 2013.

NUNES, Therezinha; BRYANT, Peter. *Crianças fazendo Matemática*. Porto Alegre: Artmed, 1997.

PACCOLA, Herval; BIANCHINI, Edwaldo. *Sistemas de numeração ao longo da História*. São Paulo: Moderna, 1997.

PANIZZA, Mabel (Org.). *Ensinar Matemática na Educação Infantil e séries iniciais*. 2. ed. Porto Alegre: Artmed, 2006.

PAPERT, Seymour. *A máquina das crianças: repensando a escola na era da informática*. Porto Alegre: Artmed, 2007.

PARRA, Cecília; SAIZ, Irma (Org.). *Didática da Matemática: reflexões psicopedagógicas*. Porto Alegre: Artmed, 2010.

PIAGET, Jean. *Fazer e compreender*. São Paulo: Melhoramentos, 1978.

PIRES, Célia Carolino. *Currículos de Matemática: da organização linear à ideia de rede*. São Paulo: FTD, 2000.

_____; CURI, Edda; CAMPOS, Tânia. *Espaço & forma: a construção de noções geométricas pelas crianças das quatro séries iniciais do Ensino Fundamental*. São Paulo: PROEM, 2016.

POZO, Juan Ignácio (Org.). *A solução de problemas: aprender a resolver, resolver para aprender*. Trad. de Beatriz Affonso Neves. Porto Alegre: Artmed, 1998.

SEITER, Charles. *Matemática para o dia a dia*. Rio de Janeiro: Campus, 1999.

SMOLE, Kátia Cristina Stocco. *A Matemática na Educação Infantil: a teoria das inteligências múltiplas na prática escolar*. Porto Alegre: Artmed, 2002.

_____; CÂNDIDO, Patrícia Terezinha. *Brincadeiras infantis nas aulas de Matemática: Matemática de 0 a 6*. Porto Alegre: Artmed, 2000.

_____; DINIZ, Maria Ignez (Org.). *Ler, escrever e resolver problemas: habilidades básicas para aprender Matemática*. Porto Alegre: Artmed, 2001.

_____ et al. *Era uma vez na Matemática: uma conexão com a literatura infantil*. São Paulo: CAEM-USP, 1993. v. 4.

TOLEDO, Marília; TOLEDO, Mauro. *Didática de Matemática: como dois e dois*. São Paulo: FTD, 1997.

ZUNINO, Delia Lerner. *A Matemática na escola: aqui e agora*. 2. ed. Porto Alegre: Artmed, 1995.